煤炭高等教育“十四五”规划教材

智慧矿山与智能采矿技术

主编　鲁　杰

中国矿业大学出版社

·徐州·

内容提要

本书详细探讨了智慧矿山建设的理论基础与实践应用，涵盖了从工业革命到现代智慧矿山发展的历史背景及技术演变；不仅深入介绍了矿山物联网及其关键技术、传感技术与新型传感器的应用，还系统分析了大数据与信息集成在矿山安全生产中的重要性；通过丰富的实际案例，详细展示了智慧矿山建设的成功实践和技术应用。

本书可作为采矿工程及智能采矿工程专业本科生的专业基础课教材，也可供从事煤矿智能开采、信息管理、矿山设计与建设的专业人士，以及希望了解矿山智能化技术前沿的读者阅读。

图书在版编目(CIP)数据

智慧矿山与智能采矿技术 / 鲁杰主编. — 徐州 ：中国矿业大学出版社，2024. 10. — ISBN 978-7-5646-6475-6

Ⅰ. TD8-39

中国国家版本馆 CIP 数据核字第 2024LJ7215 号

书　　名　智慧矿山与智能采矿技术
主　　编　鲁　杰
责任编辑　耿东锋
出版发行　中国矿业大学出版社有限责任公司
（江苏省徐州市解放南路　邮编 221008）
营销热线　(0516)83885370　83884103
出版服务　(0516)83995789　83884920
网　　址　http://www.cumtp.com　**E-mail**:cumtpvip@cumtp.com
印　　刷　苏州市古得堡数码印刷有限公司
开　　本　787 mm×1092 mm　1/16　**印张** 15.5　**字数** 397 千字
版次印次　2024 年 10 月第 1 版　2024 年 10 月第 1 次印刷
定　　价　38.00 元

前　言

在全球工业化进程中,采矿工业经历了多次技术革新和产业升级,成为现代工业的重要基石。随着信息技术和智能技术的迅猛发展,智慧矿山的概念逐渐成形,并在实践中得到广泛应用和不断完善。本书旨在系统探讨智慧矿山的建设理论、技术方法及工程实践,为行业提供全面而深入的参考资料。

本书的编写旨在进一步完善智慧矿山领域知识的系统性,为煤矿智能开采和信息管理专业的学生和从事工程管理和技术人士,以及希望了解矿山智能化技术前沿的读者,提供一部参考书。通过梳理智慧矿山的定义与现状,探讨其建设路径和技术基础,展示成功的工程实践案例,我们希望能为智慧矿山的建设提供理论指导和实际借鉴。

全书共分七章,从多个角度对智慧矿山的各个方面进行了深入剖析。第1章介绍了工业革命的发展历程,分析了工业革命对采矿工业的影响,并定义了智慧矿山的概念与现状,探讨了智慧矿山的建设路径和总体框架;第2章阐述了物联网的概念、发展及核心技术,探讨了矿山物联网的构建和关键技术,涵盖传感技术、数据传输技术、数据处理技术等;第3章详细介绍了信息传感的基本概念,重点讨论了矿用传感器的种类及在矿山中的应用,分析了光纤传感技术、微电子机械系统传感技术、无线传感技术等新型传感技术;第4章介绍了大数据与信息集成的基本概念及在矿山中的应用,探讨了矿山大数据技术、数据预处理、数据融合处理及智能决策技术;第5章分析了智慧矿山灾害感知技术、生产装备感知技术及人员感知技术,重点介绍了灾害预警、安全系统模型及智能感知系统的构建;第6章探讨了云计算的概念及应用模式,介绍了矿山云平台技术及边缘计算的应用,分析了云计算与大数据的关系及在智慧矿山中的应用;第7章通过实际案例展示了智慧矿山信息基础设施建设、智能掘进、智能采煤、智能运输及智能防灾等方面的成功经验,为读者提供了宝贵的实践参考。

在编写过程中,我们遵循科学性、系统性和实践性的原则,力求内容翔实、数据准确、分析透彻。书中引用了大量的国内外最新研究成果和实际案例,旨在反映智慧矿山建设的前沿技术和应用现状。本书由山西大同大学鲁杰任主编,山西大同大学张磊、程虹铭,中国矿业大学张宁波参加编写。其中,第1章、第2章、第5章和第6章由鲁杰编写;第3章由张宁波编写;第4章由程虹铭编写;第7章由张磊编写。

在编写过程中，我们经过多次讨论和修订，力求使本书内容既具理论深度，又有实际操作性。同时本书也参阅了王国法、刘峰主编的《中国煤矿智能化发展报告(2020年)》，葛世荣主编的《感知矿山理论与应用》，国家能源局发布的《全国煤矿智能化建设典型案例汇编(2023年)》，山西省能源局发布的《山西省煤矿智能化建设典型案例汇编(2023年)》和近年来公开发表的国内外相关科技文献，在此向文献作者表示衷心的感谢！

本书作为煤炭高等教育“十四五”规划教材得到了中国煤炭教育协会的大力支持，受到了煤炭高等教育“十四五”规划教材建设指导委员会的专业指导，得到了许多专家学者、工程技术人员的大力支持和帮助，在此表示诚挚感谢，也特别感谢硕士研究生王劭琛、刘震林、魏征等的仔细校对。

由于时间仓促和编者水平所限，书中难免存在不足之处，恳请广大读者批评指正。

编　者

2024年6月

目　录

第1章　绪　　论

1.1　工业革命的发展历程

1.1.1　国际视角——西方发达国家的工业革命

(1) 工业革命的几个显著阶段

第一次工业革命(始于18世纪60年代):起始于英国,以蒸汽机的发明为标志,实现了生产方式从手工业到机器生产的转变。这一阶段主要以纺织业和煤炭开采为主要驱动力,为工业化打下了基础。第一次工业革命是人类历史上的一次重大工业变革,标志着人类从农业社会向工业社会转变的开始。它首先在英国发生,随后逐渐影响到欧洲其他国家以及北美。这一时期的核心特征是机械化生产的兴起和工业化进程的加快,主要表现在以下几个方面:一是蒸汽机的发明与应用。蒸汽机的发明是第一次工业革命的重要标志。詹姆斯·瓦特改进了托马斯·纽科门的蒸汽机,使之成为推动工业生产的强大动力源。这一发明极大地提高了生产效率,尤其是在矿业和纺织业领域。二是纺织工业的变革。在纺织领域,机械纺纱和织布技术的发展替代了传统的手工,如珍妮纺纱机、水力纺纱机和动力织布机的发明,使纺织品生产实现了大规模机械化。三是铁路和运输系统的发展。蒸汽机的应用不仅限于工厂,还推动了铁路运输的发展。铁路的兴建大大加速了人员和物资的流动,促进了市场的扩大和地区间的经济交流。四是城市化和社会结构变化。随着工业化的进程,人们从乡村迁移到城市工作,导致城市人口激增,这一现象也伴随着社会结构和生活方式的显著变化。五是经济和贸易的全球化。工业革命提高了生产力,带来了商品和资本的积累,也促进了国际贸易和全球市场的形成。六是科技创新和知识传播。这一时期,科技进步和创新加速发展,科学知识在社会中的传播也更加广泛。

第二次工业革命(始于19世纪六七十年代):以电力的广泛应用和内燃机的发明为代表,发源于德国和美国。这一时期,生产效率显著提升,交通和通信设施得到了快速发展,如铁路和电话的普及。第二次工业革命是继第一次工业革命之后的又一次重大技术和工业化飞跃。这一时期,以电力替代蒸汽成为主要动力源,带来了生产方式和社会生活的深刻变革。第二次工业革命的主要特点包括:① 电力的广泛应用。电力的发展和普及彻底改变了工业生产。它使得工厂能够采用更加灵活的动力系统,提高了生产效率,并促进了新工业的诞生,如电气工业和化学工业。② 内燃机的发明与应用。内燃机的发明,尤其是汽油和柴油引擎推动了汽车和飞机的发展,极大地改善了交通运输。③ 钢铁生产的创新。如贝塞麦转炉和托马斯法的发明,使得大规模生产高质量钢材成为可能,进一步推动了建筑、交通和工业机械的发展。④ 化学工业发展。合成染料、肥料和塑料的生产,代表了化学工业的快速发展，改变了人们的日常生活和其他工业部门。⑤ 大规模生产和流水线作业。以亨利·福特的汽车制造为代表，标准化和流水线作业的引入，极大地提升了生产效率和降低了成本。⑥ 通信技术突破。电话、无线电和电报的发明和普及，缩短了人们之间的沟通距离，促进了信息的快速流通。⑦ 全球化和经济体系的扩张。国际贸易和资本流动增加，全球市场和金融体系更加紧密地联系在一起。⑧ 社会与文化变迁。城市化进一步加速，妇女和青年开始进入劳动力市场，出现了新的社会阶层和生活方式。第二次工业革命不仅加速了工业化和现代化的步伐，也为20世纪的经济增长、技术创新和社会转型奠定了基础。

第三次工业革命（始于20世纪四五十年代）：又称为数字革命，标志着电子技术和信息技术的兴起。这一阶段，计算机、互联网和通信技术的发展，为全球化和信息化奠定了基础。具有以下几个主要特征。① 计算机和微电子技术的发展：以晶体管和集成电路的发明为标志，微电子技术迅速发展，促进了计算机技术的革新和普及。② 信息技术的革命：计算机和网络技术的结合催生了信息技术（IT）的飞速发展，互联网、移动通信和数据处理技术极大地加强了信息的获取、处理、存储和传播能力。③ 自动化和智能化：自动化技术的应用推动了生产效率的进一步提升，智能化技术如人工智能（AI）和机器学习的发展，为各行各业带来深刻变革。④ 软件业和服务业的兴起：软件业和服务业成为经济发展的重要推动力，尤其是互联网服务、云计算和大数据技术的应用，改变了传统的商业模式。⑤ 全球化和网络化：信息技术的发展推动了全球化进程，世界各地的人们和企业通过互联网紧密相连，形成了全球网络化的新格局。⑥ 社会结构和文化的变化：数字技术的普及对教育、工作和娱乐等社会生活的各个方面产生了深远影响，也催生了新的社会群体和文化形态。⑦ 环境和可持续发展问题的关注：随着技术发展和环境压力的增大，可持续发展、清洁能源和环境保护成为重要议题。第三次工业革命不仅推动了科技和经济的发展，也带来了社会问题和挑战，如隐私保护、网络安全、数字鸿沟、就业结构变化等。

第四次工业革命（始于21世纪初）：以智能制造和网络化为特征，德国提出的“工业4.0”计划是这一阶段的代表。它强调物理系统、数字技术和网络技术的深度融合，推动生产方式向智能化、柔性化和个性化发展。这场革命以信息技术的新发展为基础，强调物理世界和数字世界的结合，以及人与机器之间的交互。其核心特点包括：① 高度数字化和互联网化，物联网（IoT）和互联网技术的发展使得各种设备和系统能够实时互联互通，实现数据的实时交换和处理。② 人工智能与机器学习，人工智能技术的进步，尤其是机器学习和深度学习，使得机器能够自学习和自适应，提高了决策和自动化的智能水平。③ 高级自动化和机器人技术，先进的机器人技术与人工智能相结合，提升了制造业和服务业的自动化水平，改变了传统的生产方式。④ 增强现实（AR）与虚拟现实（VR）：AR和VR技术的发展为人机交互、远程协作和虚拟仿真提供了新的可能性。⑤ 大数据和云计算：海量数据的产生和云计算技术的应用，使得数据分析和资源共享更加高效和灵活。⑥ 数字孪生和模拟仿真：通过创建数字模型来模拟物理世界的系统和过程，提高设计、测试和维护的效率。⑦ 网络安全和隐私保护，随着技术的发展，网络安全和个人隐私保护成为越来越重要的议题。⑧ 可持续发展和绿色技术，在第四次工业革命中，可持续性和环境友好的技术变得尤为重要，以应对气候变化和资源紧缺的挑战。第四次工业革命的影响是全方位的，它不仅改变了生产和经营方式，还对劳动力市场、教育系统、社会结构甚至国际政治经济格局产生了深远影响。

第五次工业革命（预测中）：第五次工业革命的概念还处于理论探讨和初步形成阶段，尚未成为广泛认可的历史事件或发展阶段。然而,有关第五次工业革命的讨论已经开始出现。这一概念通常与以下几个关键特征和技术发展方向相关联:① 人工智能与人类协作。第五次工业革命可能会更加强调人工智能与人类的协作关系,而不仅仅是自动化和替代。这涉及 AI 技术在提高人类工作效率、创造性和决策质量方面的应用。② 可持续性和环境友好。相较之前的工业革命,第五次工业革命可能会更加注重可持续发展和环保,使用清洁能源、循环经济和绿色技术可能会成为主要趋势。③ 个性化生产和服务。利用先进的制造技术,如 3D 打印和定制化机器人技术,第五次工业革命可能会使得大规模个性化生产和服务成为可能。④ 生物技术的融合。生物技术和生命科学的突破可能会与传统的工业技术融合,带来新的生产方法和产品。⑤ 网络空间与物理空间的融合。第五次工业革命可能进一步深化网络空间与物理空间的融合,促进虚拟现实和增强现实等技术的应用。⑥ 更加分散和去中心化的生产。新技术可能使生产更加本地化和定制化,减少对大规模集中式生产的依赖。⑦ 伦理、治理和社会影响。随着新技术的发展,第五次工业革命可能会更加注重伦理、社会责任和全球治理问题。

(2) 德国"工业 4.0"战略

德国提出的"工业 4.0"战略是响应第四次工业革命的重要举措,它致力于创建智能工厂,其中系统和过程都是数字化和互联的。该战略的核心在于利用信息和通信技术推动制造业的革新,实现高度灵活、个性化和自动化的生产。

德国的"工业 4.0"战略是一个旨在全面提升国家制造业竞争力的重要国家级计划,始于 2011 年。这个战略的核心目的是通过整合先进的信息技术和传统制造业,推动制造业的数字化、智能化转型,从而引领新一轮工业革命。"工业 4.0"战略的主要特点和组成部分包括:一是智能制造,"工业 4.0"强调利用互联网、物联网、大数据、人工智能等现代信息技术,实现制造业的智能化,包括智能工厂、智能生产线、智能物流等方面的发展。二是网络化生产,通过建立设备、机器、仓库和产品之间的网络连接,实现数据的实时收集和分析,以提高生产效率和灵活性。三是定制化和灵活性,借助先进技术,实现小批量、高定制化的生产,满足市场和消费者个性化需求,同时保持成本和效率的优势。四是数据驱动和模型预测,大量使用数据和分析工具来优化生产流程,预测设备维护需求,以及改进产品设计和生产计划。五是人机协作,"工业 4.0"不是简单地用机器取代人工,而是强调人机协作的新模式,如使用机器人协助人工操作,提高安全性和效率。六是安全性和网络安全,在高度网络化的生产环境中,数据安全和网络安全成为关键议题。保护工业控制系统和敏感数据免受攻击,是实施"工业 4.0"战略的重要组成部分。七是综合标准化和互操作性,为了实现不同系统、设备和组件之间的无缝集成,推动了相关标准和协议的制定,以保证技术的互操作性和兼容性。八是政府和行业合作,"工业 4.0"是政府、学术界和工业界共同努力的结果。德国政府在推动政策、资金支持和研究合作方面发挥了关键作用。

"工业 4.0"战略不仅对德国国内的制造业有着深远影响,也成为全球制造业数字化转型的典范。它不仅推动了技术创新和产业升级,也为解决诸如资源效率、环境保护和可持续发展等全球性问题提供了新的思路和方法。

(3) 美国 GE 公司的三次浪潮

美国通用电气公司(GE)是一个历史悠久的全球性集团,经历了多次重大的战略转型。GE 的发展可以概括为经历了几个重要的"浪潮"或转型期,每个阶段都对公司的未来发展产生了深远影响。

第一次浪潮:工业革命的参与者和推动者。初期的GE是电气工业的先驱之一。公司成立于1892年,是托马斯·爱迪生的几家公司和汤姆森-休斯顿电气公司合并的结果。该时期,GE公司主要专注于电灯泡、电机、发电机等基础电气产品的生产,并逐渐扩展到其他电气设备和技术。GE公司在提供基础设施、建设电力系统和推动电气化方面发挥了关键作用,对美国和全球的工业化进程产生了重大影响。

第二次浪潮:多元化和全球化。在20世纪,GE公司开始多元化业务发展,进入航空、医疗、金融服务、能源和消费电子等多个领域。在杰克·韦尔奇的领导下,GE公司实现了业务显著的增长,成为一个多元化的全球集团。这一时期,GE公司也推动了全球化战略,通过收购、合资和扩展国际市场来加强其全球业务。

第三次浪潮:数字化转型和重点聚焦。进入21世纪,GE公司开始聚焦工业互联网和数字化转型,特别是在其核心业务如航空、能源和医疗设备领域。GE公司推出了"Predix"平台——一个面向工业物联网的平台,旨在通过数据分析和软件应用提高工业设备的效率和易维护性。近年来,GE公司进一步聚焦其核心业务,出售了一些非核心业务部门,包括GE Capital金融服务和家电业务,以简化公司结构和减债。

通用电气的这些浪潮反映了公司在不同时期根据市场和技术的变化调整其战略。从一个电气设备制造商,到一个多元化的全球集团,再到专注于工业数字化和核心业务的公司,GE公司一直在努力适应和引领时代的变迁。

1.1.2 中国视角——从"中国制造2025"到"十四五"规划

(1)"中国制造2025"

这一计划于2015年提出,旨在转变我国制造业的发展方式,从量的扩张转向质的提升,强调创新驱动、智能化转型、强化基础能力建设。其中,智能制造是核心,旨在提高制造业的整体水平,形成新的全球云技术先发优势。其主要特点和目标如下。

① 创新驱动:"中国制造2025"强调通过科技创新推动产业升级,包括加强研发、推动技术创新和促进知识产权保护。

② 质量为先:提升产品和服务质量,从量的扩张转向质的提升,注重品牌建设和标准制定。

③ 绿色发展:强调可持续发展,促进绿色制造,减少资源和能源消耗,提高资源利用效率,减少环境污染。

④ 智能制造:推动工业自动化和智能化,发展智能制造系统和智能工厂,利用物联网、大数据、云计算等技术提升生产效率和灵活性。

⑤ 强化基础能力:加强制造业基础能力,提高关键基础材料、核心零部件和先进基础工艺的研发制造能力。

⑥ 深化结构调整:优化产业结构,发展战略性新兴产业,提升传统产业,消除落后产能。

⑦ 人才培养:加强制造业人才的培养和引进,包括工程师、技术工人和管理人才,以支撑制造业的发展。

⑧ 开放合作:积极参与全球产业链分工,推动国际合作和交流,引进国外先进技术,并鼓励中国制造业企业"走出去"。

“中国制造 2025”涵盖了高端装备、信息技术、新材料、新能源车、生物医药等多个重点领域，旨在通过这些措施，逐步实现我国制造业的转型升级，进而在全球制造业中占据更加重要的地位。这一战略也被视为我国响应全球新一轮科技革命和产业变革的重要举措。

(2) “十四五”规划

“十四五”规划(2021—2025 年)是我国政府规划的国家发展蓝图，它在 2021 年 3 月被正式批准。这一规划旨在推动我国经济社会持续健康发展，同时应对国内外环境变化和挑战。“十四五”规划的一些关键领域和目标如下。

① 高质量发展：“十四五”期间，我国将继续推动从高速增长向高质量发展转变，强调创新驱动和结构优化。

② 科技创新：加强科技创新能力，发展战略性新兴产业，促进科技成果转化，支持数字经济和人工智能等领域的发展。

③ 环境保护与绿色发展：加强生态文明建设，推进节能减排和资源循环利用，实现更加绿色、可持续的发展模式。

④ 农业现代化：强化农业基础地位，加快农业现代化步伐，确保国家粮食安全。

⑤ 区域协调发展：推动区域经济协调发展，优化区域发展布局，特别是加强西部大开发、东北振兴、中部崛起和东部率先发展。

⑥ 文化和社会建设：提升国民教育水平，加强文化产业和文化遗产保护，提高公共卫生系统和医疗服务水平。

⑦ 扩大内需：构建以内需为主体的经济循环体系，扩大消费，优化投资结构。

⑧ 改革开放：深化经济体制改革，扩大开放，促进国际合作和参与全球治理。

⑨ 民生保障和社会稳定：增强人民生活质量，提高收入水平，推进社会保障体系建设，确保社会长期稳定。

⑩ 国防和军队现代化：加强国防和军队建设，提升国防科技创新能力，确保国家安全。

在“中国制造 2025”的基础上，我国进一步强调了技术创新和高质量发展的重要性。“十四五”规划特别强调科技创新在国家发展中的核心地位，提出了加快数字化发展、构建现代工业体系等目标。其中，工业互联网、人工智能等前沿技术的发展和应用，被视为重要的战略资源和发展方向。

1.1.3　工业革命对采矿工业的影响

工业革命的每一次飞跃都极大地推动了采矿工业的发展。从蒸汽机的应用开始，采矿工业的机械化水平不断提高。到了数字化时代，信息技术和自动化技术的结合，使得采矿工业开始迈向智能化和网络化。当前，随着工业 4.0 的推进，智慧矿山成为采矿行业的发展趋势，通过整合物联网、大数据、人工智能等技术，实现了采矿过程的高效、安全和环境友好。

(1) 技术革新与生产效率提升

① 蒸汽动力的应用：蒸汽机的发明和应用使得采矿业生产效率大幅提升。蒸汽动力被用于抽水、通风和提升矿石，从而使得更深的矿层可以开采。

② 机械化开采：以蒸汽动力为基础，矿业开始采用各种机械化设备，如蒸汽动力钻机和矿车，从而大大提高了开采效率和安全性。

(2) 矿产需求增加

① 工业原料需求增长：随着工业化的推进，社会对煤炭、铁矿石和其他金属矿产的需求显著增加。煤炭成为重要的能源和工业原料，推动了采矿业的扩张。

② 铁路和基础设施建设：铁路的建设和其他基础设施的发展需要大量的金属材料，进一步刺激了采矿业的增长。

(3) 环境和社会影响

① 环境破坏和污染：大规模的采矿活动对自然环境造成了显著影响，包括地表破坏、水污染和空气污染。

② 工人社会的形成：采矿业的发展导致了大量劳动力向矿区迁移，形成了以矿工为主体的工人社会。这些工人通常面临艰苦的工作条件和较低的生活水平。

(4) 经济和市场的变化

① 全球贸易的扩张：采矿产品成为重要的国际贸易商品，促进了全球市场的扩张和国际贸易的增长。

② 资本主义经济的发展：采矿业成为资本主义经济发展的重要部分，涌现了一批以矿业为基础的资本家和企业家。

(5) 法律和监管的演变

① 采矿法规和安全标准：随着采矿事故频发和工人权益意识提升，各国政府开始制定有关矿业的法律法规和安全标准。

② 行业组织和工会的形成：为了保护矿工的利益和改善工作条件，矿工工会和行业组织逐渐形成并发挥作用。

1.2 智慧矿山的定义及现状

1.2.1 智慧矿山的定义

智慧矿山是在当前煤炭开采和矿山建设的基础上，利用物联网、大数据、云计算和人工智能等前沿计算机技术的理论，建设的数据采集标准化、网络通信协同化、数据处理系统化、自主决策智能化的综合信息管理系统，以期实现设备间的高效互联互通、自主学习、分析、预测和决策的功能，保障井下矿石开采、巷道掘进、通风、排水、供电、生产经营管理的高效智能运行。在智慧矿山中，采集数据的方式更加先进，数据分析和决策过程更加智能化。智慧矿山可以提高资源利用率，减少能源消耗，降低运营成本，同时提高安全性和环境可持续性。智慧矿山建设的核心在于通过技术整合和创新实现更加高效、安全和环保的矿山运营。

王国法院士团队关于智慧矿山的定义是：智慧矿山是基于现代智慧理念，将物联网、云计算、大数据、人工智能、自动控制、移动互联网、机器人化装备等与现代矿山开发技术融合，形成矿山感知、互联、分析、自学习、预测、决策、控制的完整智能系统，实现矿井开拓、采掘、运通、洗选、安全保障、生态保护、生产管理等全过程智能化运行。王国法院士团队还提出了智慧矿山的主要技术特征，即“6S”智能化煤矿系统技术特征要求，分别是安全、可靠、可持续、柔性、智能服务、智慧决策。

葛世荣院士团队关于智能矿山及智慧矿山的论述主要有以下几点：一是智能矿山是利用工业物联网技术和泛在监控技术，构建信息管理和服务系统，增强矿山生产全过程的可控性，减少采掘运生产线的人工干预，形成自学习、自优化的安全高效工艺流程；二是智能矿山可以分为初级、中级、高级三个等级，分别对应高端自动化、半自主化、全自主化的操作运行模式；三是煤矿智能化的一些关键核心技术还存在短板或空白，主要体现在整体技术架构、关键技术突破、发展不均衡、系统软件缺失等方面；四是机器人技术是实现煤矿智能化的重要体现形式之一，也是为未来煤矿实现智能化之后，让机器人完成井下危险部位监控和重要搬运、维护任务的保证；五是数据智能是支撑高级智慧矿山的基石，需要构建数据＋算法＋算力数智决策系统，实现矿山开采看得透、控得准，从而实现高级智能化；六是5G技术为智慧矿山变革赋能，通过5G技术可实现能连尽连，打通IT系统和生产系统，达到“流程5G全覆盖，场景5G全应用，生产要素5G全连接”，实现数据的价值挖掘。

智能采矿技术（intelligent mining technology，IMT）指的是将人工智能、机器学习、大数据分析和自动化技术等应用于采矿过程，以提升矿物资源开采的效率和效益。这项技术涉及从勘探、开采、加工到运输的矿山全过程的智能化改造。智能采矿技术的核心是通过智能系统和设备，实现资源的高效开采和管理，同时确保作业的安全性和环境的可持续性。华为集团提出了“一网一云一平台”的智能煤矿总体架构，可帮助实现煤矿全业务融合与管理，它是IT与CT（通信技术）的融合。同时，华为集团联合国能集团推出了矿鸿操作系统，是基于鸿蒙操作系统，面向煤矿工业领域打造的工业互联网平台，能实现感知设备之间的实时互联，全面感知人、机、环等安全生产要素的位置、状态，并实现设备的智能控制；集团联合业界伙伴，基于盘古矿山大模型发布了矿山智安系列化解决方案，包括智能反“三违”、智能探放水、智能瓦斯管理等众多丰富的应用，全面助力矿山安全生产和智能化监管；集团推出了零代码开发的元图工坊数字孪生使能平台，助力合作伙伴高效地为矿山企业开发应用；利用5G、F5G（第五代固定网络）、云计算、人工智能和大数据技术等，与煤矿领域的实际业务进行深度的有机融合，实现矿山开采看得透、控得准，从而实现高级智能化。

1.2.2 智慧矿山发展现状

（1）国内外发展现状

智慧矿山在国际上的发展表现为显著的技术进步和对创新、技术、可持续性的重视。智慧矿山市场竞争激烈，许多知名公司如美国的思科系统公司（Cisco Systems Inc.）、加拿大的温科国际矿业系统有限公司（Wenco International Mining Systems Ltd）、美国的罗克韦尔自动化公司（Rockwell Automation Inc.）和日本的小松矿山公司（Komatsu Mining Corporation）在推动市场发展方面发挥着重要作用。

智慧矿山实施的一个主要挑战是如何确保不同系统和设备之间的安全通信。这需要强大的IT基础设施和对系统互操作性的重视。标准的缺乏是一个主要障碍。此外，新技术在矿业的引入不仅涉及技术实施，还涉及管理系统、企业文化的变革，以及对员工进行培训，确保他们具备“未来矿山”所需的数字技能。

此外，智慧矿山的未来可能会受到人工智能、机器学习和基于机器人的流程自动化的显著影响。这些技术将增强情境感知，并提供近实时的整体流程展现。特别是在地下矿山的复杂环境影响下，需要进一步的技术发展和研究，特别是在地下自主系统方面。例如，尽管一些矿山已经通过WiFi网络实现了人员和设备的定位，但地下煤岩识别、定位导航以及机器间通信系统仍需要大量的研究和创新。

智慧矿山技术的成功实施依赖技术进步、协作创新的结合，以及使这些技术适应特定矿场和操作需求。这不仅能增强矿山作业的生产力和安全性，也有助于可持续地提取原材料。

我国智慧矿山广泛应用了5G、物联网、大数据、云计算、人工智能等高新技术，以提高矿山的自动化和智能化水平。同时，出台了一系列标准与规范。《煤矿智能化标准体系建设指南》由国家能源局牵头制定，旨在构建系统完备、结构合理、衔接配套、科学严谨的煤矿智能化标准体系。其主要内容包括基础通用标准、信息基础标准、平台与软件标准、生产系统与技术装备标准、运维保障与管理标准等。《关于加快煤矿智能化发展的指导意见》由国家发展改革委和国家能源局等联合发布，提出了煤矿智能化发展的总体目标和重点任务，以推动标准体系建设。企业层面，如国家能源集团、中国中煤能源集团、陕西煤业化工集团、晋能控股煤业集团、山东能源集团等大型矿业企业根据自身实际情况和需求，制定了适应企业发展的智能化建设标准，涵盖设备管理、数据处理、安全监控等方面。智慧矿山注重环保和资源的可持续利用，减少对环境的负面影响。通过智能监控和管理系统，提高了矿山的安全生产水平，降低了事故发生率。随着智慧矿山的发展，我国也在加强相关人才的培养和管理体系的改革。

(2) 未来发展趋势

智慧矿山的发展趋势主要体现在以下几个方面：

一是工业物联网(IIoT)的应用。工业物联网使得矿山企业能够通过由互联网连接的传感器远程实时收集大量的运营数据。这些数据可以用来提高现场效率，确保矿工安全，以及监控机械设备的运行状态。

二是自动化和远程控制技术。智慧矿山利用先进的自动化技术和远程控制，包括完全自动化的运输车辆、钻机和挖掘机，不仅能降低成本，而且能提高安全性和运营效率。

三是物联网平台的集成应用。结合物联网平台，矿山操作者可以优化运营，降低事故风险。这些技术预计将使矿山运营更加可持续，减少能源消耗和废物产生。

四是实时监控。通过使用先进的无线通信技术、实时定位系统(RTLS)传感器和标签以及自动化系统，能够提高矿山运营的安全性和效率。

五是人工智能和数据分析。人工智能和数据分析在矿山的应用近年来显著增加，将继续发挥重要作用。通过分析大量数据，矿山企业可以在生产运营、监测监控、灾害预测等方面做出更好的决策。

1.3 智慧矿山的建设路径

1.3.1 技术基础与平台构建

(1) 数据基础设施建设

一是数据收集技术。使用传感器和物联网设备收集矿山运营的实时数据，包括环境监测数据、设备性能和工作人员位置信息。

二是通信网络建设。搭建稳定的无线通信网络，确保矿山内外的数据传输和通信畅通无阻。包括工业以太网、WiFi、5G 等。

三是自动化控制系统。引入自动化控制系统和矿山机器人技术，用于自动化采矿、运输和加工过程。

四是人工智能和机器学习。利用人工智能和机器学习算法分析收集的数据，以优化运营、预测维护需求和提高矿井的安全性。

（2）平台构建

一是集成管理平台。集成的管理平台可以对收集的数据进行汇总、分析和展示，以支持决策制定。

二是安全和监控系统。全面的安全和监控系统用于实时监测矿山的安全状况和预防事故。

三是资源管理系统。资源管理系统用于有效管理矿山的人力、机械和物料资源。

四是环境监测和可持续管理。构建环境监测系统以监控矿山活动对环境的影响，并采取可持续管理措施。

五是云计算和大数据分析。利用云计算和大数据技术处理和分析大量数据，以提高运营效率和准确性。

六是用户界面和体验。开发直观易用的用户界面，确保所有利益相关者能够轻松访问和使用平台。

通过上述技术基础和平台构建，智慧矿山能够帮助实现更高效、安全和环境友好的矿业运营。这些技术的整合为矿山行业的转型提供了强有力的支撑。

1.3.2 智能化设备与自动化

在建设智慧矿山过程中，设备的自动化和智能化是关键技术。智能采矿设备，如智能滚筒采煤机、智能掘进设备和智能无轨胶轮设备等，可以通过远程控制或预设程序进行操作，从而提高作业效率和安全性。同时，实时数据监控也至关重要，使用各种传感器在矿山各处收集数据，实时监控设备状态、环境条件和工作人员位置。这些数据可以用来优化作业计划和提前预测设备维护需求。自动化运输系统方面，部署自动化运输系统，如智能感知带式输送机系统、自动驾驶无轨胶轮车和自动驾驶有轨电机车系统等，可用于高效地运输矿石、人员和材料。机器人技术也可广泛应用在智慧矿山中，在矿山作业中使用机器人技术，尤其是在危险或不适合人类进入的区域，进行日常巡检、深部作业和爆破作业等。开发智能控制系统，用于自动调整设备操作和处理复杂任务，以提高操作精确性和效率。人工智能和机器学习方面，可利用人工智能和机器学习算法分析收集的大量数据，以优化矿山运营和设备维护。建立远程操作中心，使操作人员能够在地面办公室或控制中心远程操控矿山设备。在安全监控层面，可构建先进的安全监控系统，包括视频监控和自动报警系统，以提高矿山的整体安全性。

1.3.3 综合信息管理系统

智慧矿山的综合信息管理系统通常包括以下几个核心部分：

（1）数据采集与监控系统。这是智慧矿山信息管理的基础，负责从矿山各种设备和传感器收集数据。这些数据包括但不限于设备运行状态、环境监测数据、员工位置等。

（2）中央控制系统。作为矿山运营的大脑，它负责处理和分析从矿场收集的数据，并根据这些数据做出智能决策。它通常包括一个或多个软件应用程序，用于数据处理、可视化和报告等方面。

(3) 安全管理系统。这一系统适用于矿山的安全管理,包括视频监控、员工健康监测、事故预防以及应急响应管理。

(4) 资产管理系统。用于监控和管理矿山的物理和非物理资产。它包括机械设备、库存以及其他关键资源的跟踪和管理。

(5) 人员管理系统。负责矿山内部员工的调度、培训、安全监控等。它可能包括生物识别、定位追踪等功能。

(6) 环境监测系统。监测矿山作业对周围环境(如空气质量、水质、噪声等)的影响,确保符合环保标准。

(7) 维护和预测系统。利用收集的数据进行设备的维护和故障预测,优化维修工作,减少停机时间。

(8) 供应链管理系统。管理矿山供应链,包括物料采购、存储、运输以及与供应商的协作。

(9) 报告和分析系统。提供各种运营报告和分析,帮助管理者理解业务性能并做出基于数据的决策。

(10) 云计算和大数据平台。为了处理和存储大量的数据,这些系统通常会依赖云计算和大数据技术。

2022年年初,山东能源集团、云鼎科技和华为集团成立了联合创新中心。在山东能源的智能化煤矿基础上,盘古大模型凭借"经营管理与智能生产分离""数据不出园区""支持规模复制""学习分析小样本"等功能特性,搭建起中心训练、边缘推理、云边协同、边用边学、持续优化的人工智能运行体系和集团管控、煤矿执行的人工智能管理体系,促进煤矿生产从人工管理到智能化管理、从被动管理到主动管理的"两大跨越"。这些系统的有效整合构成了智慧矿山的核心,它们通过实时数据分析和智能决策支持,提高了矿山的生产效率和安全性能。

1.3.4 生态环保与可持续发展

(1) 绿色智慧采矿

绿色智慧采矿能够通过保护环境、减少生态足迹和促进更清洁的矿产生产,将传统采矿方式转变为更可持续的模式。为了实施绿色智慧采矿,王国法等提出了一个指标框架,包括环境保护、污染控制、废物管理、能源和资源消耗、技术实施和管理效率等六个主要指标,旨在提供技术支持以实现绿色智慧采矿的实施。

(2) 可持续发展指标的多标准分析

针对矿物建筑材料行业,在不确定性下分析可持续发展指标,采用模糊集理论、德尔菲方法和基于前景理论的多标准决策方法,解决评估过程中的不确定性问题,有助于管理者在不确定性条件下改善可持续性指标,减少环境影响。

(3) 采矿业与可持续发展

采矿活动是人类社会主要经济活动之一,同时也是对环境和社会影响较大的活动。采矿业的可持续发展挑战需要通过与不同利益相关者的积极互动和解决其可持续性关切来应对。采矿业需要能够衡量和评估其可持续性绩效。

(4) 基于知识工程和物联网的智慧矿山建设

智慧矿山的建设不仅需要技术支持，还需要深入理解智慧矿山的概念和内涵。通过知识工程和物联网技术的支持，智慧矿山能够在物质流、信息流支持网络、智能采矿生产过程的同步化和智能化方面，实现人、环境和可持续矿产资源开发之间的平衡，促进生态环境保护和可持续发展。

这些研究和分析框架可为智慧矿山建设中的生态环境保护和可持续发展提供重要的指导和参考。通过整合这些研究，智慧矿山能够实现资源的有效利用、环境保护和社会经济的可持续发展。

1.3.5 政策支持与合作

(1) 技术集成与项目管理：智能建筑信息模型(BIM)、物联网(IoT)和数据挖掘(DM)技术等的集成，为智慧矿山建设提供了先进的项目管理框架。这种集成支持了从设计到运营的全过程管理，有助于提高决策的效率和项目的执行力。政策上支持这些技术的发展和应用，可以推动矿山项目的智能化和数字化转型。

(2) 智慧城市与智慧矿山的协同发展：智慧城市的发展不仅侧重于城市环境的智能化改造，也为智慧矿山的建设提供了技术和政策上的支持。智慧城市倡议，如基于 IoT 的远程工业设施支持，可应用于矿山管理，提高矿山安全性和运营效率，同时减少对环境的影响。跨行业合作和政策支持可以促进智慧城市与智慧矿山的协同发展，实现共同的可持续发展目标。

(3) 智慧治理与多方合作：智慧矿山的建设不仅需要政策支持，还需要多方合作，包括政府、企业、科研机构和高校的广泛参与。智慧治理模式强调利用信息通信技术(ICT)促进合作治理，提高参与度，实现更好的治理结果和更开放的治理过程。这要求政策不仅要支持技术创新，还要促进治理模式的创新，建立更加开放和协作的智慧矿山治理体系。

1.4 智慧矿山的总体框架

1.4.1 技术构架

智慧矿山的总体技术构架主要基于几个关键的技术层面，以实现矿山的智能化管理和操作。以下是构成智慧矿山技术构架的几个核心方面。

(1) 服务导向架构(SOA)：通过采用服务导向架构，智慧矿山系统可以重用现有的功能模块，并通过 Web(万维网)服务集成数据，形成一个综合服务系统，解决信息孤岛问题，促进矿山企业的生产、运营和管理。

(2) 三层智慧矿山系统架构：智慧矿山被视为具有感知、互联和智能三个核心特征的系统。系统架构包括感知层、传输层和决策层。

(3) 异构数据集成平台：针对智慧矿山建设过程中存在的异构数据源问题，利用 XML(可扩展标记语言)建立异构数据集成平台，无须改变现有数据源的物理位置和系统结构，通过 XML 将异构数据无损转换为 XML 文档，实现异构数据源的有效集成。

(4) 物联网和大数据技术：为了实现矿山从传统到智慧的转型，构建智慧矿山的关键技术。通过设计技术和系统平台，将物联网、大数据、人工智能等应用技术有机地整合到智慧矿山的系统建设中，实现矿山开发、采掘、运输、选矿、安全生产管理的全面智能化，同时实现安全、高效和绿色的矿山生产和运营目标。

这些技术构架的实施不仅提高了矿山的生产效率和安全性，也为矿山的环境保护和可持续发展提供了支持。智慧矿山技术构架的关键在于整合和应用先进的信息技术，实现矿山运营的智能化和自动化。

以煤矿智能化建设为例，综合考虑智能化煤矿建设周期和系统层级，煤矿智能化标准体系主要包括基础通用、信息基础、平台与软件、生产系统与技术装备、运维保障与管理等 5 个标准子体系。其中，基础通用子体系为煤矿智能化标准体系底层，是其他子体系的基础；信息基础子体系、平台与软件子体系、生产系统与技术装备子体系涵盖煤矿智能化建设生产实践关键环节，是煤矿智能化标准体系的建设主体；运维保障与管理子体系服务煤矿智能化建设关键技术标准，为装备和系统正常运行提供保障。煤矿智能化标准体系框架、智慧矿山总体框架如图 1-1、图 1-2 所示。

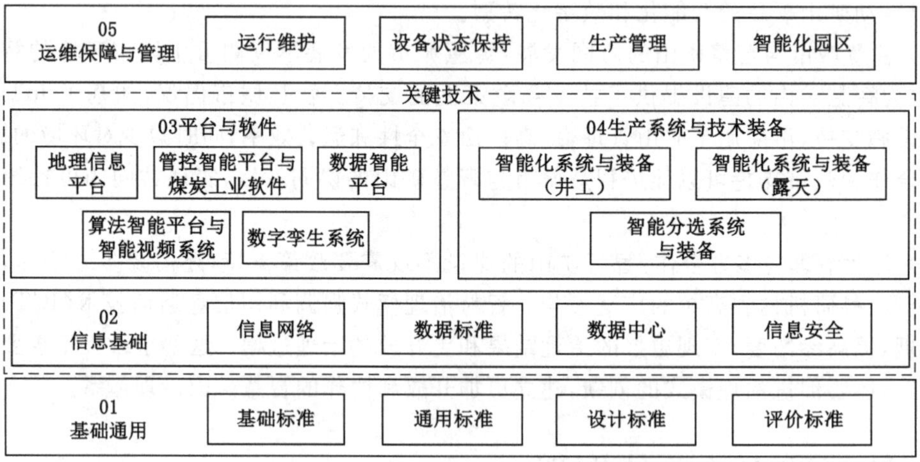

图 1-1　煤矿智能化标准体系框架

1.4.2　关键技术及应用

（1）从数字化矿山到智慧矿山：智慧矿山是数字化矿山概念的扩展，它通过采用新技术解决了数字化矿山建设中存在的问题。智慧矿山建设侧重于智能工程的应用，包括自动化、信息化和智能化技术的综合利用，以实现矿山生产的智能化管理和操作。

（2）智慧矿山的关键技术和系统构建：智慧矿山的实现依赖多项关键技术，包括物联网、大数据、人工智能等，这些技术的应用促进了矿山从传统到智慧的转变。通过技术和系统平台的设计，这些应用技术被有机地整合到智慧矿山的系统建设中，实现了矿山开发、采掘、运输、选矿、安全生产管理的全面智能化，进而实现了安全、高效和绿色的矿山生产和运营目标。

（3）物联网技术在智慧矿山建设中的应用：物联网技术的快速发展为智慧矿山建设提供了新的可能性。通过在煤矿开采中应用物联网技术，可以弥补煤矿产业发展的不足，提出

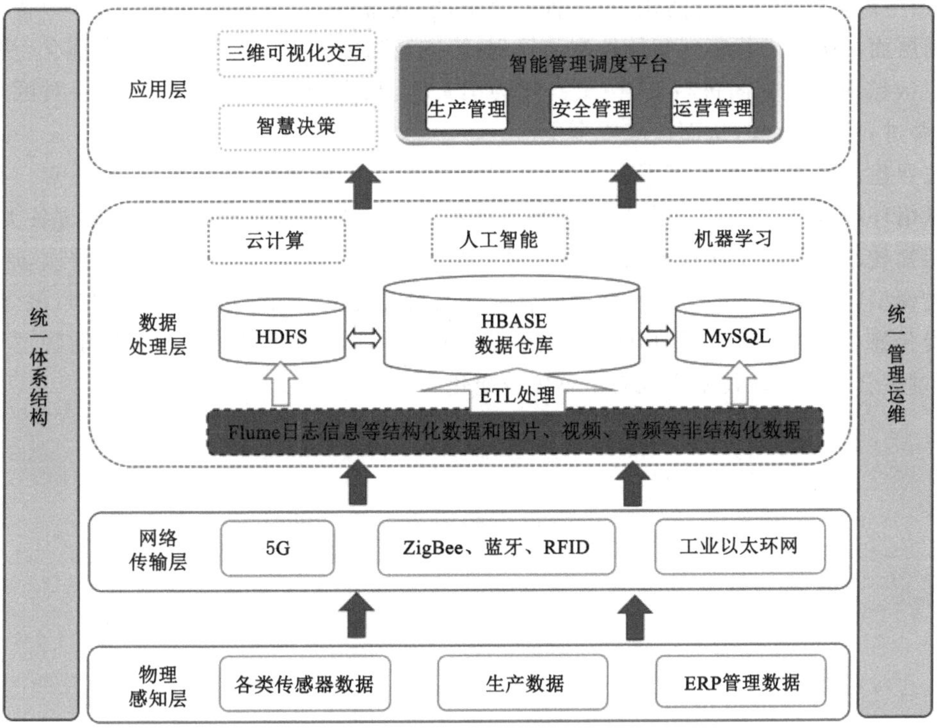

图 1-2 智慧矿山总体框架

相应的改进方案，探索物联网架构在智慧矿山建设中的作用，从而提高煤矿开采效率，确保人员安全。

(4) 基于知识工程和物联网的智慧矿山建设：智慧矿山的构建不仅仅是技术的应用，还需要对智慧矿山的理念和内涵进行深入分析。通过知识工程和物联网技术的支持，吴群英等提出了一种先进的智慧矿山架构，这种架构基于对象智能和工具智能的融合哲学，强调了智能采矿生产过程中人、环境和可持续矿产资源开发之间的平衡。

智慧矿山的构建是一个复杂的系统工程，它涉及多种技术的综合应用和创新，以及对传统矿山运营模式的根本改造。通过智慧化技术的应用，可以实现矿山安全生产的自动化、矿山运营的信息化和矿山管理的智能化，从而提升矿山的生产效率和安全水平，同时降低环境影响。利用物联网、大数据、云计算和人工智能等前沿计算机技术的理论，建设一个数据采集标准化、网络通信协同化、数据处理系统化、自主决策智能化的综合信息管理系统，实现设备间的高效互联互通、自主学习、分析、预测和决策的功能，保障井下煤炭开采、巷道掘进、通风、排水、供电、生产经营管理的高效智能运行。其发展过程可概括为以下几个阶段。

阶段一：关键区域智能化，即单点智能化。

阶段二：形成煤矿智能化顶层架构体系，通过物联网、大数据等技术实现生产、监测监控、管理等各环节高效配合的智能化和无人化。

阶段三：通过人工智能、神经网络等技术实现整个矿山的自动开采、自主学习、智能分析、智慧决策。

不管采用哪种模式或方法实现智慧矿山的建设，其总体构架都为层状结构。按照从属关系，第一级为各个矿井智能化，包括各类设备、安全管理等；第二级为集团(公司)智能化，从集团层面对所辖矿井实现智能控制与管理；第三级为区域(省级)监管部门智能化，从安全角度对区域内矿业集团进行监管；最高级为国家能源、安全部门智能化，从顶层对区域、集团、矿井进行智能管理，从而保障安全生产。

按照建设模式，狭义的智慧矿山针对的是具体矿井，也是本门课程研究的重点。首先，应将网络环境建立完备，主要是通过物联网技术实现矿山的网络布置；其次，通过各类传感器和感知技术将各类设备接入网络，让传统“被动”设备实现“主动”感知功能；再次，通过构建各类模型实现矿山生产、安全、管理的智能化，包括通过煤岩识别实现自动割煤(放煤)，通过各类传感器实现矿山灾害的预测预警，通过云计算平台实现矿井的高效智能管理等；最后，通过整合各类智能技术实现矿山整体智能化。

第 2 章　矿山物联网技术

学习目标

(1) 在已有网络知识的基础上,能准确解释物联网的基本概念,同时能正确划分物联网的四层(三层)结构并能解释各层实现其功能的途径。

(2) 在已有物联网知识的基础上,通过知识迁移,能准确描述矿山物联网的基本内涵及层次结构,并能结合具体矿井提出矿井物联网的初步设计思路。

(3) 在具有智慧矿山物联网体系构建知识的基础上,能准确描述矿山物联网具有代表性的关键技术,并在理解技术原理的基础上准确解释智慧矿山物联网的核心技术。

2.1　物联网的概念及基础

一般来讲,物联网(internet of things,IoT)是指通过互联网、传统通信网络或其他形式的网络将各种信息传感设备与网络连接起来的一个系统,用以实现物与物、人与物之间的智能化识别、定位、跟踪、监控和管理。这些设备范围广泛,包括家用电器、工业机械、健康监测设备、环境监测器,甚至是日常物品,如智能手表和智能灯泡。物联网利用嵌入式系统、传感器、通信硬件和软件来收集、发送和处理数据,从而实现智能化识别、监控和管理。物联网是互联网应用的进一步扩展和深化,是实现智慧地球的关键技术之一。

目前,物联网还没有一个精确且公认的定义。这主要归因于两点:一是物联网的理论体系没有完全建立,人们对其认识还不够深入,还不能透过现象看出本质;二是由于物联网与互联网、移动通信网、传感网等都有密切关系,不同领域的研究者对物联网思考所基于的出发点和落脚点各异,短期内还没达成共识。

物联网技术主要包括以下几个方面:

一是传感器和传感技术。传感器和传感技术是物联网中的核心组件,负责检测和收集环境中的各种变化数据。这些传感器可以监测多种物理量,如温度、湿度、光照、运动和压力等,从而为系统提供实时信息。通过这些数据,物联网能够对环境进行智能监控和分析。

除了传感器,物联网中还涉及"传动结构"这一概念。传动结构是指能够导致环境发生实体变化的设备,例如电动阀、继电器或电机等。这些设备在接收到传感器提供的数据后,可以执行相应的操作,比如打开或关闭阀门、启动或停止电机等,从而实现对物理环境的直接控制。

传感器和传动结构共同构成了物联网的基础,它们使系统能够与现实场景进行有效的交互及反馈。当传感器收集到数据并通过网络进行传输时,系统可以根据预设的逻辑和规则对数据进行分析,从而通过传动结构实施必要的操作。这种闭环反馈机制确保了物联网在智能家居、智慧城市、工业自动化等领域的应用得以实现,提升了系统的智能化水平和自动化能力。

因此,传感器和传动结构可以视为物联网的核心要素,共同驱动着智能系统的形成与发展。

二是网络连接技术。物联网设备需要连接到互联网,才能将数据从传感器和传动结构传输到云端。物联网中使用了多种连接技术,包括 WiFi、蓝牙、手机、ZigBee(蜂舞协议)和 LoRaWAN 等。

三是云计算技术。物联网设备可在云端存储、处理和分析大量生成的数据。云计算平台提供了存储和分析这些数据,以及构建和部署物联网应用程序所需的基础架构和工具。

四是大数据分析。为了理解物联网设备生成的大量数据,企业需要使用高级分析工具来提取洞察成果并识别模式。这些工具包括机器学习算法、数据可视化工具和预测分析模型。

五是安全和隐私技术。随着物联网设备日益普及,安全和隐私变得越来越重要。加密、访问控制和入侵检测系统等技术用于保护物联网设备及其生成的数据免受网络威胁。

物联网的应用非常广泛,涉及智能交通、智慧医疗、智能家居、环保监测、智能安防、智能物流、智能电网、智慧农业、智能工业等领域,对国民经济与社会发展起到了重要的推动作用。

2.1.1 物联网的起源与发展

物联网的起源和发展经历了多个阶段,从早期的自动识别技术到现在的智能设备互联,物联网已经成为现代技术发展的重要方向。

2.1.1.1 物联网的起源

(1) 早期概念与理念的形成

物联网的起源可以追溯到 20 世纪 90 年代中期。1991 年,Mark Weiser(马克·维瑟)的普适计算(ubiquitous computing)概念预见了一个未来,其中计算设备将无处不在,嵌入我们生活和工作的环境之中,而人们使用它时几乎不会意识到它的存在。这种理念强调的是一种无缝集成的计算环境,为物联网的发展奠定了基础。1995 年 Bill Gates(比尔·盖茨)在《未来之路》一书中讨论的"物物互联"概念,进一步扩展了普适计算的理念,提出了通过网络连接日常物品,使它们能够收集、交换信息和做出响应的设想。

(2) 物联网的命名与初步构想

1998 年,麻省理工学院(MIT)的 Auto-ID 中心提出了电子产品代码(electronic product code,EPC)系统的概念,这是物联网早期最具体的实现方案之一。EPC 旨在通过 RFID(射频识别)技术为每个物品分配一个独特的电子标识,从而实现对物品的自动识别和跟踪。这一构想直接促进了后续物联网技术的发展。Kevin Ashton(凯文·阿什顿)于 1999 年提出"物联网"一词,这标志着物联网作为一个独立概念正式诞生。Ashton 通过利用 RFID 技术自动跟踪物品,展示了物联网在供应链管理中的应用潜力,开启了物联网技术应用的新纪元。

(3) 技术进步与物联网的发展

随着时间的推移,物联网的发展受到了多种技术进步的推动,主要表现在以下几个方面:一是传感器技术的进步。更小、更便宜、更高效的传感器的出现,使得在各种环境中部署传感器成为可能，为物联网设备提供了眼睛和耳朵。二是无线通信技术的发展。从WiFi到蜂窝网络再到LPWAN(低功耗广域网)，无线通信技术的发展极大地扩展了物联网设备的连接能力和应用范围。三是云计算与边缘计算提供了强大的数据处理和存储能力，支持物联网数据的实时分析和处理。四是大数据和人工智能使得从物联网设备收集的庞大数据中提取有用信息和智能决策成为可能。

(4) 物联网的广泛应用

物联网的应用领域不断扩大，从最初的供应链管理和物品跟踪，发展到智能家居、智慧城市、工业4.0、智慧农业、健康监护等多个领域。物联网的实现不仅提高了效率和便利性，还促进了资源的节约和环境保护。

2.1.1.2　物联网的发展

物联网作为新兴行业，其发展阶段可从不同角度进行划分，按时间来说，可分为以下几个阶段。

(1) 早期阶段(20世纪90年代末至21世纪初)：1999年，Kevin Ashton首次提出“物联网”一词，他所在的麻省理工学院(MIT)Auto-ID中心提出利用RFID技术自动跟踪物品的构想。该阶段主要以RFID技术的应用为标志，重点在于物品的自动识别和跟踪，初步实现了物与物之间的信息交换和通信。应用主要集中在工业自动化和供应链管理领域，尤其是通过RFID实现了物品跟踪和管理。互联网基础设施的逐渐完善为物联网的发展奠定了基础，但这一时期物联网设备的普及和应用还相对有限。这一阶段物联网的概念和基础正在形成，技术探索主要集中在无线通信和自动识别技术上，尤其是RFID和早期的无线传感器网络(WSN)。

(2) 成熟阶段(21世纪初)：2005年11月17日，在信息社会世界峰会(WSIS)上，国际电信联盟发布了《ITU互联网报告2005：物联网》。报告指出，无所不在的物联网通信时代即将来临，世界上所有的物体从轮胎到牙刷、从房屋到纸巾都可以通过互联网主动进行交换。国际标准化组织开始制定物联网相关的技术标准，为设备的互操作和通信提供了基础，RFID技术、传感器技术、纳米技术、智能嵌入技术将得到更加广泛的应用。随着WSN、蓝牙、WiFi等无线通信技术的发展，物联网开始向多领域扩展，应用领域包括智能家居、工业自动化、智慧城市等。物联网平台开始出现，提供了设备管理、数据集成和应用开发的集成服务，促进了物联网生态系统的形成。应用领域开始多样化，除了继续深入工业和物流领域，智能家居、智慧城市和健康监测等领域的应用也开始兴起。

(3) 快速发展阶段：时任IBM首席执行官的彭明盛(Palmisano)率先提出“智慧地球”这一概念，建议新政府投资新一代的智慧型基础设施。2009年，欧盟委员会发表题为“Internet of Things—an action plan for Europe”的物联网行动方案，描绘了物联网技术应用的前景，并提出要加强对物联网的管理、完善隐私和个人数据保护、提高物联网的可信度、推广标准化、建立开放式的创新环境、推广物联网应用等行动建议。韩国通信委员会于2009年出台了《物联网基础设施构建基本规划》，该规划是在韩国政府之前的一系列RFID/USN(ubiquitous sensor network)相关计划的基础上提出的，目标是在已有的RFID/USN应用和试验网条件下，构建世界最先进的物联网基础设施、发展物联网服务、研发物联网技术、营造物联网推广环境等。2009，日本制定了新一代的信息化战略《i-Japan战略2015》，该战略旨在让数字信息技术如同空气和水一般融入每一个角落，聚焦电子政务、医疗保健和教育三大核心领域，激活产业和地域的活性并培育新产业，以及整顿数字化基础设施。

我国政府也高度重视物联网的研究和发展。2009 年 8 月，时任国务院总理温家宝在无锡视察时发表重要讲话，表示中国要抓住机遇，大力发展物联网技术。2009 年 11 月，温家宝向首都科技界发表了题为《让科技引领中国可持续发展》的讲话，再次强调科学选择新兴战略性产业非常重要，并指示要着力突破传感网、物联网等关键技术。2012 年，工业和信息化部、科技部、住房和城乡建设部再次加大了支持物联网和智慧城市方面的力度。我国政府高层一系列的重要讲话、报告和相关政策措施表明：大力发展物联网产业将成为一项具有国家战略意义的重要决策。

在该阶段，物联网设备的数量迅速增长，全球范围内的设备连接数达到数十亿。物联网开始与大数据、云计算、人工智能和边缘计算等技术融合，显著提高了数据处理能力和智能化水平。物联网的应用场景极大丰富，几乎涵盖所有行业，从智能家居、智慧城市到工业物联网、智慧农业、健康监测等。随着技术的成熟和市场的认可，物联网解决方案开始大规模商业化部署，为用户提供更加丰富和智能的服务。云计算、大数据、移动互联网和人工智能技术的兴起，为物联网提供了更强大的数据处理能力和更广阔的应用场景。物联网设备数量急剧增加，智能设备更加普及，物联网开始对社会经济产生重要影响。

(4) 融合创新阶段（进入 21 世纪 20 年代）：在 5G、边缘计算等新技术的推动下，物联网正在进入一个新的融合创新阶段。这一阶段的物联网不仅仅是设备的互联，更重要的是实现了数据的实时分析和处理，提供更加智能、高效的服务和解决方案。物联网的未来发展将更加注重技术的融合和创新，如 5G 网络的普及将极大提升物联网设备的连接速度和可靠性，边缘计算将使数据处理更加高效，人工智能技术的应用将使物联网设备更加智能。同时，随着物联网技术的发展和应用的拓展，数据安全和隐私保护将成为重要议题。AI 和机器学习技术将更深度地融入物联网，使设备和系统能够进行更复杂的数据分析和自主决策。物联网将与更多行业深度融合，推动这些行业的数字化和智能化转型。新的应用场景和商业模式将不断涌现，物联网技术的创新应用将继续拓展人们对其潜力的认识。

按技术划分，物联网的发展可以分为以下三个阶段：

第一阶段是射频识别技术阶段，主要是利用 RFID 技术对物品进行电子标识和识别，实现物品的信息化管理。

第二阶段是传感器网络技术阶段，主要是利用传感器网络技术对物品和环境进行信息感知和数据采集，实现物品的智能化监测和控制。

第三阶段是互联网技术阶段，主要是利用互联网技术将物品、人员、服务等进行互联互通，实现物品的智能化服务和应用。

按应用划分，物联网的发展可以分为以下四个阶段：

第一个阶段是识别阶段，主要是利用条形码、二维码、RFID 等技术对物品进行唯一标识和识别，实现物品的追踪和管理。

第二个阶段是感知阶段，主要是利用各种传感器对物品的状态、位置、运动等进行感知和采集，实现对物品的监测和控制。

第三个阶段是智能阶段，主要是利用云计算、大数据、人工智能等技术对物品的数据进行处理和分析，实现智能化决策和优化。

第四个阶段是协同阶段，主要是利用物联网平台、数字孪生等技术对物品进行协同和交互，实现智能化服务和应用。

按产业划分，物联网的发展可以分为以下四个阶段：

第一个阶段是物联网 1.0 阶段，主要是利用 RFID 等技术对物品进行识别和管理，实现物流、仓储、零售等行业信息化。

第二个阶段是物联网 2.0 阶段，主要是利用传感器网络等技术对物品进行感知和监测，实现智能电网、智能交通、智能家居等行业智能化。

第三个阶段是物联网 3.0 阶段，主要是利用互联网等技术对物品进行互联和服务，实现智慧城市、智慧农业、智慧医疗等行业智慧化。

第四个阶段是物联网 4.0 阶段，主要是利用云计算、大数据、人工智能等技术对物品进行处理和分析，实现工业互联网、物联网安全、物联网标准等行业创新化。

2.1.2　物联网的核心技术

2.1.2.1　物联网的层次架构

物联网是一个复杂的系统，它通过在所有物品上嵌入传感器和智能设备，实现人与物、物与物之间的智能互联。物联网架构通常被划分为几个层次，以满足从数据采集到应用实现的全过程需求。这些层次包括感知识别层、网络构建层、管理服务层和综合应用层，每一层都承担着不同的功能和责任。

(1) 感知识别层

感知识别层位于物联网的最底层，主要负责收集环境和对象的信息。感知识别层的核心功能是利用物理设备，如各种传感器、RFID 标签、二维码等，对温度、湿度、位置、速度等环境参数和数据进行感知和采集，或对特定对象进行识别和跟踪。这些参数和数据构成物联网系统运行的基础，对于后续的数据处理和分析具有至关重要的意义。

感知识别层的关键技术源于 20 世纪 20 年代的威斯汀豪斯（Westinghouse）实验室，约翰・科芒德（John Kermode）思考着如何自动分拣邮政单据。他的想法是在信封上做条形标记，即一个“条”表示数字“1”，两个“条”表示“2”，依次类推。然后，他发明了由基本元件组成的条形码识别设备：一个能够发射光并接收反射光的仪器（即扫描器），一个测定发射信号的方法（用边缘定位线圈），以及测定结果的方法（用译码器）。这样一个令当时所有人感到非常新奇的技术在之后的半个世纪风起云涌，掀起了一场技术革命。时至今日，条形码技术仍然无处不在，几乎找不到没有条形码烙印的商品。条形码通过不同宽度的条纹和空白来表示信息，但随着时间的推移，其局限性逐渐显现，如读取速度慢、存储能力有限、工作距离短、适应性不强等。进入 21 世纪，在越来越多的情况下条形码已经不能满足人们的需求。虽然条形码价格低廉，但它有上述的缺点。此时，另外一项逐步成熟的识别技术以近乎疯狂的速度席卷全球，彻底改变了条形码一统天下的现状，这就是无线射频识别技术。作为条形码技术的进阶，RFID 技术有许多独特优势，RFID 标签不需要直接视线就可以读取，能够承载更多的数据，且具有更远的识别距离和更高的读取速度。它的主要优势包括防水、防磁、强穿透性、数据加密及读写能力等。RFID 技术最大的特性是能够提供更细致、更精确的产品供货信息，并能实现货物供给过程的自动化。

当 RFID 与互联网相结合时，一场影响深远的革命就来临了。特别是当赋予地球上所有物品以唯一 IP 地址的 IPv6 技术与承载着物品大量相关信息并有无线通信能力的 RFID

结合时，双方的巨大潜能进一步释放出来，一个人与人、人与物、物与物相互联系的“物联网”诞生了。

感知识别层作为物联网架构的基石，通过先进的传感器和识别技术，如 RFID，为物联网的发展提供了丰富而准确的数据支持。这些技术的不断演进和与互联网的深度融合，使得物联网能够更好地服务于现代社会的各个方面，提高生活的智能化水平，展现了在未来发展中的巨大潜力。感知识别层的核心功能是通过各种设备和技术对物理世界进行感知和识别，收集和传输各种类型的数据，为物联网系统的运行提供基础。感知识别层的发展水平和质量直接影响物联网系统的性能和效果。

(2) 网络构建层

网络构建层位于物联网架构的中心位置，是物联网架构中的关键组成部分，它负责将感知识别层收集到的数据传输到数据处理中心或管理服务层。这一层涉及的技术包括但不限于各种有线和无线通信技术，如光纤通信、WiFi、蓝牙、蜂窝网络等。网络构建层的主要职责包括确保数据的安全、可靠和高效传输，同时考虑能耗和网络覆盖的问题，这对于分布广泛或移动性强的物联网设备尤为重要。这一层是连接物理世界和数字世界的桥梁，确保下层收集的数据能够被上层应用所利用。

互联网是物联网中网络构建层的基础，但是仅有互联网是不够的。互联网好比高速公路，满足主干城市之间的快速大容量交通运输；若想实现“门到门”的便利通行，还需要省道、县道、城市道路的辅助。在网络技术中，实现“最后一公里互联互通”任务的是各种类型的无线接入技术，包括广为人知的 WiFi、蓝牙、ZigBee、WiMAX（威迈）以及前沿的毫米波(millimeter wave)、可见光通信(visible light communication，VLC)、窄带物联网(narrow band internet of things，NB-IoT)等。

在有线通信中，光纤通信以其高速度和远距离传输的优势在工业通信中发挥了巨大优势。光纤通信在互联网的发展中起到了基石作用。光纤通过使用光脉冲来传输数据，可以达到每秒万兆比特的传输速率，传输距离可达 100 km 以上，为数据中心和高速互联网的骨干网络提供支持。以太网作为最常见的有线局域网技术，通过电缆连接网络中的设备，支持多种数据速率，从 10 Mb/s 到 100 Gb/s 不等。以太网的发展为企业网络、家庭网络提供了稳定可靠的数据连接。

无线通信技术通过无线信号传输数据，从而使得设备能够在没有物理连接的情况下实现网络接入。主要有 WiFi、蜂窝网络、低功耗广域网等技术。WiFi 作为广泛使用的无线技术之一，其支持在家庭、企业和公共场所内部署无线局域网，提供方便的互联网接入。WiFi 技术的发展不断提高了速度和安全性，从最初的 802.11 标准到 802.11ax，支持更高的数据速率和更多的同时连接设备。蜂窝网络的发展经历了从模拟信号的 1G 到数字信号的 2G，再到支持宽带数据传输的 3G、4G，以及当前的 5G。每一代蜂窝网络技术演进都标志着通信速度、连接性和服务质量的显著提升。LPWAN 技术，如 LoRa（远距离低功耗网络）和 SigFox，专为物联网应用设计，支持长距离、低功耗的通信，适用于智能计量、智慧农业等场景。

无线通信技术主要由以下几部分组成：一是终端设备，包括手机、平板电脑、笔记本电脑、智能家居设备等能够发送和接收无线信号的设备。二是无线接入点(AP)，在无线局域网(WLAN)中，无线接入点是连接无线通信设备与有线网络的桥梁。在更广泛的移动通信网络中，基站执行这一角色，为移动设备提供覆盖。三是传输媒介：无线电波，用于在终端设备和无线接入点之间传输数据。四是网络基础设施，包括路由器、交换机和服务器等设备，用于处理和管理通过无线接入点收发的数据。五是管理系统，用于配置、监控和维护无线网络，确保网络的安全、稳定和高效运行。无线通信技术具有以下几个显著特点：灵活性强，不需物理连接，可以在接入点覆盖范围内自由移动；易部署，相比有线网络，无线网络部署更加快捷方便，尤其是在难以布线的环境中；扩展性强，可以通过增加无线接入点来轻松扩展网络覆盖范围；带宽受限，与有线网络相比，无线接入的带宽和数据传输速率可能受限制；安全性挑战，由于无线信号的开放性，无线接入面临着更多的安全威胁和挑战。

常见的无线接入方式主要有以下几类。

WiFi：广泛使用的无线接入技术之一，主要用于局域网的无线接入，适用于家庭、学校、办公室等环境。

蜂窝网络：包括 2G、3G、4G LTE 和 5G 等，提供广泛的移动通信覆盖，适用于需要移动性和更广覆盖范围的应用。

蓝牙：一种短距离无线通信技术，常用于连接手机、耳机、键盘和其他个人设备。

LoRa 和 SigFox：低功耗广域网技术，专为物联网应用设计，支持长距离、低功耗的数据传输，适用于智能计量、智慧农业等领域。

卫星通信：全球覆盖，适用于边远地区的通信、海洋和航空通信等场景。如中国北斗卫星系统就具备通信功能。

NFC（近场通信）：其可以在彼此靠近的情况下进行数据交换，是由非接触式射频识别及互联互通技术整合演变而来的，通过在单一芯片上集成感应式读卡器、感应式卡片和点对点通信的功能，利用移动终端实现移动支付、电子票务、门禁、移动身份识别、防伪等应用。

网络构建层是物联网结构的中枢部分，随着物联网设备数量的激增，安全性成为网络构建层面临的主要挑战之一。为了保护数据不被未授权访问或篡改，采用加密技术、安全协议和身份验证机制成为必要。例如，TLS/SSL 协议用于加密数据传输，而复杂的密码和多因素认证提高了访问控制的安全性。确保数据传输的可靠性和稳定性对于物联网应用至关重要，尤其是在关键基础设施和工业自动化领域。采用冗余设计、故障转移机制和高效的网络协议可以提高网络的可靠性和稳定性。能耗方面，对于许多依赖电池供电的物联网设备而言，能耗是一个需要特别考虑的问题。采用低功耗技术和协议，如蓝牙低能耗（BLE）、LPWAN 技术，以及通过智能调度算法缩短设备的唤醒时间，都是解决能耗问题的有效方法。

在未来发展趋势方面，首先是 5G 及未来 6G 网络的使用，5G 网络的全面部署将极大地推动物联网的发展，提供更高的数据速率、更低的延迟和更广泛的连接能力。未来的 6G 网络预计将引入新的技术创新，如更高频段的通信、集成的卫星和地面网络，进一步拓展物联网的应用领域。其次，边缘计算的兴起将使数据处理更接近数据源，减少对中央数据中心的依赖，降低延迟，提高处理效率。在网络构建层，这意味着需要对网络架构进行优化，支持更多的本地数据处理和智能决策。最后是人工智能与物联网的融合，随着人工智能技术的进步，其在物联网中的应用将变得越来越广泛。网络构建层将需要支持复杂的 AI 算法和模型，实现智能化的数据分析和处理，为用户提供更加个性化和智能化的服务。

(3) 管理服务层

在物联网架构中，管理服务层（亦称为处理层）扮演着至关重要的角色。作为架构的中间层，它主要负责对接收到的数据进行存储、管理、处理和分析，是连接感知识别层和综合应用层的关键桥梁。依托云计算平台、大数据技术和人工智能算法，管理服务层能够深入分析数据，提取有价值的信息和知识，支持更加智能化的决策制定。此层的高性能计算和海量存储技术支持使得大规模数据能够被高效、可靠地组织起来，为行业应用提供智能化支持。

管理服务层的首要任务是对收集来的数据进行处理和分析。这一过程包括数据清洗、归一化、存储和高级分析几个关键步骤。数据清洗：该步骤是去除收集过程中产生的错误数据、重复数据、不完整数据等，确保数据质量；数据归一化：将不同来源的数据转换为统一格式，便于后续处理；数据存储：使用高效的存储解决方案保留处理后的数据，便于快速检索和分析；数据分析：应用统计分析、机器学习和人工智能算法，发现数据中的模式、趋势和洞察。通过这一系列的数据处理和分析步骤，管理服务层能够为决策提供有力的数据支持。

管理服务层还负责物联网环境中所有设备的管理工作，确保设备的正常运行和数据的安全。设备管理的关键任务包括以下几项：设备注册，将新设备添加到物联网系统中，包括设备的识别、分类和配置；设备监控与维护，实时监控设备状态，进行远程诊断和故障排除，及时更新设备固件和软件；设备配置，根据应用需求调整设备设置，优化性能。

安全管理是管理服务层的一个重要方面，包括数据加密、访问控制、用户认证和安全协议等。管理服务层必须实现保护数据、访问控制和应对安全威胁三个任务。其中，保护数据要使用加密技术保护数据传输和存储过程中的安全；访问控制要确保只有授权用户才能访问系统资源；而应对安全威胁是要监测系统中的异常活动，及时发现和响应安全威胁。

管理服务层实现物联网应用的业务逻辑，根据数据分析结果，执行特定的业务流程和决策规则。涉及的业务有自动化操作，如自动调整生产线参数、发出安全警报、调度维护任务等；智能化控制，基于数据分析结果，实现对物联网环境的智能化控制和优化。

管理服务层还提供了与其他系统和服务集成的接口，支持数据共享和应用间的互操作。开放的API(应用程序接口)允许第三方开发者基于物联网平台开发新的应用和服务，增强了系统的灵活性和可扩展性。同时，管理服务层也支持复杂的用户交互功能，如数据可视化、报告生成和用户配置管理，帮助用户更好地理解和控制物联网系统。

尽管管理服务层在物联网架构中起着至关重要的作用，但它也面临着包括数据安全、隐私保护、设备兼容性、系统可扩展性等多方面的挑战。未来的发展方向包括以下几个方面：一是增强的数据处理能力，采用更先进的数据处理技术和算法，提高数据分析的准确性和效率；二是更严格的安全措施，引入更先进的安全技术和协议，增强物联网系统的安全性和可靠性；三是智能化的设备管理，利用人工智能技术优化设备管理，实现预测性维护和自动化配置；四是更广泛的系统集成，支持更多标准化的接口和协议，促进不同系统和设备之间的互联互通。

总而言之，管理服务层作为物联网架构的核心，不仅确保了数据的有效处理和安全，还为系统的灵活性和可扩展性提供了支持。未来，随着技术的进步和物联网应用的不断扩展，管理服务层将继续演化，为构建更加智能、高效的物联网应用提供强大的技术支持。

(4) 综合应用层

综合应用层是物联网架构中的最上层，它直接面向用户，将管理服务层处理和分析后的数据转化为具体的智能应用和服务。这一层的设计和实现基于的是下层(即感知识别层、网络构建层和管理服务层)提供的数据和服务。综合应用层的目标是利用物联网技术解决实际问题,提高生活和工作的效率,改善用户体验。

综合应用层的功能是将物联网系统的数据和服务转化为具体的应用,以满足不同领域和用户的需求。综合应用层的特点主要体现在以下几个方面:

一是覆盖广泛的应用领域。物联网技术可以应用于各个行业和领域,从智能家居到智慧城市,从工业自动化到环境监测,从健康医疗到教育娱乐,物联网技术都能提供智能化的服务和解决方案。每个应用领域都有其特定的需求和挑战,综合应用层需要提供定制化的解决方案,以适应不同的场景和用户。

二是提供用户交互界面。综合应用层提供了用户交互界面(UI),使用户能够直观地监控和控制物联网系统,轻松获取所需信息。用户交互界面包括移动应用、网页平台和物理控制面板等的界面,根据不同的应用场景和用户习惯,提供不同的交互方式和功能。用户交互界面的设计需要考虑用户体验、易用性和美观性等,以提高用户的满意度和忠诚度。

三是利用数据分析和处理工具。综合应用层利用数据分析和处理工具,如数据挖掘、统计分析软件和机器学习库,以提取数据的价值,支持智能化的应用服务。通过图表、地图和仪表板等形式,将复杂的数据转换为易于理解的视觉信息,帮助用户快速把握系统状态和趋势。利用人工智能和机器学习技术,基于大数据分析提供决策支持,如自动调节环境参数、预测设备维护需求、优化资源分配等。

四是与其他服务和平台集成。综合应用层不仅与管理服务层进行交互,还可以与其他外部服务和平台集成,以扩展功能和服务。例如,综合应用层可以利用云服务提供更强大的计算和存储能力,利用社交网络和电子商务平台提供更多的社交和商业功能。通过应用程序编程接口(APIs)和集成服务,综合应用层能够实现与其他服务和平台的连接和数据交换。

综合应用层的关键技术包括以下几个方面:

一是软件开发框架。综合应用层的开发通常基于各种软件开发框架,如 Web 框架、移动应用开发框架等,以支持快速开发和部署。软件开发框架提供了一系列的工具和库,如编程语言、数据库、用户界面组件、测试工具等,简化了开发过程,提高了开发效率和质量。软件开发框架的选择需要考虑应用的目标平台、功能需求、性能要求、安全性要求等。

二是 APIs 和集成服务。通过 APIs 和集成服务,综合应用层能够与管理服务层以及其他外部服务和平台进行交互,以扩展功能和服务。APIs 是一种定义了不同软件之间如何通信和交换数据的规范,它使得不同的软件能够相互调用和使用对方的功能和数据。集成服务是一种将不同的软件和服务连接起来的技术,它通过中间件、消息队列、事件驱动等方式,实现不同的软件和服务之间的协同和协作。APIs 和集成服务的设计和实现需要考虑数据的格式、传输方式、安全性、可靠性等因素,以保证数据的有效、安全、可靠传输。

三是数据分析和处理工具。使用数据分析和处理工具,如数据挖掘、统计分析软件和机器学习库,来提取数据的价值,支持智能化的应用服务。数据分析和处理工具能够对收集到的大量数据进行清洗、转换、整合、分析和建模等操作,以发现数据中的模式、规律和关联,从而提供有用的信息和知识。数据分析和处理工具的选择和应用需要考虑数据的类型、规模、质量、复杂度等。

综合应用层的具体应用是物联网系统的最终输出，它将底层技术转化为满足特定需求的实用服务和解决方案，直接服务于最终用户。以下是一些常见的物联网应用领域和案例。

智能家居是物联网应用中最为人们熟知的领域之一。它涉及将家庭设备如暖气、空调、摄像头、门锁等连接到互联网，使用户可以通过智能手机或其他设备远程控制它们。

智慧城市利用物联网技术来提高城市管理的效率和居民的生活质量，包括智能交通系统、智能照明、废物管理和公共安全监控等。如阿姆斯特丹智慧城市项目，通过安装具有传感器的路灯来调节亮度，根据人的流动量和时间节省能源。同时，城市还部署了智能水管理系统和智能停车解决方案，以优化资源使用和减少交通拥堵。

工业互联网(也称为工业 4.0)通过物联网技术实现生产过程的自动化和智能化。它涵盖了从生产线监控到设备维护、从库存管理到供应链优化等多个方面。如，GE Digital 的 Predix 平台是一个工业互联网平台，它能够连接机器、数据和人员，帮助企业分析数据和监控设备，以预测维护需求和优化生产过程。

物联网在健康医疗领域的应用包括远程健康监测、智能药物分配器、患者数据管理等，旨在提供更加个性化和高效的医疗服务。Philips 的 eICU 程序利用物联网技术进行远程病人监护，通过视频监控和实时数据分析，提高病人护理质量。

物联网技术在环境监测领域应用广泛，包括空气质量监测、水质检测、森林火灾侦测等，旨在及时收集环境数据，进行有效管理和保护。IBM 的 Green Horizons 项目使用物联网技术监测空气污染，通过分析大量环境数据来预测污染趋势，并帮助城市管理者制定减少污染的措施。

总的来说，感知识别层位于物联网架构的最底层，主要负责收集环境和对象的信息。这一层包括各种传感器、RFID 标签、二维码等设备和技术。感知识别层为物联网系统提供了原始数据的来源。网络构建层负责将感知识别层收集到的数据通过网络传输到数据处理中心或管理服务层。这一层涵盖了各种通信协议和网络技术，包括有线网络和无线网络。网络构建层的关键任务是确保数据的有效、安全、可靠传输，并考虑能耗和网络覆盖的问题。管理服务层属于物联网架构的中间层，主要负责对接收到的数据进行存储、管理、处理和分析，依托云计算平台，利用大数据技术和人工智能算法对数据进行深入分析，从而提取有用信息和知识，为决策提供支持。管理服务层还负责物联网系统的设备管理、身份认证、安全保护等，确保整个系统的正常运行和数据安全。综合应用层是物联网架构中的最上层，直接面向用户，将管理服务层处理和分析后的数据转化为具体的智能应用和服务。这一层的设计和实现基于下层提供的数据和服务，旨在利用物联网技术解决实际问题，提高生活和工作的效率，改善用户体验。综合应用层覆盖了广泛的应用领域。这四个层次共同构成了物联网的完整架构，通过协同工作，实现从数据采集到应用服务的全过程为人们提供智能化、自动化的服务和管理，大大提高了生活和工作的效率和质量。物联网层次如图 2-1 所示。

2.1.2.2 物联网的核心技术

物联网的发展是现代科技进步的重要标志，它通过将物理世界的物体连接至互联网，实现数据的实时收集、传输、分析和应用，极大地拓展了信息技术的应用范围。物联网的实现依赖多种核心技术的发展和整合，这些技术共同构成物联网系统的骨架，支撑着从感知物理

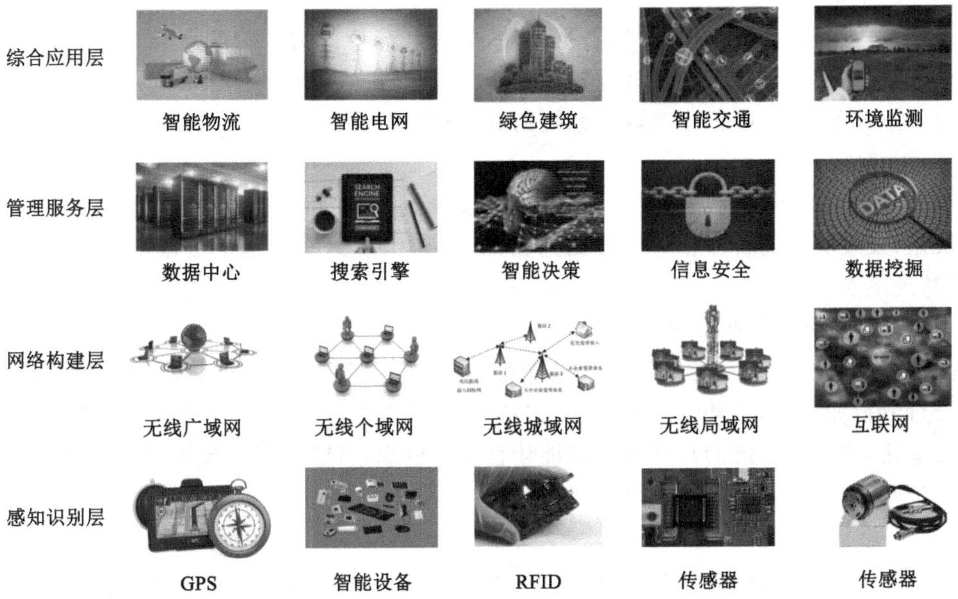

图 2-1　物联网层次图

世界到数据处理，再到智能应用的全过程。

（1）传感器技术

传感器是物联网感知外部世界的“眼睛”和“耳朵”，它们能够检测周围环境的各种物理或化学参数，并将这些参数转换成电信号。随着纳米技术、微电子学的发展，传感器变得更加微小、精准和节能，能够适应各种复杂和极端的环境。例如，农业领域中使用的土壤湿度传感器能够精确测量土壤的水分含量，帮助农民合理灌溉；工业领域中的压力和温度传感器用于监控生产过程，确保安全和效率。

（2）射频识别

RFID 技术通过无线电波识别和跟踪标签附着的物体，每个标签具有唯一的识别码，使得物体能够在没有直接视线的情况下被识别和跟踪。RFID 技术在零售、物流、医疗等多个领域有广泛应用。例如，在零售行业中，RFID 标签被用于商品的库存管理和防盗，提高了库存精度和运营效率。

（3）无线通信

无线通信技术是连接物联网设备和传输数据的纽带。不同的应用场景可能需要不同的无线技术，如 WiFi 适用于高速数据传输和大流量访问，而 LPWAN 技术则更适用于覆盖范围广、数据量小、功耗低的场景。5G 的推广将进一步促进物联网的发展，提供更高速的数据传输能力和更低的延迟，为自动驾驶、远程医疗等高要求应用提供支持。

（4）边缘计算

边缘计算通过在数据产生的地点（即边缘）进行数据处理，减少了数据传输到云端的需要，降低了延迟，提高了处理速度。这对于实时监控和控制系统尤为重要。例如，智能交通系统中的边缘计算设备可以实时处理来自道路传感器和摄像头的数据，快速响应交通状况变化，提高交通管理的效率和安全性。

(5) 云计算

云计算为物联网提供了强大的数据存储、处理和分析能力。物联网设备产生的海量数据可以存储在云端，利用云端的计算资源进行深入分析。云平台还提供了设备管理、应用开发和服务集成的功能，降低了物联网系统的开发和运营成本。

(6) 大数据

物联网设备产生的数据具有体量大、类型多、更新快的特点，大数据技术能够有效处理这些数据，发现其中的价值。通过数据挖掘、机器学习等方法，可以从数据中识别出模式、趋势，支持决策制定。

(7) 人工智能和机器学习

人工智能和机器学习是提升物联网智能化水平的关键技术。它们可以对收集到的大量数据进行分析和学习，自动识别模式，做出决策。AI 技术使物联网设备能够自主学习和适应环境变化，提高了系统的自动化和智能化程度。例如，智能家居系统可以学习用户的生活习惯，自动调节家居环境，提升居住舒适度。

(8) 网络安全技术

随着物联网设备数量的激增，保护这些设备和其中的数据免受攻击尤为重要。网络安全技术，包括数据加密、安全认证、访问控制等，是确保物联网系统安全运行的基石。例如，加密技术可以保护数据在传输过程中不被截获，访问控制可以确保只有授权用户才能访问系统资源。

物联网的发展不仅依赖这些核心技术的进步，还需要这些技术之间的有效整合和协作。随着技术的不断演进，物联网将在智能化、自动化方面发挥更大的作用，为各行各业带来深刻变革。

2.1.2.3 物联网的特点

物联网通过将现实世界中的各种物体与互联网连接起来，实现了智能化管理和控制，极大地拓展了互联网的应用范围。物联网具有一系列显著特点，主要包括以下几个方面：

(1) 联网终端规模化。联网终端规模化是指物联网技术使得各种设备和传感器都能成为网络的一部分，实现数据的收集和传输。在物联网中，几乎所有物体都可以成为联网终端，从家用电器到汽车，从环境监测设备到个人穿戴设备。这些终端设备通过内置或外接的传感器和模块，能够收集各种类型的数据，并通过无线或有线网络发送到云平台或数据中心，为进一步的数据分析和处理提供基础。

(2) 感知识别普适化。感知识别普适化意味着物联网技术能够广泛地对环境和对象进行感知和识别。通过部署多种传感器(如温度、湿度、压力、光线、运动等传感器)和采用识别技术(如 RFID、二维码、图像识别等)，物联网系统能够实时捕捉到细微的环境变化和物体状态，实现对物理世界的感知。这种普适化的感知和识别能力是物联网智能化应用实现的基础。

(3) 异构设备互联化。物联网涉及的设备类型多样，以及不同的操作系统和协议，这些异构设备的互联化是物联网的一大特点。通过标准化的通信协议和接口，物联网实现了不同设备和系统之间的连接和通信，使得数据可以在不同的设备和平台之间流动和共享。这种异构设备互联化不仅提高了资源的利用效率，也为创新应用的开发提供了可能。

(4) 管理处理智能化。物联网的管理处理智能化是指通过先进的数据分析技术和人工智能算法,对收集到的海量数据进行有效的管理和智能化处理。物联网平台能够对数据进行实时监控、分析和预测,自动识别异常状态,提出优化建议或直接控制联网设备执行特定任务。这种智能化的管理和处理能力大大提升了物联网系统的效率和响应速度,使其能够适应复杂多变的环境和需求。

(5) 应用服务链条化。物联网的应用服务链条化体现为物联网技术能够支持从数据采集、传输、处理到应用服务的完整链条。物联网不仅仅是技术的堆砌,更是一个完整的解决方案提供体系,能够根据不同行业和场景的需求,提供定制化的服务。从智能家居、智慧城市到精准农业、工业 4.0,物联网的应用服务链条化使其能够为用户提供从端到端的解决方案,实现价值的最大化。

2.2 矿山物联网及其构建

2.2.1 矿山物联网的内涵

矿山物联网(mining internet of things,MIoT)是一个专门针对矿山行业设计的物联网系统,旨在通过先进的传感器技术、无线通信网络、数据处理和分析能力,实现矿山环境的实时监测、精准管理和智能决策。矿山物联网通过在矿山生产运营中集成和应用物联网技术,实现矿山生产过程的智能化、自动化和数字化。它通过在矿山现场部署大量的传感器和智能设备,收集关于矿山环境、设备运行状态、作业过程等的实时数据,然后通过无线通信技术将这些数据传输至数据处理中心。在数据处理中心,利用云计算、大数据分析、人工智能等技术对数据进行深入分析和处理,以支持矿山安全监控、生产管理、设备维护、环境保护等多个方面的决策和操作。矿山物联网将矿山的各种设备、传感器、控制器、网络、平台等连接起来,实现矿山的感知、互联、分析、控制等功能,提高矿山的安全、效率、节能、环保等水平。矿山物联网是智慧矿山的基础和核心,是实现矿山数字化、智能化、信息化的关键,也是煤炭行业新一轮重大技术变革和高质量发展的核心技术支撑。

(1) 煤矿物联网

在煤矿中,物联网技术的应用主要集中在提高煤矿安全性和效率上。通过在煤矿井下安装各种传感器,如甲烷、一氧化碳检测器,温湿度传感器,煤尘浓度监测器等,实时监测井下环境,及时对潜在的安全风险发出预警。此外,通过监测矿工的位置和健康状态,可以在紧急情况下迅速采取救援措施。煤矿物联网还包括设备状态监测和预测性维护,以减少设备故障和提高生产效率。

(2) 非煤矿物联网

对于金属矿、建筑材料矿等非煤矿山,物联网技术同样可以提高生产效率和安全性。在非煤矿山中,物联网可以用于监测矿山设备的工作状态、矿石品位、矿石处理过程等,实现资源的精准开采和加工流程优化。此外,非煤矿物联网还能够监测矿区的环境影响,如水资源使用、废弃物处理等,以实现可持续发展目标。

(3) 露天矿山物联网

在露天矿山开采生产过程中,物联网技术可用于地形测绘、开采进度监控、车辆和设备的实时调度等。通过5G等低延时网络可实现露天矿山无人远程操作，提高生产安全性。通过无人机和卫星遥感等技术收集地形数据，结合地理信息系统(GIS)，可以优化爆破计划和开采路径。物联网技术还可以监控露天矿山的环境影响，如粉尘、噪声和水污染等，确保环境保护措施的有效实施。

(4) 井工矿物联网

对于深井作业的矿山，物联网技术的应用重点在于深井环境的实时监测、通风系统的优化、井下人员的安全管理等。通过高精度的传感器网络，可以实时监测井下的气体含量、温湿度等关键参数，及时调整通风系统，保障井下作业的安全。同时，通过穿戴设备监测矿工的生理状态，可以有效预防职业病的发生。

尽管物联网技术为矿山运营带来了巨大的潜力，但在实际应用中也面临着多种挑战，包括以下几个方面。一是技术集成问题。矿山物联网涉及多种技术的融合，有效集成各种传感器、通信技术、数据处理平台等，是实现物联网系统高效运行的关键。二是数据安全与隐私问题。矿山物联网产生的大量数据中可能包含敏感信息，如何保护这些数据免受未授权访问和攻击，是必须面对的问题。三是成本与投资回报。部署和维护矿山物联网系统需要巨大的初期投资，如何在可接受的时间内获得投资回报，是矿业企业需要考虑的问题。四是环境与技术适应性。矿山环境复杂多变，煤矿、非煤矿山，露天、井工开采都有各自的特点，如何保证物联网设备在各类复杂和恶劣环境下的稳定运行，也是技术研发和应用中的一大挑战。

2.2.2 矿山物联网的构建

智慧矿山物联网的主要技术架构包括感知层、网络层、平台层(数据处理层)、应用层和安全层，分别负责矿山的数据采集、数据传输、数据处理、数据应用和数据保护。每一层在整个系统中扮演着独特而关键的角色，共同确保了矿山物联网系统的高效、安全运行。

2.2.2.1 智慧矿山感知层

感知层是矿山物联网的基础，负责收集矿山现场的各种信息，包括地理、地质、建设、生产、安全管理、产品加工与运销、生态等综合信息。这一层主要由各种传感器、控制器、终端设备等组成，用于监测矿山环境参数(如温度、湿度、气体浓度)、设备状态(如振动、温度、工作状态)和人员位置等信息，负责对矿山的人员、设备、环境等各种要素进行实时监测、采集、控制和反馈，形成矿山的数字化信息。感知层的数据对于确保矿山作业安全、指导生产操作至关重要。它将现实世界中的物理信息转换成数字信息，为后续的数据传输、处理和分析提供原始数据。

(1) 智慧矿山感知层的基本组成

感知层的关键组成包括环境监测传感器、设备监测传感器、人员定位和安全监测设备、矿压监测传感器等。其功能主要是实时数据的收集、安全监控与预警、提升生产效率和设备故障诊断与维护。例如，煤矿可以采用瓦斯传感器、应力传感器、设备控制器等；非煤矿山可以采用金属探测器、地质雷达、远程爆破控制器等；露天矿可以采用无人机、视频监控、GPS定位等；井工矿可以采用地下通信、井下定位、井下视频等。具体来讲，主要包括以下部分。

一是矿山传感器网络。传感器是感知层中最重要的组成部分，用于监测矿山内外的各种条件和参数。主要包括以下几类。

① 环境安全类传感器:用于监测空气质量(如甲烷、一氧化碳浓度)、温湿度、粉尘等环境指标。

② 设备状态传感器:用于监测矿山机械设备的工作状态,如振动、温度、压力等,以实现设备的实时健康管理。

③ 调度管理类传感器:对矿山企业进行管理的各类井上下传感器,包括人员定位系统、资产设备管理系统、能源消耗监控系统等,目的是帮助优化企业管理和成本控制。

二是矿用 RFID 技术。RFID 技术在智慧矿山的感知层中被广泛应用于人员和资产的追踪管理。人员定位与安全方面,通过在矿工安全帽或工作服上安装 RFID 标签,实时监测工人的位置和状态,以提高安全管理水平;资产追踪方面,利用 RFID 标签对矿山设备进行标记,实现资产的实时追踪和管理。

三是矿山视频监控系统。摄像头和视频分析技术对于监控矿山的安全和运营至关重要。安全监控方面,实时视频监控可以帮助及时发现安全隐患和违规行为,提高矿山的安全水平;远程操作监控方面,对远程控制的机械设备进行视觉监控,确保操作的准确性和安全性。

(2) 矿山物联网感知层功能和特点

一是信息感知。矿山物联网感知层利用各种传感器,如温度、湿度、压力、光照、瓦斯、煤层厚度、金属探测、矿石品位等传感器,对矿山的各种物理量进行实时监测,获取矿山的地理、地质、生产、安全等综合信息。

二是数据采集。矿山物联网感知层利用各种识别器,如 RFID、二维码、条形码、人脸识别、指纹识别等识别器,对矿山的各种物体进行标识和识别,获取矿山的人员、设备、物资等基本信息。

三是智能控制。矿山物联网感知层利用各种控制器,如采煤机控制器、掘进机控制器、运输车控制器、通风机控制器、泵站控制器等,对矿山的各种设备进行远程控制和管理,实现矿山的自动化和智能化。

四是网络通信。矿山物联网感知层利用各种通信网络,如有线网络、无线网络、卫星网络、光纤网络等,将感知层采集到的信息传输给网络层,同时接收网络层的指令和反馈,实现矿山的信息互联和数据交换。

矿山物联网感知层的技术发展趋势是向更高的精度、速度、稳定性、安全性和节能性发展,利用新型传感器、识别器、控制器、通信网络技术等,实现矿山的全面感知、高效采集和智能控制。

2.2.2.2　智慧矿山网络层

(1) 智慧矿山网络层的基本概念

物联网中的网络层是指通过各种通信网络、云计算平台、数据中心等设施,实现物联网的信息传输和处理的技术层。智慧矿山是基于物联网、云计算、大数据、人工智能等技术,集成各类传感器、自动控制器、传输网络、组件式软件等,形成一套智慧体系,能够主动感知、自动分析,依据深度学习的知识库,形成最优决策模型并对各环节实施自动调控,实现设计、生产、运营管理等环节安全、高效、智能、绿色的矿山。网络层的设计需要考虑矿山环境的特殊性,如地下矿井的信号覆盖和地面矿区的宽阔区域通信。

(2) 智慧矿山网络层的组建形式

智慧矿山可采用云、边、端的总体网络架构。端指接入的生产业务系统中的设备,主要实现各生产环节感知数据接入。边主要是指边缘计算服务。云主要提供相应的云端服务,包括模型、算法、数据协议、大数据平台等。

具体业务架构可根据不同需要灵活组建,但整体要符合一般物联网的层级要求。在现场,有些智慧矿山业务架构采用“5层+3体系”的模式,“5层”自下而上分别为基础设备层、业务数据层、分析服务层、分析业务层和分析展现层,“3体系”分别为数据分析标准体系、安全规范标准体系、元数据及代码规范标准体系。

智慧矿山的协同流程自下而上要实现“基础+数据”支撑、矿山生产系统协同、灾害风险分析协同和经营决策协同。

(3) 智慧矿山网络层的主要特点

① 透彻感知:通过各类传感器和设备,实现对矿山生产环境、设备状态、人员位置等多维度信息的实时感知。

② 深度互联:通过云计算和物联网技术,实现矿山各个环节、各类设备的深度互联。

③ 高度共享:通过大数据和云计算技术,实现矿山各类数据的高度共享。

④ 智能服务:通过人工智能和大数据分析,实现对矿山生产数据的智能分析和决策。

⑤ 可视化展现:通过数字孪生和虚拟现实技术,实现矿山生产过程的可视化展现。

2.2.2.3 智慧矿山平台层(数据处理层)

(1) 智慧矿山平台层的基本概念

智慧矿山平台层,也称为数据处理层或中间层,是智慧矿山架构中的核心部分,负责对感知层收集的大量数据进行处理、分析和存储,以支持更高层次的数据分析和决策制定。这一层利用先进的数据处理技术和算法,将原始数据转化为有用的信息和知识。这一层通常依托云计算或边缘计算平台,使用大数据分析和人工智能技术提取数据中的有用信息,支持智能决策和预测性维护。数据处理层的功能包括数据融合、模式识别、异常检测和优化建议等。该层主要由各种云计算、大数据、人工智能、物联网、数字孪生等技术服务和功能组成,负责对网络层的数据进行统一的存储、管理、分析、挖掘、建模、预测等,实现矿山的智能化处理。

(2) 智慧矿山平台层的主要组成

① 数据集成:将来自矿山不同源的数据进行整合,确保数据的一致性和完整性。数据包括传感器数据、机械设备状态、生产流程信息等。

② 数据存储:为了处理和分析大规模数据,智慧矿山平台需要有强大的数据存储能力。通常涉及使用分布式数据库系统,如 Hadoop 或 NoSQL 数据库,以及云存储解决方案。

③ 数据处理:应用数据处理技术,如流处理和批处理,来处理实时数据和历史数据。这一步骤是为了从原始数据中提取有用信息,为决策提供支持。

④ 数据分析:运用统计分析、数据挖掘、机器学习等方法对数据进行深入分析,以发现数据中的模式、趋势和异常。

⑤ 数据可视化:将分析结果以图表、报告的形式呈现出来,帮助管理者和工程师更直观地理解数据,从而做出更明智的决策。

(3) 智慧矿山平台层的特性

智慧矿山平台层的关键特性有以下几个方面：一是可扩展性，智慧矿山物联网平台设计之初就应考虑需要支持从几十个到数万个设备的连接，因此需要具有很高的可扩展性。二是多矿山企业支持，智慧矿山物联网平台通常应支持多矿井架构，使得多个矿山企业用户可以在同一平台上独立地操作自己的设备和数据。三是数据安全性，安全机制是物联网平台的重要组成部分，同样也包括智慧矿山物联网平台，主要有设备认证、数据加密、访问控制等，以确保数据的安全和用户的隐私保护。四是跨协议支持，物联网平台支持多种通信协议，如 MQTT、CoAP、HTTP 等，以适应不同矿山设备和应用场景的需求。

这些特性使得智慧矿山平台层成为提高矿山生产效率、安全性和可持续性的核心部分。通过有效的数据处理和分析，可以优化矿山运营管理，实现资源合理利用，降低能耗和成本，同时提高工作环境的安全性。此外，平台层还支持对未来趋势的预测分析，为矿山的长期规划和发展提供数据支持。在实际应用中，它需要与感知层、网络层和应用层紧密协作，共同构成一个高效、智能的矿山管理系统。

智慧矿山平台层的设计和实施对于提高矿山的生产效率、安全性和可持续性至关重要。通过对数据的有效处理和分析，可以优化矿山的运营管理，实现资源的合理利用，降低能耗和成本，同时提高工作环境的安全性。此外，数据处理层还支持对未来趋势的预测分析，为矿山的长期规划和发展提供数据支持。在实际应用中，智慧矿山平台层需要与其他层次如感知层、网络层和应用层紧密协作，共同构成一个高效、智能的矿山管理系统。

2.2.2.4　*智慧矿山应用层*

智慧矿山应用层是智慧矿山架构中位于最上层的部分，它直接面向最终用户，提供各种具体的智能应用和服务。应用层通过整合和分析来自感知层的数据以及经过平台层处理的信息，生成具有实际业务价值的知识，支持矿山的决策制定和智能管理。

(1) 智慧矿山应用层的基本概念

应用层主要是指智慧矿山中用于实现特定业务功能和服务的软件系统和应用程序。这些应用涵盖了矿山生产、安全监控、设备管理、环境监测、人员管理等多个方面，旨在提高矿山的生产效率、安全水平和管理水平。

(2) 智慧矿山应用层的主要功能

① 生产管理：包括生产计划的制订与执行、生产过程的监控、生产数据的分析等，以提高生产效率和资源利用率。

② 安全监控：实时监测矿山安全状况，包括人员定位、环境监测（如气体浓度、温湿度）、视频监控等，以及时发现和预警安全隐患。

③ 设备维护：对矿山机械设备进行状态监控和健康诊断，实现预测性维护，减少故障停机时间。

④ 环境监测：监测矿区的环境状况，如空气质量、水质、噪声等，确保符合环保标准。

⑤ 人员管理：管理矿工的工作时间、位置、健康状况等，保证员工安全和健康。

⑥ 物流与供应链管理：优化物资的采购、存储、运输和分配过程，降低成本，提高效率。

(3) 智慧矿山应用层的特点

① 实时性：应用层能够提供实时的监控和管理功能，快速响应生产和安全中的突发

事件。

② 智能化：通过应用机器学习和数据分析技术，应用层能够提供智能的决策支持，自动优化生产管理和安全监控策略。

③ 集成性：应用层集成了来自矿山各个环节的数据和信息，提供了全面的矿山管理视图。

④ 用户友好：应用层通常具有直观的用户界面和操作系统，使得非专业用户也能轻松使用。

⑤ 定制化和可扩展性：根据不同矿山的具体需求，应用层的功能可以进行定制开发，并且易于扩展新的功能和服务。

智慧矿山应用层是将先进的信息技术、自动化技术和智能算法应用于矿山管理和操作的关键环节。它直接关系智慧矿山建设的实际效果和价值实现，通过提供全面的智能应用和服务，帮助矿山企业实现安全高效的现代化管理。随着技术的进步和创新，智慧矿山应用层将不断丰富和完善，推动矿业的智能化发展进程。

2.2.2.5 智慧矿山安全层

安全层贯穿感知层、网络层、数据处理层、应用层的各个环节，负责对矿山物联网的数据、设备、网络、平台、应用等进行全方位的安全防护、监测、评估、应急等，保障矿山物联网的安全可靠运行。虽然不是传统的四层模型的一部分，但安全层在矿山物联网中占据着至关重要的地位。它负责整个系统的信息安全和数据保护，包括加密通信、访问控制、数据隐私保护和安全认证等。确保矿山物联网系统免受外部攻击和内部泄露是实现其稳定可靠运行的基础。

物联网安全层研究覆盖了一系列关键主题，旨在解决物联网系统在数据传输、设备认证、用户隐私保护和网络安全方面面临的挑战。主要体现在以下几个方面。

(1) 数据加密和安全协议：研究如何通过加密技术和安全通信协议(如 SSL/TLS)保护物联网设备间的数据传输不被截获或篡改。

(2) 设备认证和接入控制：探讨有效的设备认证机制和接入控制策略，确保只有授权的设备才能够接入物联网网络，防止恶意设备的接入。

(3) 用户隐私保护：研究如何在收集、存储和处理用户数据时保护用户隐私，包括匿名化处理和最小化数据收集等策略。

(4) 网络安全监测和入侵检测：开发高效的网络监测和入侵检测系统，及时发现和响应物联网环境中的安全威胁和漏洞。

(5) 分布式安全机制：考虑物联网环境的分布式特性，研究如何利用区块链等技术实现去中心化的安全管理和数据完整性保护。

(6) 设备固件和软件的安全更新：针对物联网设备，重点研究如何安全、高效地向其推送并应用硬件与软件的更新，从而避免旧版本硬件和软件中存在的安全漏洞被不法分子利用，保障设备安全稳定运行。

(7) 跨域安全策略和标准：探索在不同应用领域和行业中实施统一或兼容的安全策略和标准，促进物联网生态系统的安全互操作性。

矿山物联网层次结构如图 2-2 所示。矿山物联网构架如图 2-3 所示。

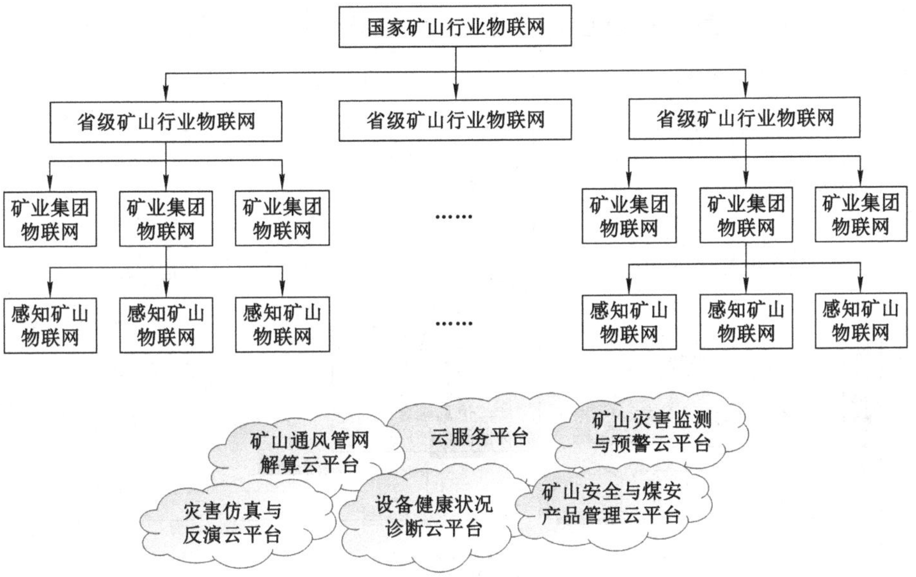

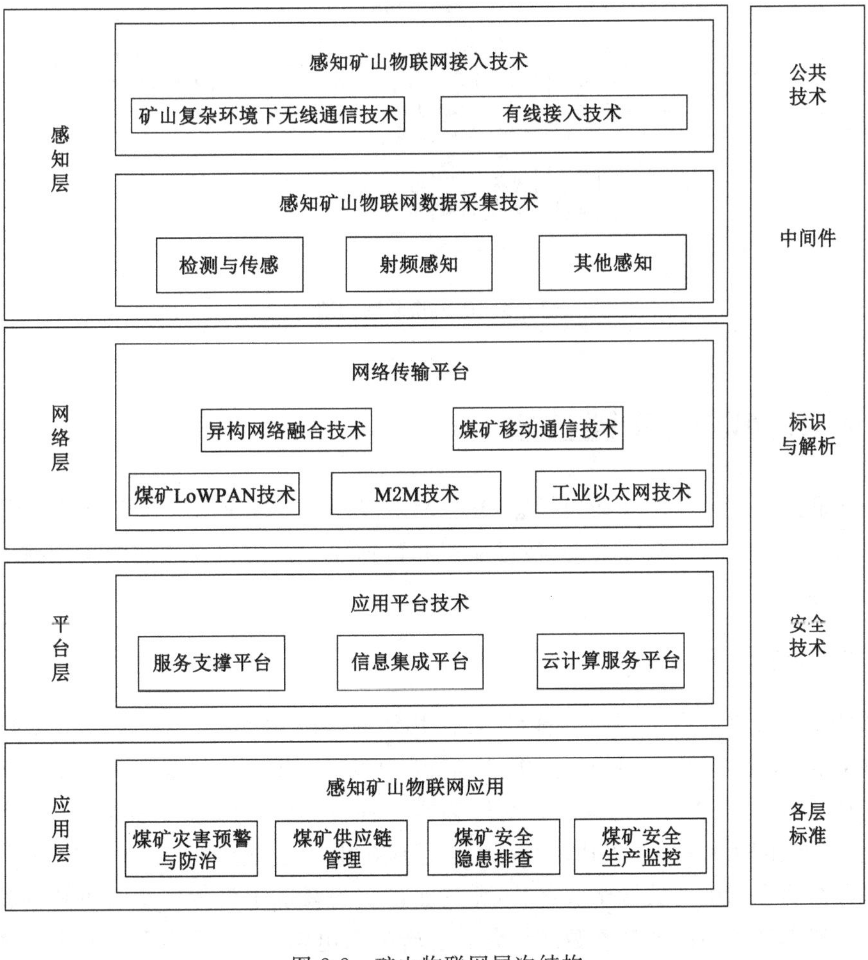

图 2-2　矿山物联网层次结构

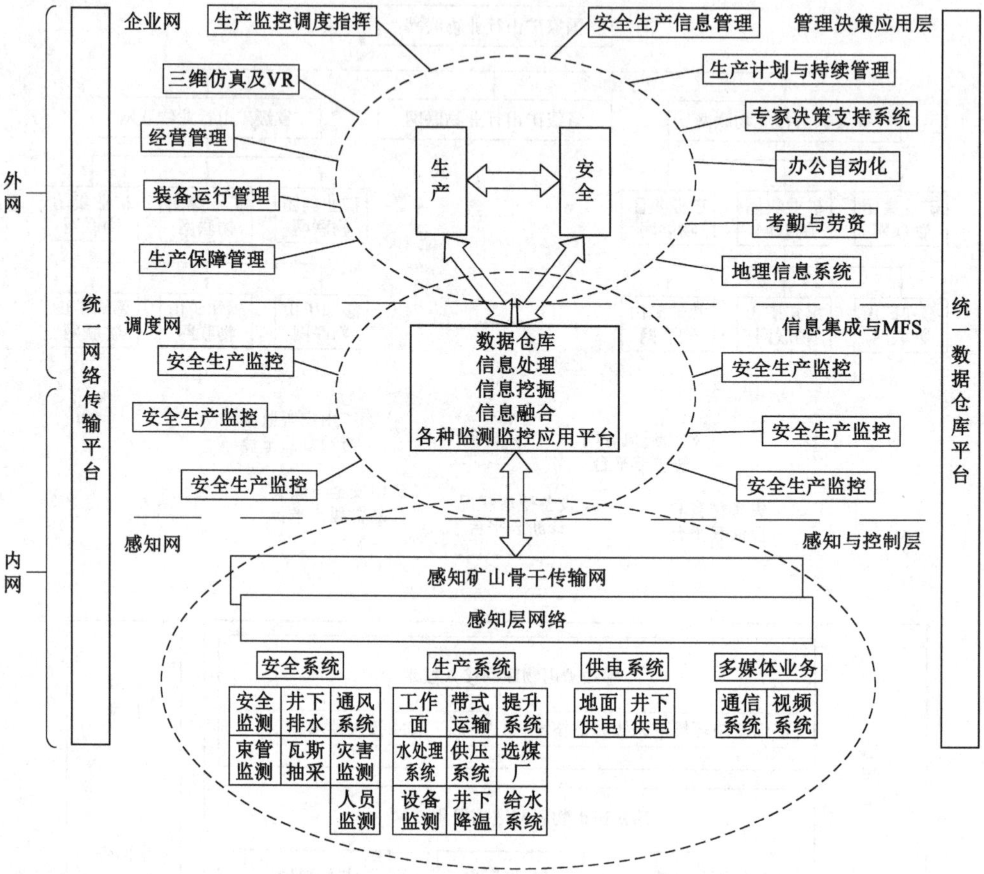

图 2-3　矿山物联网构架

2.3　矿山物联网关键技术

矿山物联网的主要技术架构包括感知层、网络层、平台层、应用层和安全层，分别负责矿山的数据采集、数据传输、数据处理、数据应用和数据保护。矿山物联网的关键技术主要有以下几个方面。

2.3.1　传感技术

传感器是矿山物联网感知层的基础构件，用于收集矿山现场的各种信息，如环境参数（温度、湿度、气体浓度等）、设备状态（振动、温度、压力等）和人员位置。矿山物联网需要多种类型的传感器，包括温度传感器、湿度传感器、气体传感器、压力传感器、应力-应变传感器、振动传感器、RFID 标签和 GPS 设备等，以适应矿山环境的多样性和复杂性。

传感器是物联网中的关键组成部分，尤其在矿山物联网中发挥着至关重要的作用。传感器能够将矿山环境中的物理参数或设备状态转换为电信号，从而实现对矿山环境和设备运行状态的实时监测和数据收集。传感器在矿山物联网中的具体应用和类型体现在以下几个方面。

(1) 环境监测传感器

环境监测传感器用于收集矿山环境的各种参数,它包括但不限于温度传感器、湿度传感器、各类气体传感器、粉尘传感器等。通过布置在矿井内外的各种传感器,实时监测矿井的瓦斯浓度、温度、湿度、风速、风压、水位、应力、变形、振动等参数,以及时发现和预警矿井的各种隐患和灾害,保障矿井的安全生产。

(2) 设备监测传感器

设备监测传感器主要用于实时监控矿山设备的工作状态,提前发现故障和异常,实现预测性维护,它包括振动传感器、压力传感器、流量传感器等。

(3) 人员定位传感器

通过无线电频率识别技术对矿工进行实时定位和管理,确保人员安全。在露天矿山中使用卫星定位系统,如北斗系统、GPS 等对人员和车辆进行定位,优化调度和管理。

(4) 矿压监测传感器

它用于监测井下采煤工作面、巷道和露天矿边坡等的应变情况,预防岩层结构损坏和坍塌、冲击地压、煤与瓦斯突出、边坡失稳等事故。

为了满足矿山物联网的需求,传感器技术不断向更高精度、更低功耗、更强耐用性和更好集成性方向发展。除了上述传统传感器外,光纤传感器、激光传感器和声波传感器等也被逐渐应用于矿山物联网,为矿山安全与生产提供更全面的数据支持。集成先进的传感器技术,矿山物联网能够提供实时、准确的监测数据,帮助矿山企业实现智能化管理,提高生产效率,降低安全风险。随着技术的进步和应用的深入,传感器技术在矿山物联网中的作用将越来越显著。

2.3.2　数据传输技术

数据传输系统负责将感知层收集的数据通过网络安全、可靠地传输到数据处理中心或云平台。矿山物联网面临的独特挑战,包括恶劣的工作环境、大范围的地理分布以及对低延迟和高可靠性的需求。它主要涉及通信网络技术、接入网技术、承载网技术、互联网技术等,需要具备高速、可靠、安全、稳定、低时延等特性,以满足矿山网络的不稳定性和数据的实时性。

(1) 通信网络技术:主要涉及 5G、F5G、WiFi、ZigBee、RFID、WaveMesh、RS485、CAN、Profibus、LonWorks 等技术,满足矿山有线/无线、图文/音视频、实时/非实时、宽/窄带等多种通信需求。

(2) 接入网技术:主要涉及 POL(无源光纤网络)全光无源接入网、工业级 50GE 全光主干环网、FlexE 灵活以太网等技术,实现传输硬切片和极低时延转发,满足远程控制、应急通信等业务对高安全可靠和低时延的需求。

(3) 承载网技术:主要涉及 SDN(软件定义网络)、NFV(网络功能虚拟化)、MEC(移动边缘运算)等技术,实现网络的虚拟化、软件化、边缘化,提高网络的灵活性、可扩展性、可编程性,支持网络切片、网络隔离、数据不出园区等功能。

(4) 互联网技术:主要涉及云计算、大数据、人工智能、数字孪生等技术,实现数据的统一存储、处理、分析、应用,支持数据挖掘、综合分析、建模预测等功能,为矿山智能化提供数据支撑。

2.3.3 数据处理技术

矿山物联网的数据处理指将矿山的各种感知数据和控制指令进行统一存储、管理、分析、挖掘、建模、预测等,实现矿山的数据智能化。主要涉及云计算、大数据、人工智能、数字孪生等技术,需要具备统一、高效、智能、灵活、预测等特性,以满足矿山数据的海量性和价值性要求。

(1) 云计算为物联网提供了强大的数据存储、计算和处理能力。通过云平台,物联网应用可以实现数据的高效处理和分析,支持大规模的设备管理和应用部署。云服务模型如IaaS、PaaS和SaaS为物联网应用提供了灵活性和可扩展性。主要涉及云平台、云服务、云存储、云计算等技术,实现数据的集中存储、分布式计算、弹性扩展、按需使用等,为矿山提供强大的计算能力和资源。

(2) 大数据技术是处理物联网产生的海量数据的关键。它包括数据存储(如Hadoop、NoSQL数据库)、数据处理框架(如Apache Spark、Apache Flink)和数据分析工具(如Apache Hadoop、Apache Hive)。这些技术支持对物联网数据的批处理和实时处理,提取有价值的信息。主要涉及数据采集、数据清洗、数据整合、数据分析、数据可视化等,实现数据的高效处理、深度分析、动态展示等,为矿山提供有效的数据支持和决策依据。

(3) 人工智能和机器学习技术在物联网平台层中用于智能数据分析、模式识别和预测建模。这些技术可以提高物联网系统的智能化水平,支持自动化决策、异常检测和预测性维护等应用。主要涉及机器学习、深度学习、神经网络、自然语言处理、图像识别、语音识别等,实现数据的智能识别、智能理解、智能推理、智能优化等,为矿山提供智能的数据服务和应用。

(4) 边缘计算技术将数据处理能力从云端转移到网络的边缘,即靠近数据源的位置进行数据预处理和分析。这样可以减少数据传输的延迟,提高处理速度,减轻云端的压力。边缘计算在需要快速响应和处理大量数据的物联网应用中尤其重要。

(5) 数字孪生技术:主要涉及数字模型、数字镜像、数字仿真、数字优化等技术,实现数据的动态映射、实时反馈、虚实融合、持续优化等,为矿山提供精准的数据模拟和预测。

2.3.4 应用技术

矿山物联网中的应用技术是指将矿山物联网的感知、传输、处理技术与矿山的生产、管理、服务等业务结合,实现矿山的智能化、数字化、信息化、绿色化、安全化等目标的技术。主要涉及工业应用技术、管理应用技术、决策应用技术等,需要实现自动化、优化、协同、创新等,以满足矿山业务的全面性和高质量要求。

(1) 智能开采技术、通过利用矿山物联网的感知、传输、处理技术,实现对矿山的地质、资源、设备、人员、环境等要素的全面感知和监测,通过数据分析、建模、优化、控制等,实现对矿山的开采方案、开采过程、开采效果的智能规划、智能调度、智能评价,提高矿山的开采效率和资源利用率。

(2) 监测监控预警技术:通过利用矿山物联网的感知、传输、处理技术,实现对矿山的安全风险、安全隐患、安全事故的实时预警、实时监控、实时处置,通过数据分析、建模、预测、控制等技术，实现对矿山的安全状态、安全水平、安全措施的智能评估、智能提升、智能保障，降低矿山的安全事故发生率和损失。

(3) 智能管理技术：通过利用矿山物联网的感知、传输、处理技术，实现对矿山的生产、质量、成本、效益、能耗、环保等指标的实时采集、实时展示、实时分析，通过数据分析、建模、优化、决策等技术，实现对矿山的管理目标、管理流程、管理效果的智能制定、智能执行、智能评价，提高矿山的管理水平和管理效益。

2.3.5　安全技术

矿山物联网中的安全技术是指利用物联网的感知、传输、处理、控制等技术，实现对矿山的安全风险、安全隐患、安全事故的实时预警、实时监控、实时处置，提高矿山的安全生产水平和安全保障能力的技术。主要涉及数据安全技术、设备安全技术、网络安全技术、平台安全技术、应用安全技术等，需要实现全方位、多层次、动态的安全防护、监测、评估、应急等，以满足矿山安全的重要性和紧迫性要求。

(1) 矿井安全监测技术：通过布置在矿井内外的各种传感器，实时监测矿井的瓦斯、温度、湿度、风速、风压、水位、应力、变形、震动等参数，及时发现和预警矿井的各种隐患和灾害，保障矿井的安全生产。

(2) 矿井安全通信技术：通过利用 5G、F5G、WiFi、ZigBee、RFID、WaveMesh 等通信技术，实现矿井内外的高速、可靠、安全、稳定、低时延的数据传输，为矿井的安全监测、安全控制、安全救援等提供通信支撑。

(3) 矿井安全控制技术：通过利用云计算、大数据、人工智能、数字孪生等技术，实现对矿井的安全状态、安全水平、安全措施的智能评估、智能提升、智能保障；通过数据分析、建模、预测、控制等技术，实现对矿井的安全规划、安全调度、安全优化等智能控制。

(4) 矿井救援技术：通过利用矿鸿、北斗、UWB(超宽带)、GPS 等，实现对矿井的人员、设备、环境的实时定位和识别；通过利用视频、语音、图像等技术，实现对矿井的实时监视和通信；通过利用机器人、无人机、无人车等技术，实现对矿井的自动化和智能化的救援。

2.4　本章小结

物联网是通过互联网、传统通信网络或其他网络形式，将各种信息传感设备与网络连接起来的系统。这些设备包括家用电器、工业机械、健康监测设备、环境监测器，甚至日常物品如智能手表和智能灯泡。物联网通过嵌入式系统、传感器、通信硬件和软件来收集、发送和处理数据，实现物与物、人与物之间的智能化识别、定位、跟踪、监控和管理。物联网是信息技术发展的重要阶段，是实现“智慧地球”的关键技术之一。

物联网的起源与发展经历了从早期的自动识别技术到现代的智能设备互联的多个阶段。物联网的起源可追溯到 20 世纪 90 年代初期，当时的概念和理念主要围绕普适计算和物物互联展开。1999 年，“物联网”一词正式被提出，标志着物联网作为一个独立概念的正式诞生。随后，随着传感器技术、无线通信技术、云计算以及大数据和人工智能的发展，物联网开始向多领域扩展，并逐步实现了广泛应用。

物联网的应用非常广泛，涉及智能交通、智慧医疗、智能家居、环保监测、智能安防、智能物流、智能电网、智慧农业、智能工业等多个领域，对国民经济和社会发展具有重要推动作用。在学习时，要重点理解支持物联网的主要技术，如传感器技术、网络技术、云计算技术、大数据技术等。同时，也应理解物联网的核心技术，如感知识别、射频识别、无线通信、边缘计算、人工智能等。

智慧矿山物联网是一个综合性的信息技术系统，它结合了通用物联网、云计算、大数据分析、人工智能等先进技术，专门为矿山行业设计，旨在实现矿山环境的实时监测、精准管理和智能决策。智慧矿山物联网通过在矿山现场广泛部署传感器和智能设备，实现对矿山环境、设备运行状态、人员安全等多方面信息的实时感知、收集和传输。这些数据经过网络层传输至数据处理层，在此基础上进行深入分析和处理，最终通过应用层为矿山管理和运营决策提供科学依据。

在学习该部分内容时，要重点掌握智慧矿山各层次的概念、功能及特点，应能准确理解智慧矿山物联网的内涵并能针对传统矿山提出基本的物联网化的初步改造方案。通过智慧矿山物联网的应用，矿山企业能够实现安全生产、高效管理和环境友好的目标，推动矿业向智能化、绿色化和可持续发展方向前进。

矿山物联网通过其核心技术架构(包括感知层、网络层、平台层、应用层和安全层)，全面实现了矿山数据的采集、传输、处理、应用及保护。这一架构依赖传感技术、数据传输技术、数据处理技术、应用技术和安全技术的深度整合与应用，不仅覆盖了从实时监测、设备状态监控到人员定位的广泛需求，还涵盖了数据的高效传输、智能处理、安全控制及紧急救援等关键方面。通过智能开采、监测预警、智能管理等技术应用，矿山物联网显著提升了矿山的安全生产水平和管理效率，为矿山智能化管理和安全生产提供了强大支持。随着技术的不断进步，矿山物联网在推动矿山安全与效率方面的作用将愈发凸显。

课后习题

1. 请简述物联网的概念。
2. 物联网的基本组成有哪些？
3. 常见的无线接入方式有哪些？
4. 物联网的核心技术有哪些？
5. 物联网的特点有哪些？
6. 请简述矿山物联网的内涵。
7. 矿山物联网感知层的概念、组成及特点是怎样的？
8. 请结合具体矿井，从智慧矿山物联网的角度设计一套初步改造方案。
9. 探讨物联网技术如何改变矿山行业的传统作业模式，并给出具体的技术应用示例。
10. 随着5G技术的发展，讨论其如何加速矿山物联网的发展，并给出具体应用场景的预测。

第 3 章　矿山传感技术

学习目标

(1) 能在理解信息及信息源知识的基础上，准确说出信息的特征并明确信息的感知原理和方式。

(2) 能在理解传感器及其原理的基础上，准确说出矿山信息类型，并能根据矿山不同条件，设计相应的传感器来获取相关信息和数据。

(3) 能在掌握传感器原理的基础上，针对井下环境安全、矿山压力、人员定位等初步设计一套传感系统。

3.1　信息及信息传感

3.1.1　信息的定义及特点

3.1.1.1　信息定义

日常来讲，信息常指音讯、消息，如以声音、语言、文字、图像、动画、气味等形式表达的实际内容。从科学角度来说，信息没有统一公认定义，但本质上被视为物质的一种普遍属性，是物质运动规律的总和，反映事物的本质、特征和运动规律。信息与物质、能量共同构成客观世界的三个基本要素。

3.1.1.2　信息的分类

自然界中信息的存在形式多种多样，基本可分为物理信息、化学信息和生物信息，又可分为电量信息（物理网所采集的）和非电量信息（自然界中的）。

信息也可以从多个角度进行分类，包括社会性、客体性质、逻辑层次、表达形式和内容等。

(1) 按社会性可分为社会信息（人类信息）——涉及人类活动和社会现象的信息；自然信息（非人类信息）——来源于自然界，不涉及人类直接活动的信息。

(2) 根据产生信息的客体性质可分为自然信息——来自自然界的信息，如天气变化、地质结构等；生物信息——关于生物体（包括人类）的生理、遗传、行为等方面的信息；机器信息——由机械设备、计算机系统等产生的信息，如设备状态、系统运行数据等；社会信息——涉及人类社会活动的信息，如经济数据、法律法规、文化知识等。

(3) 按空间状态可分为宏观信息，如国家级别的统计数据、政策法规等；中观信息，如特定行业或领域的信息；微观信息，如个体企业、个人的具体信息。

(4) 按来源可分为内源性信息——来源于组织内部的信息；外源性信息——来源于组

织外部的信息。

（5）按价值可分为有用信息——对接收者有实际帮助或价值的信息；无害信息——对接收者没有负面影响的信息；有害信息——可能对接收者产生误导或负面影响的信息。

（6）按时间可分为历史信息——记录过去事件的信息；现时信息——当前时刻的实时信息；预测信息——基于分析和推算的对未来状况的预测。

（7）按载体可分为文字信息——通过文字表达的信息；声像信息——通过声音和图像表达的信息，如音频、视频；实物信息——通过实物本身或其性质直接提供的信息。

3.1.1.3　信息的基本特性

（1）普遍性：信息在自然界、生物界和人类社会广泛存在。

（2）客观真实性：信息是事物存在方式和运动变化的客观反映，不随人的主观意志改变。这种客观性和真实性是信息最重要的本质特征，是信息存在的核心。

（3）可传递性：信息的传递是其基本属性和明显特征。信息可以通过各种媒介在人与人、人与物、物与物之间传递。信息的传递依赖一定的载体（媒介）才能被人们所感知和接收。没有传递，就无法讨论信息的效用。

（4）动态性：由于事物本身在不断变化发展，信息也必然随之运动和发展，其内容、形式、容量都会随时间而变化。

（5）时效性：信息的功能、作用、效益都随着时间的变化而变化，这种特性即为信息的时效性。时效性体现了时间与信息效能的统一，强调了信息的时间价值及经济价值。

（6）有用性：信息是为人类服务的重要资源，人类利用信息认识和改造客观世界。

（7）可处理性：信息具有可拓展、可引申、可浓缩等特性，这样可使其增值或便于传递、利用。

（8）可识别性：人类可以通过感官和科学仪器等方式获取、整理、认知信息，这是人类利用信息的基础。

（9）可共享性：信息与物质资源不同，可以被众多人共享。信息的交流是双方都有所得的过程。

（10）可预测性：信息可以通过分析、推理、模拟等方式进行预测，如天气预报、股票预测等。

3.1.1.4　信息的作用

信息的作用是指信息在不同领域和方面所发挥的功能和价值。其作用主要表现在以下几个方面。

（1）信息是人类社会生存的条件：信息的流通和共享是现代社会运作的基础，无论是在经济、政治、文化还是日常生活中，信息的存在和传递都是不可或缺的。信息也是社会系统进行有组织活动的纽带。

（2）信息是人类认识世界的媒介：信息作为知识和数据的载体，使人们能够认识、理解和解释世界，从而推动科学、技术和文化的发展。

（3）信息是重要的、活跃的生产力要素：在经济领域，信息通常被视为第四要素（继土地、劳动和资本之后），对提高生产效率、促进经济增长具有重要作用。信息也是现代社会重要的资源，可以创造社会财富，推动生产力发展。

(4) 信息是社会、经济发展的资源：信息资源的开发和利用已成为推动社会进步和经济发展的新动力。在知识经济时代，信息和知识的价值日益被重视。信息也是现代社会发展的一个先决条件，物质资源的开发利用同样离不开信息。

(5) 信息是决策支持的基础：通过分析数据和消息，可以制定更加科学合理的策略。

(6) 信息是问题解决的关键：通过获取相关领域的专业信息，可制定具有针对性的合理的解决专业问题的方法和方案。

(7) 信息是知识增进的源泉：通过阅读书籍、观看纪录片等途径获取信息，可以拓宽视野、增进知识。

(8) 信息是沟通交流的桥梁：通过分享信息和接收反馈，人们可以增进彼此之间的了解和信任。

(9) 信息是创新创造的动力：通过创新型的信息处理方式，可以带来突破性的成果。

(10) 信息是文化传承的载体：通过传递和分享信息，我们可以传承历史、延续文化。

(11) 信息是教育启示的工具：通过获取多元化的信息，学生可以培养独立思考的能力，提高综合素质。

3.1.1.5　信息获取

信息的获取途径是指从不同的渠道和方式获得信息的方法。一般来讲，人类通过五种感官（视觉、听觉、嗅觉、味觉、触觉）来获取外界事物的信息，再通过大脑来处理这些信息，形成认识和判断行为来指导行动。几种常见的信息获取途径如下。

(1) 检索媒体：指利用各种检索工具，如搜索引擎、数据库、分类目录等，来查找和获取我们需要的信息。这种途径的优点是信息量大、覆盖面广、获取速度快，但缺点是信息质量参差不齐、需要筛选和评估。

(2) 人际交流：指通过沟通、咨询、访谈、问卷等方式，来获取他人的知识、经验、见解等信息。这种途径的优点是信息更有针对性、可信度高、可交互性强，但缺点是信息量小、获取成本高、受个人主观性影响大。

(3) 实地探究：指通过亲自观察、试验、调查、分析等方式，来获取事物本身的属性、规律、变化等信息。这种途径的优点是信息更直接、真实、客观，但缺点是信息获取难度大、耗时耗力、需要专业技能。

对于智慧矿山信息获取来讲，主要通过以下途径来完成信息的获取。

(1) 传感器采集：通过“五官”（视觉、听觉、嗅觉、味觉、触觉）和科学仪器（特别是传感器）获取外界事物的信息。人类的“五官”能感知的信息范围有限，对于无法直接感知或难以感知的信息，需要使用特定装置，如传感器，来采集。传感器被视为人类“五官”的工程模拟物，相当于人类“五官”的延伸、扩展、补充和替代。在物联网技术中，传感器扮演着信息获取的关键角色。传感器能够感知环境中的物理或化学变化，并将这些变化转换为电信号，为物联网系统提供原始数据。传感器的应用极大地扩展了人类获取信息的范围，能够感知到人的“五官”无法直接感知的信息。

(2) 物联网感知层：在矿山物联网架构中的感知层，通过各种传感设备获取的信息，如矿山环境、设备状态等，经过编码描述后，通过网络传输，实现信息交流与传递。这一过程不仅涉及信息的采集，还包括信息的处理、存储和分析，是感知矿山物联网信息获取的核心。

3.1.2 信息源和信息传感

3.1.2.1 信息源

信息源是指从不同的渠道和方式获得信息的来源，它可以是人、物、文献、机构等。信息源的类型和特征取决于信息的性质、来源、载体、时间、形式、加工程度、内容等。一般来讲，信息源可分为以下几类。

(1) 按信息的可保存性，可以分为正式记录的信息源和非正式记录的信息源。正式记录的信息源是可以保存的信息源，如各种印刷品、缩微品、声像品、机读载体的文档或出版物；非正式记录的信息源是没有正式记录，无法保存的信息源，如会议、电话、口头交流等。

(2) 按信息源产生的时间顺序，可以分为先导信息源、实时信息源和滞后信息源。先导信息源是产生时间先于社会活动的信息源，如天气预报、科学展望、市场预测等；实时信息源是指在社会活动过程中产生的信息源，如试验记录、产品、讲座或报告等；滞后信息源是指某一社会活动完成之后产生的反映这一活动的信息源，如报刊、会议论文等。

(3) 按信息的存在形式，可以分为记录型信息源、实物型信息源和思维型信息源。记录型信息源是指以文字、声音、图像等形式记录的信息源，如图书、期刊、报告、数据库等；实物型信息源是指以物质实体形式存在的信息源，如各种产品等；思维型信息源是指存在于人脑之中的信息源，是人们对自然界和社会活动的分析、综合、推理等思维活动的结果，一般以口头形式表现。

(4) 按信息的加工和集约程度，可以分为原始信息源、加工信息源。原始信息源即一次信息源，它是人类社会实践活动中直接产生或得到的各种数据、概念、知识、经验及其总结；加工信息源则是有关单位根据社会的不同需求对原始信息源进行加工、分析、改编、重组，生产出的人们社会活动所需的各种信息源。根据其加工方式和深度的不同，加工信息源又分为二次信息源、三次信息源。

(5) 按信息源产生信息的内容，可以分为科技信息源、管理信息源、生产信息源、金融信息源、市场信息源等。科技信息源是指反映科学技术的发展、变化、成果的信息源，如科技论文、专利、标准等；管理信息源是指反映管理理论、方法、实践的信息源，如管理书籍、案例、咨询报告等；生产信息源是指反映生产过程、条件、效果的信息源，如生产记录、质量检测、效益评估等；金融信息源是指反映金融市场、金融机构、金融产品的信息源，如金融报刊、金融数据、金融分析等；市场信息源是指反映市场需求、供给、竞争的信息源，如市场调查、市场预测、市场策略等。

对于生产矿山来讲，要想实现关键技术的智能化并最终实现智慧矿山，对各类信息源的定位要准确把握。矿山信息源主要可分为以下几类。

(1) 矿山环境信息：包括矿山的温度、湿度、气压、风速、风向、瓦斯、粉尘、水位、水质、噪声、气体等参数，反映了矿山的气候、地质、水文、生态等环境状况，对矿山的安全生产和环境保护具有重要意义。

(2) 矿山压力信息：包括采煤工作面上覆岩层特性、受力信息、破断信息等，巷道围岩特性、破坏信息、弹塑性区分布等。

(3) 矿山设备信息：包括矿山的各种机械、电气设备、仪表等的运行状态、工作参数、故障诊断、维护保养等信息，反映了矿山的生产效率、能耗水平、设备寿命等指标，对矿山的生产管理和设备维护具有重要意义。

(4) 矿山生产信息:包括矿山的人员定位、作业计划、作业进度、作业质量、作业安全等信息,反映了矿山的生产组织、生产过程、生产效果等情况,对矿山的生产调度和作业优化具有重要意义。

(5) 矿山资源信息:包括矿山的矿体分布、矿石品位、矿石性质、矿石储量、矿石回收率等信息,反映了矿山的资源禀赋、资源潜力、资源利用等情况,对矿山的资源勘探和资源开发具有重要意义。

若要实现智能化开采,就要找准决定智慧矿山生产的信息源;若要实现智能安全预测预报,就要准确监测各类灾害影响因素的信息源;若要实现智能化管理和决策,就要明确调度信息,设备运维、生产成本、人员工效等信息源;要想全面、准确、高效定位各类信息源,就需要传感技术的支持。

3.1.2.2　信息传感

(1) 信息传感设备

信息传感设备是指能够感知和采集物理世界中的各种信息,并将其转换为电信号或其他可用信号的器件或装置。信息传感设备是物联网感知层的重要组成部分,是实现信息获取和处理的关键环节。

(2) 信息传感设备的种类

信息传感设备的种类和功能多样,根据不同的分类标准,可以有不同的种类。例如,按照被测量的类型,可以分为温度传感器、压力传感器、湿度传感器、气体传感器等;按照工作原理,可以分为光电传感器、压电传感器、电容传感器、热电传感器等;按照输出信号的形式,可以分为模拟式传感器、数字式传感器等。

(3) 信息传感设备的用途

信息传感设备的应用领域非常广泛,涉及工业、农业、医疗、环境、交通、安防等各个方面。例如,通过温度传感器、湿度传感器、光照传感器等,可以实现智慧农业的环境监测和控制;通过气体传感器、粉尘传感器、噪声传感器等,可以实现智慧城市的空气质量和噪声污染的检测和预警;通过生物传感器、化学传感器、医学成像传感器等,可以实现智慧医疗的疾病诊断和治疗。

信息传感设备的发展趋势是向着更高的精度、更低的功耗、更小的尺寸、更智能的功能方向发展,同时也需要与其他技术如云计算、大数据、人工智能等结合,实现信息的更高效的传输、处理和应用。

(4) 信息传感的目的

信息传感的目的是通过各种传感器和设备感知矿山的多维信息,包括环境参数、设备状态、生产过程和安全状况等,进而通过信息处理和分析,为矿山的决策提供科学依据。

(5) 信息传感系统

信息传感系统主要由传感元件/传感器、信号处理电路/系统以及显示/输出三大部分组成。传感元件或传感器负责将待测非电量信息转换为电信号,获取相应的非电信息量。信号处理电路/系统采用电子测量技术的方法得到定量的信息,这些技术涉及包括放大、滤波、整形、A/D转换和运算等单元,以及算法、软件系统。

3.1.3 传感器

3.1.3.1 传感器及其作用

传感器是一种检测设备，能够感知指定的输入（如光、热、压力、湿度、声音等）并根据特定的规则转换成可读的输出（通常是电信号）。它是信息采集的重要工具，在自动控制、计算机信息处理和各种实时监测系统中发挥着关键作用。

传感器的主要作用如下：

(1) 数据采集。作为物理世界和电子系统之间的桥梁，传感器能够将环境参数或系统状态转换成电信号，供数据处理系统分析和处理。

(2) 监测与控制。在自动化系统中，传感器通过实时监控设备状态或环境变化，为系统控制提供依据，确保系统安全稳定运行。

(3) 决策支持。在复杂系统中，传感器收集的数据可以帮助决策者分析情况，做出更加准确和高效的决策。

3.1.3.2 传感器的特性

(1) 灵敏度：指传感器对测量量变化的响应程度，灵敏度高的传感器能够检测到微小的变化。

(2) 精度：指传感器测量值与真实值之间的接近程度，反映了测量误差的大小。

(3) 稳定性：指传感器在长时间使用过程中，其性能（如灵敏度、精度等）的保持能力。

(4) 响应时间：传感器从感知外部变化到输出电信号所需要的时间。

(5) 可靠性：传感器在规定条件和规定时间内正常工作的能力。

3.1.3.3 传感器原理分类

传感器可以根据不同的标准进行分类。

(1) 按检测对象或性质分类

① 物理传感器：测量温度、湿度、压力、光照、声音等物理量。

② 化学传感器：用于检测气体成分、液体 pH 值等化学性质。

③ 生物传感器：检测生物体中的特定成分或生物活动。

(2) 按工作原理分类

① 电阻式传感器：测量量变化引起电阻变化的传感器。热敏电阻由半导体材料制成，利用的是温度变化使半导体的导电性能发生变化。一般分为正温度系数热敏电阻（PTC）和负温度系数热敏电阻（NTC）。正温度系数热敏电阻随温度升高电阻增大，而负温度系数热敏电阻随温度升高电阻减小。电阻式传感器一般由电阻元件和电刷两个基本部分组成。其中，电阻元件由康铜丝、铂铱合金或卡玛丝制成；电刷常用银、铂铱合金和铂铑合金等材料制成。主要可分为应变式电阻传感器、温度传感器、液位传感器和压力传感器等。

② 电容式传感器：利用电容变化进行测量的传感器。电容式传感器由两个平行的金属板构成，其间填充着介质。这两个电极之间的电容量与介电常数有关。当被测量对象接近电容器时，介质的相对介电常数会发生变化，从而导致电容量的变化。根据传感器的工作原理，电容式传感器可以分为变极距型、变面积型和变介质型三种。电容式传感器具有温度稳定性好、结构简单、动态响应良好、可实现平均效果的非接触式测量等优点，可广泛应用于位

移、角度、振动、速度、压力、液位、温度、密度等方面的测量。在自动检测和控制系统中也常用作位置信号发生器。

③ 感应式传感器：通过电磁感应原理进行测量的传感器。感应式传感器利用磁场的变化来感应目标物体的特性。它由磁性材料、线圈和信号处理电路等组成。当目标物体接近传感器时，它会改变磁场的分布，导致线圈中的感应电流发生变化。感应电流的变化会被传感器的信号处理电路检测和转化为电信号输出，从而实现对目标物体的感应和测量。按其类型可分为接近传感器、可变电感传感器、同步器和旋转变压器。感应式传感器具有可靠、耐用、准确等优点，尤其适用于复杂环境。但也存在体积大、笨重、质量大、成本高等问题。新一代的感应式传感器采用印刷电路板和数字电子线路技术，具有更高的准确度、更小的质量和更紧凑的结构。

④ 光电传感器：光电传感器是一种将光信号转换为电信号的元件。它利用光电效应来实现光电转换，将光照射引起的非电量变化转变成电信号。光电传感器的工作基于不同类型的光电效应，包括外光电效应、光电导效应、光生伏特效应和热释电现象。光电传感器由三部分组成，包括发送器（光源）、接收器和检测电路。光源可以是发光二极管（LED）、激光二极管或红外发射二极管。接收器，接收目标反射回来的光束。接收器包括光电二极管、光电三极管或光电池，并配备光学元件如透镜。检测电路，处理接收到的光信号，将其转化为电信号。

（3）按输出信号分类

① 模拟传感器：输出连续变化的模拟电信号。

② 数字传感器：输出数字形式的电信号，通常需要通过 A/D 转换。

传感器的选择和应用依赖具体的测量需求、环境条件和系统要求。随着科技的发展，新型传感器不断涌现，拓展了传感器的应用范围和性能。

3.2　矿山信息及矿用传感器

3.2.1　矿山信息的内涵

信息传感在感知矿山中的作用是多方面的，它不仅能实现对矿山环境和生产过程的实时监测，还能够用于对矿山的安全状况进行动态评估和预警。通过对传感器收集到的数据进行分析和处理，可以优化矿山的生产管理、提高安全水平和资源利用率，实现矿山的智能化和自动化控制。信息传感技术的发展和应用，是感知矿山建设的关键。通过利用高度集成化和智能化的传感器网络，能够有效地提高矿山的管理效率和安全生产水平，推动矿山产业的转型升级。

3.2.2　矿用传感器

3.2.2.1　安全环境类传感器

这类传感器主要用于监测煤矿井下的环境参数，如温度、湿度、风速、风压、瓦斯、一氧化碳、粉尘等，以及矿井的地质结构、应力、变形等。这类传感器的作用是保障矿山的安全生产和环境保护，及时发现和预警矿井的异常情况。

以下介绍几种常见的安全环境类传感器。

(1) 矿用温度传感器

矿用温度传感器是专为矿井环境设计的设备，用于监测和记录井下的温度条件。这些传感器能够帮助矿山管理者实时掌握井下环境的温度变化，预防由温度异常引起的安全事故，如热射病、火灾和设备过热等。

矿用温度传感器按工作原理主要分为以下几种。

① 热电偶传感器：基于两种不同金属材料连接点在温度变化时产生电势差的原理。热电偶是测量高温环境中温度变化的常用设备。

② 电阻温度探测器(RTD)：利用材料电阻随温度变化的特性来测量温度。RTD 传感器因其高精度和稳定性而广泛应用于温度监测。

③ 半导体温度传感器：基于半导体材料的电阻或电压随温度变化的特性。这类传感器通常用于低至中温范围的温度测量。

④ 红外温度传感器：不需直接接触就能测量物体表面温度，基于物体发射的红外辐射强度来确定温度。

温度传感器的特点主要有以下几个方面。

① 高精度与高可靠性：井下温度传感器能够提供精确且可靠的温度数据，满足矿山安全监测的需要。

② 耐高温与耐腐蚀：特别设计以适应井下恶劣的环境条件，如高温、高湿和有腐蚀性气体。

③ 快速响应：能够迅速反映井下环境温度的变化，及时发出警报。

④ 易于安装和维护：设计考虑矿井操作的便捷性，使得安装和维护简单高效。

矿用温度传感器在矿山安全监测系统中的应用包括以下几方面。

① 环境监测：持续监测井下环境的温度，确保工作区域内的温度处于安全范围内。

② 火灾预防：通过监测温度变化来早期检测井下潜在的火灾隐患，特别是在电缆隧道和带式输送区域。

③ 设备监控：监测关键设备的工作温度，预防过热导致的设备故障。

④ 热环境风险评估：评估井下作业环境的热风险，制定合理的工作制度和防护措施，保护矿工健康。

矿用温度传感器是矿山安全监控系统中不可或缺的部分，它们通过精确监测井下环境和设备的温度，为矿山安全生产提供重要保障。随着技术的进步，未来的温度传感器将更加精准、稳定和耐用，可进一步提升矿山的安全管理水平。Pt100 热电阻温度传感器如图 3-1 所示，热电偶温度传感器如图 3-2 所示，红外线温度传感器如图 3-3 所示。

(2) 瓦斯传感器

瓦斯传感器是一种用于检测空气中甲烷(CH_4)浓度的设备，广泛应用于矿山、天然气处理设施、家庭和工业环境。瓦斯是一种易燃易爆的气体，其积聚不仅对环境造成污染，还可能引发爆炸和火灾事故，威胁井下人员安全。因此，瓦斯传感器在瓦斯监测和安全预警系统中扮演着至关重要的角色。

瓦斯传感器根据探测技术的不同分为多种类型，常见的有半导体式、红外式、催化燃烧式和电化学式等。

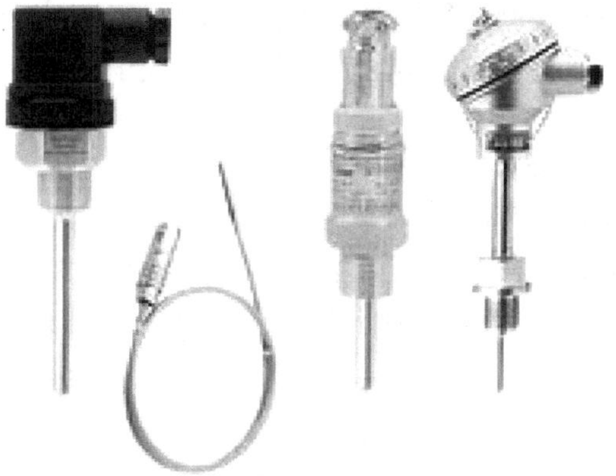

图 3-1　Pt100 热电阻温度传感器

WRN230型　　K型

图 3-2　热电偶温度传感器

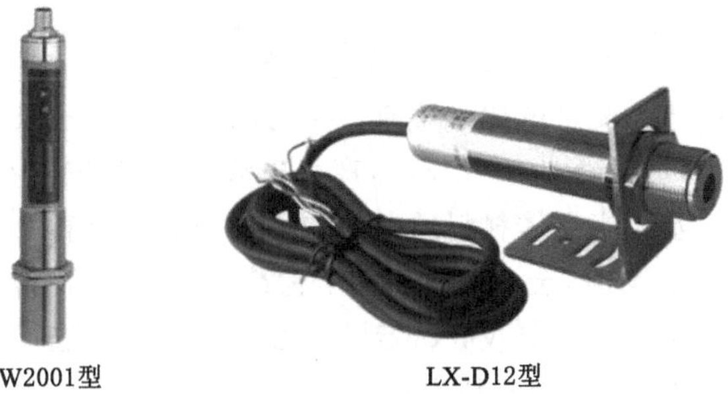

TW2001型　　LX-D12型

图 3-3　红外线温度传感器

① 半导体式传感器:利用半导体材料在遇到特定气体时电导率变化的原理。瓦斯气体在接触半导体表面时,会改变半导体表面的电荷载体浓度,从而改变其电导率。

② 红外式传感器:基于甲烷和其他瓦斯气体吸收特定波长红外光的特性。传感器发射红外光,通过测量通过气体后的光强变化来检测气体浓度。

③ 催化燃烧式传感器:利用甲烷在催化剂表面燃烧时释放热量的原理。传感器中的催化剂在遇到甲烷时促进其燃烧,燃烧产生的热量导致传感器温度升高,通过测量温度变化来检测气体浓度。

④ 电化学式传感器:通过测量气体在电化学反应中产生的电流来检测气体浓度。甲烷在电极上发生氧化或还原反应,产生的电流与气体浓度成正比。

瓦斯传感器的特点如下。

① 灵敏度高:能够准确检测到低至 10^{-6} 级的甲烷浓度。

② 响应速度快:能够在几秒内快速响应气体浓度的变化。

③ 选择性:高质量的瓦斯传感器具有较好的选择性,能够区分甲烷和其他非目标气体。

④ 稳定性和可靠性:在长期使用中能够确保准确的测量结果。

瓦斯气体传感器如图 3-4 所示。

S100型　　KGJ168型　　GD3(B)矿用型

图 3-4　瓦斯气体传感器

(3) 一氧化碳传感器

一氧化碳(CO)传感器是一种专门设计用于检测空气中一氧化碳浓度的设备。由于一氧化碳是一种无色、无味的有毒气体,人们在没有适当设备的情况下无法感知其存在。在煤矿等封闭环境中,一氧化碳的积累可能导致严重的健康问题甚至导致死亡,因此,使用一氧化碳传感器进行监测至关重要。

一氧化碳传感器按工作原理主要分为以下几种。

① 电化学传感器:通过测量电化学反应产生的电流来检测一氧化碳浓度。当一氧化碳与传感器中的电极接触时,会发生氧化反应,产生电流,该电流的大小与气体浓度成正比。

② 半导体传感器:基于半导体材料的电阻在遇到一氧化碳时发生变化的原理。一氧化碳气体在接触到半导体表面时,会改变材料的电荷载体浓度,从而改变其电阻值。

③ 红外传感器:利用一氧化碳吸收特定波长红外光的特性进行检测。传感器内的红外光源发出红外光,一氧化碳分子吸收特定波长的光,通过测量通过气体的光强变化来确定一氧化碳的浓度。

常见一氧化碳传感器的特点如下。

① 灵敏度高:能够准确检测到低浓度的一氧化碳,这对人体健康和安全至关重要。

② 响应速度快:能够在一氧化碳浓度发生变化时迅速响应,为采取应急措施提供时间。

③ 稳定性好:高质量的一氧化碳传感器具有良好的长期稳定性,能减少误报和漏报。

④ 使用寿命长:特别是电化学传感器,通常具有较长的使用寿命。

在煤矿中,一氧化碳传感器主要用于以下几方面。

① 瓦斯爆炸预警:一氧化碳的突然增加可能是瓦斯积聚或即将发生爆炸的迹象。

② 火灾检测：煤矿火灾在初期会产生大量一氧化碳，传感器可以用于早期火灾检测。

③ 通风系统监控：监测矿井通风效果，确保一氧化碳浓度保持在安全水平。

④ 人员安全管理：使矿工避免一氧化碳中毒，特别是在密闭或通风不良的区域工作时。

一氧化碳传感器在煤矿安全监测中扮演着重要角色，它不仅能够及时警告一氧化碳浓度升高的危险，还能够帮助矿山管理者实施有效的安全措施，保障矿工的生命安全。随着技术的发展，一氧化碳传感器正变得更加精准、可靠和易于部署，成为煤矿智能化安全管理系统中不可或缺的一部分。在煤炭自燃过程中，除了产生一氧化碳，也可能伴随硫化氢的生成。所以需要两种传感器来提供数据进行相互补充和印证，实现协同预警。一氧化碳传感器如图 3-5 所示，矿用硫化氢传感器如图 3-6 所示。

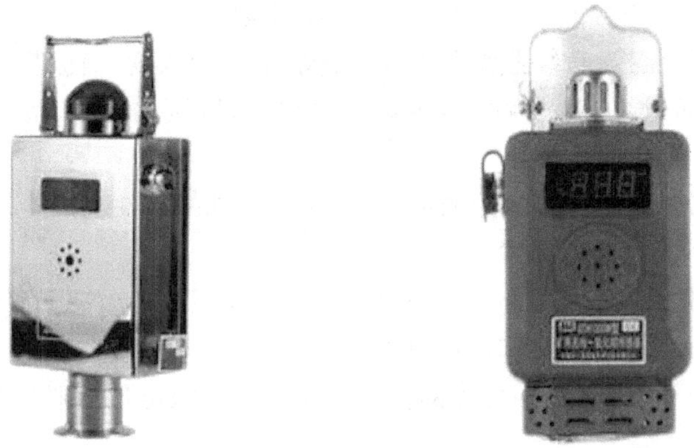

GTH500G(A)型煤矿管道用　　GTH1000型矿用

图 3-5　一氧化碳传感器

GLH100(A)矿用型　　[SM2130B-H2S]RS485型　　ES4-H2S-500型

图 3-6　矿用硫化氢传感器

(4) 煤尘浓度传感器

煤尘不仅对矿工的健康构成威胁，而且在一定条件下，如浓度足够高并遇到点火源时，可能引发煤尘爆炸，造成严重的安全事故。煤矿井下煤尘浓度传感器是一种能够实时、连续、不间断地监测并显示井下粉尘浓度的传感器。它的工作原理是：暗室里的浮游粉尘在光照时，散射光强正比于质量浓度，将散射光强转换成电信号，可计算出粉尘的相对质量浓度，进而计算出粉尘的质量浓度。

煤尘浓度传感器通常基于光散射原理工作。

① 光散射原理：当光束遇到煤尘粒子时，会发生散射。传感器内的光源向空气中发射

光束,然后通过检测光束经过煤尘粒子散射后的光强变化来确定煤尘的浓度。光强的减小与空气中煤尘粒子的浓度成正比。

② 激光散射技术:使用激光作为光源,激光的单色性和方向性,使得测量结果准确而稳定。

煤尘浓度传感器的特点如下。

① 高灵敏度:能够精确检测到极低浓度的煤尘颗粒,确保发出早期警告。

② 快速响应:能够实时监测煤尘浓度的变化,为采取应急措施提供及时的数据支持。

③ 稳定可靠:采用高质量的光学元件和精确的电子电路设计,确保长期稳定运行。

④ 易于维护:设计考虑矿山环境的特殊性,传感器通常具有良好的防尘和防水性能。

煤尘浓度传感器在煤矿井下具有广泛的应用,主要包括如下几方面。

① 煤尘浓度实时监控:持续监测井下作业区域的煤尘浓度,确保其处于安全范围内。

② 煤尘爆炸预防:通过对高煤尘浓度区域预警,采取洒水降尘、增加通风等措施,减少煤尘爆炸的风险。

③ 职业健康保护:监测井下煤尘浓度,防止矿工长期暴露在高煤尘环境中,降低矿工患尘肺病和其他呼吸系统疾病的风险。

④ 通风系统优化:数据可用于分析和优化矿山通风系统的效率,确保矿井内空气质量。

随着传感器技术的不断进步和物联网技术的应用,煤尘浓度监测系统将更加智能化、更加高效,为煤矿安全管理提供更加可靠的保障。矿用粉尘浓度传感器如图 3-7 所示。

GCD1000(A)型　　GCG1000型　　CCZ3000直读式

图 3-7　矿用粉尘浓度传感器

3.2.2.2　机电类传感器

这类传感器主要用于监测煤矿井下机电设备的运行状态,如电流、电压、功率、转速、温度、振动、故障等,作用是提高矿山的生产效率和设备的可靠性,及时检测和诊断设备的故障和损耗。

(1) 滚筒采煤机相关传感器

滚筒采煤机是一种用于煤矿井下煤层开采的重要设备,它的传感器主要用于监测和控制采煤机的位置、速度、姿态、截割负荷、故障等信息,以实现智能化、自动化、高效化的采煤作业。根据不同的功能和原理,滚筒采煤机的传感器可以分为以下几类。

① 位置传感器:主要用于测量采煤机在工作面的相对位置,如距离煤壁的水平距离、距离煤层顶板的垂直距离等。常用的位置传感器有旋转编码器、超声波传感器、激光传感器、

电缆鼓(电缆卷筒)传感器等。

② 速度传感器:主要用于测量采煤机的行走速度和截割滚筒的转速,以调节采煤机的牵引力和截割力,保证采煤机的稳定运行。常用的速度传感器有霍尔传感器、光电传感器、磁电传感器等。

③ 姿态传感器:主要用于测量采煤机的倾斜角度和摇臂的摆动角度,以调节采煤机的截割高度和截割深度,保证采煤机的仿形截割。常用的姿态传感器有倾角传感器、陀螺仪、加速度计、摇臂摆角传感器等。

④ 负荷传感器:主要用于测量采煤机的截割负荷和支撑压力,以反映采煤机的截割状态和支撑状态,保证采煤机的安全和高效。常用的负荷传感器有电流传感器、压力传感器、应变计、扭矩传感器等。

⑤ 故障传感器:主要用于检测采煤机的故障信号,如温度、振动、噪声、火花等,以及采煤机的工作环境,如瓦斯、粉尘、水分等,以实现采煤机的故障诊断和预警。常用的故障传感器有温度传感器、振动传感器、噪声传感器、火花传感器、瓦斯传感器、粉尘传感器、水分传感器等。

下面对常用的采煤机传感器进行简要介绍。

① 采煤机位置传感器

滚筒采煤机位置传感器是一种专门设计用来监测和控制滚筒采煤机上滚筒位置的设备。在自动化或半自动化的采煤作业中,精确控制滚筒的位置对于优化煤炭的采掘效率、保护设备以及确保作业安全至关重要。位置传感器在这一过程中起到了核心作用。滚筒采煤机位置传感器是一种能够测量采煤机在工作面的相对位置的装置,它对于实现采煤机的自动化、智能化、高效化的采煤作业具有重要意义。

位置传感器主要有以下几种。

a. 旋转编码器:利用光电或磁电效应,将采煤机的旋转运动转换为电脉冲信号,从而计算出采煤机的行走距离和速度。其优点是结构简单、精度高、响应快,缺点是易受环境干扰、需要校准和维护。

b. 超声波传感器:利用超声波的反射原理,测量采煤机与煤壁或煤层顶板的距离,从而计算出采煤机的位置坐标。其优点是测量范围广、抗干扰能力强、不需要校准,缺点是精度较低、响应慢、易受温度和湿度的影响。

c. 激光传感器:利用激光的反射原理,测量采煤机与煤壁或煤层顶板的距离,从而计算出采煤机的位置坐标。其优点是精度高、响应快、不受温度和湿度的影响,缺点是测量范围窄、易受粉尘和水分的干扰、需要校准和维护。

d. 电缆鼓传感器:利用电缆鼓的卷绕原理,测量采煤机与固定点的距离,从而计算出采煤机的位置坐标。其优点是测量范围大、不受环境干扰、不需要校准,缺点是精度较低、响应慢、易受电缆拉力和磨损的影响。

滚筒采煤机位置传感器的主要功能有以下几点。

a. 定位:通过测量采煤机距煤壁或顶板的水平距离和垂直距离,确定采煤机在工作面的位置坐标,以便控制采煤机的行走方向和速度,保证采煤机的平直行走和合理布置。

b. 限位:通过测量采煤机距离煤壁的水平距离,确定采煤机的截割范围,以防止采煤机超出煤壁或撞击煤壁,造成设备损坏或人员伤亡。

c. 修订：通过测量采煤机距离煤层顶板的垂直距离，确定采煤机的截割高度，以便根据煤层厚度变化及时调整采煤机的摇臂高度，保证采煤机的仿形截割和煤层的完整开采。

通过使用高精度的位置传感器，可以大大提高采煤机的操作精度和安全性，为智能化矿山的发展提供强有力的技术支持。随着技术的进步，位置传感器的性能将进一步提高，应用也将更加广泛。设备液位传感器如图 3-8 所示，常与位置传感器配合使用的矿用压力传感器如图 3-9 所示。

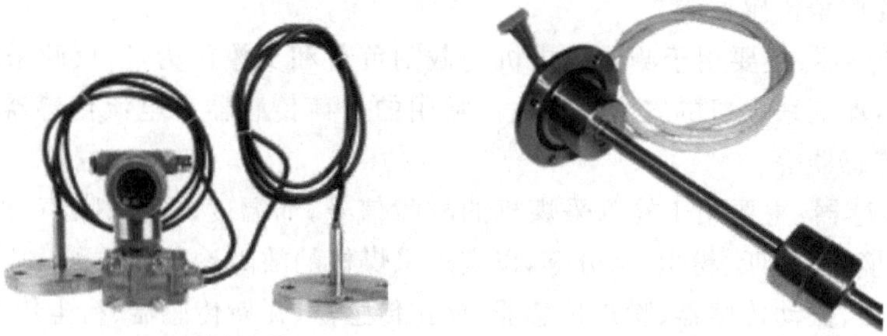

HY-3051耐高温型　　MRLF100型

图 3-8　设备液位传感器

GPY6矿用型　　GPD10（A）矿用本安型　　GPD100矿用本安型

图 3-9　矿用压力传感器

② 采煤机速度特性传感器

采煤机速度特性传感器是一种能够测量采煤机的速度特性的装置，它对于分析采煤机的运动规律、优化采煤机的控制策略、提高采煤机的截割效率和安全性等方面具有重要作用。采煤机的速度特性主要包括以下几个方面。

a. 采煤机的行走速度：指采煤机在工作面上的平均前进速度，它反映了采煤机的工作效率和煤层的开采进度。采煤机的行走速度受到煤层厚度、硬度、倾角、截割深度、牵引力、刮板输送机速度等因素的影响。一般来讲，采用双向割煤时，采煤机上行割煤速度不超过 7 m/min，下行割煤速度不超过 10 m/min。

b. 采煤机的滚筒转速：指采煤机的滚筒在截割煤岩时的平均旋转速度，它反映了采煤机的截割能力和煤岩的破碎程度。采煤机的滚筒转速受到电动机功率、煤岩硬度、截割深度、截齿形状、截齿磨损等因素的影响，一般在 30～50 r/min 之间变化。

c. 采煤机的摇臂角度：指采煤机的滚筒与水平方向的夹角，它反映了采煤机的截割范围和煤层的采净率。采煤机的摇臂角度受到煤层厚度、倾角、截割方式、液压系统等因素的影响。以 MG900/2215-WD 型采煤机为例，其摇臂总摆角为 60.4°，其中上摆角度为 42.4°，下摆角度为 18°。

采煤机速度特性传感器主要有以下几种。

a. 旋转编码器：利用光电或磁电效应，将采煤机的旋转运动转换为电脉冲信号，从而计算出采煤机的行走距离、滚筒转速和摇臂角度。其优点是结构简单、精度高、响应快，缺点是易受环境干扰、需要校准和维护。

b. 超声波传感器：利用超声波的反射原理，测量采煤机与煤壁或煤层顶板的距离，从而计算出采煤机的行走速度。其优点是测量范围广、抗干扰能力强、不需要校准，缺点是精度较低、响应慢、易受温度和湿度的影响。

c. 激光传感器：利用激光的反射原理，测量采煤机与煤壁或煤层顶板的距离，从而计算出采煤机的行走速度。其优点是精度高、响应快、不受温度和湿度的影响，缺点是测量范围窄、易受粉尘和水分的干扰、需要校准和维护。

d. 惯性导航传感器：利用陀螺仪、加速度计等元件，测量采煤机的姿态、加速度和角速度，从而计算出采煤机的位置、速度和角度。其优点是不依赖外部参考，可实现采煤机的自主定位和导航；缺点是精度随使用时间延长衰减，需要与其他传感器进行融合和校正。

③ 采煤机振动传感器

采煤机振动传感器是一种能够检测采煤机截割煤岩过程中产生的振动信号的装置，它可以用于识别煤岩界面、判断截割负荷、诊断故障等目的。采煤机振动传感器通常安装在采煤机摇臂、滚筒、行走箱等部位，通过电缆或无线方式将振动信号传输到数据采集和处理系统。

采煤机振动传感器的工作原理是：截齿与煤岩接触时产生的冲击力和摩擦力，引起采煤机结构的振动，从而产生与煤岩性质和截割状态相关的振动信号。这些振动信号包含了煤岩的硬度、厚度、裂隙、含水率等信息，以及截割滚筒的转速、负荷、温度、故障等信息。通过对振动信号进行分析和处理，可以提取出有用的特征参数，从而实现对煤岩界面的识别、截割负荷的判断、故障的诊断等功能。

采煤机振动传感器的主要类型有压电式、电容式、电阻式、电感式、霍尔式、光电式等，它们各有优缺点，适用于不同的工作环境和要求。一般来说，压电式振动传感器具有灵敏度高、频率响应范围广、体积小、质量轻、结构简单、可靠性高等特点，是目前采煤机振动传感器的主流选择。振动传感器如图 3-10 所示。

(2) 液压支架相关传感器

液压支架的智能化传感器是指能够实时监测和传输液压支架的位置、姿态、载荷、运动过程等状态信息的装置，它们对于实现液压支架的自适应控制、协同作业、安全保障等功能具有重要作用。液压支架的智能化传感器主要有以下几种。

① 压力传感器：利用压阻效应或压电效应，将液压支架的前后支柱、平衡千斤顶、销轴等部件的压力值转换为电信号，从而反映液压支架的受力状况和围岩应力变化。

② 倾角传感器：利用陀螺仪或加速度计，测量液压支架的顶梁、底座、掩护梁、前连杆等部件的倾斜角度值，从而描述液压支架的空间姿态和工作面顶底板的起伏。

③ 位移传感器：利用光电或磁电效应，测量液压支架的推移行程、摇臂行程、立柱行程等位置变化值，从而反映液压支架的运动过程和支护高度。矿用位移传感器如图 3-11 所示。

991B型　　　　GBC20矿用本安型

图 3-10　振动传感器

④ 摄像头：利用图像处理技术，捕捉液压支架的工作场景，从而识别液压支架的位置、姿态、运动状态等信息，同时也可以检测工作面的煤壁、矸石、人员等情况。

⑤ 加速度传感器：利于压电效应或压阻效应，测量液压支架在升降、推移等动作过程中的加速度数值，用以反映液压支架的运行状态与顶板稳定性。矿用加速度传感器如图 3-12 所示。

GUW300W矿用本安型　　　　GUD300（A）矿用顶板型　　　　采煤机GUB1200V型

图 3-11　矿用位移传感器

MMF31010BNC型

图 3-12　矿用加速度传感器

① 液压支架压力传感器

液压支架压力传感器是一种能够监测液压支架工作压力的装置，它在反映工作面的支护情况、分析工作面矿压变化规律、实现液压支架的自适应支护和顶板灾害的预测预警等方面具有重要作用。液压支架压力传感器的主要类型有以下几种。

a. 电阻式传感器：利用电阻丝或金属箔的电阻随温度和应变的变化而变化的特性，将压力变化转换为电阻变化，从而输出电信号。在液压支架中，电阻式传感器通常用于监测立柱和千斤顶的压力。立柱下腔装有一个压力传感器，实时监测立柱下腔液体压力的变化，以了解支架与顶板的相互作用。其优点是结构简单、成本低、精度较高；缺点是易受温度和电磁干扰的影响，需要进行温度补偿和屏蔽处理。

b. 压电式传感器：这种传感器基于的是压电效应，压电效应是指某些晶体（如石英、压电陶瓷等）在受到外力作用时，会产生电荷分离，从而产生电势差。当压电材料受到压力或产生应变时，其晶格结构发生变化，导致正负电荷的分离。利用压电材料在受力时产生电荷的特性，将压力变化转换为电荷变化，从而输出电信号。压电式传感器通常由压电材料、电极和连接电路等组成。压电材料被放置在液压支架的受力部位，如立柱或顶梁处。当液压支架受到压力时，压电材料产生电荷分离，形成电势差。其优点是响应快、抗干扰能力强，适用于动态压力测量；缺点是输出信号微弱、易受温度和湿度的影响，需要进行放大和稳定处理。

c. 应变式传感器：利用应变片的电阻随应变的变化而变化的特性，将压力变化转换为应变变化，从而输出电信号。其优点是输出信号稳定、精度高、线性好，适用于静态和动态压力测量；缺点是易受温度和电磁干扰的影响，需要进行温度补偿和屏蔽处理。

d. 电容式传感器：利用电容器的电容随电极距离的变化而变化的特性，将压力变化转换为电容变化，从而输出电信号。电容式传感器通常由两个金属电极组成，这些电极安装在液体容器的两侧。当液位升高时，电容器的电极之间的距离减小，电容增加；当液位下降时，电容减小。通过测量电容的变化，可以确定液位的高度。其优点是输出信号强、抗干扰能力强，适用于高温高压环境；缺点是结构复杂、成本高、精度较低，需要进行校准和维护。

② 液压支架姿态传感器

液压支架姿态传感器是一种能够监测液压支架空间姿态的装置，它在反映工作面的支护情况、分析工作面矿压变化规律、实现液压支架的自适应支护和顶板灾害的预测预警等方面具有重要作用。液压支架姿态传感器的主要类型有以下几种。

a. 倾角传感器：利用电阻、电容、霍尔、光纤等原理，测量液压支架的倾斜角度，从而反映液压支架的横滚角和偏航角。倾角传感器利用加速度计或陀螺仪等来测量物体相对地球的倾斜角度。当液压支架发生倾斜时，倾角传感器会感知这一变化并输出相应的电信号。其优点是结构简单、响应快、精度较高；缺点是易受温度和电磁干扰的影响，需要进行温度补偿和屏蔽处理。倾角传感器在液压支架中用于监测支架的水平姿态，可以帮助控制液压支架的稳定性，确保支架在正确的位置。

b. 高度传感器：利用超声波、激光、光纤等原理，测量液压支架的高度，从而反映液压支架的俯仰角和与顶板的间隙。其优点是测量范围广、抗干扰能力强、不需要校准，缺点是精度较低、响应慢、易受温度和湿度的影响。在液压支架中，用压力传感器也可以测量液体的压力，从而间接测量支架的高度。当液压支架受到外界压力作用时，压力传感器的感应元件会产生形变，改变内部电阻。通过测量电阻的变化，可以得到相应的压力值。一种基于深度视觉原理的液压支架高度和姿态角测量方法为：在液压支架顶梁上布设 RGB-D 相机，利用深度视觉技术获取液压支架底座彩色信息和深度信息，并实现二者数据流的同步。通过特征点提取、匹配和姿态解算算法，可以实现支撑高度和顶梁姿态角参数的解算。这种方法可以实现液压支架内部姿态的非接触实时监测，同时减少了传感器数量，降低了安装和维修成本。

c. 位移传感器：利用电位器、霍尔、光栅等原理，测量液压支架的位移，从而反映液压支架的推移行程和支护高度。其优点是输出信号稳定、精度高、线性好，缺点是结构复杂、成本高、寿命短。

矿用陀螺仪如图 3-13 所示。

FOG200型光纤陀螺传感器

KVH DSP-4000型光纤陀螺仪

图 3-13　矿用陀螺仪

3.2.2.3　定位类传感器

井下人员定位类传感器是能够实时监测和传输井下人员位置信息的装置，它们对于实现井下人员的安全管理、智能调度、应急救援等功能具有重要作用。这类传感器主要用于确定煤矿井下的人员和物品的位置和轨迹。这类传感器的作用是提高矿山的管理水平和应急能力，及时掌握和调度矿井的人员和物资的分布和动态。

(1) 无线射频识别(RFID)传感器

RFID 技术基于无线电波，用于识别和跟踪物体。井下人员 RFID 传感器使用 RFID 标签或卡片，将其附着于矿工的穿戴物如头盔、手环等。当装有智能卡的穿戴设备靠近读写器时，读写器会发送查询信号，智能卡接收并反射回带有人员信息的信号。

井下人员 RFID 传感器用于以下几方面：① 人员进出管理，实现有效识别和监测井下作业人员的进出；② 考勤作业，记录人员的入井次数和工作时间；③ 安全监测，一旦发生事故，可以迅速知道作业面工作人员的数量，以便进行抢险救灾和安全救护。

RFID 人员定位系统的特点是：无源 RFID 智能卡小巧方便；提供完备的数据统计与信息查询软件；高度自动化，可实现网络共享；具备考勤功能，可查询人员的入井次数和工作时间。其优点是成本低、维护简单、抗干扰能力强，缺点是定位精度低、覆盖范围小、易受金属和水的影响。

(2) 超宽带(UWB)传感器

这种传感器利用超宽带的脉冲信号，通过与井下人员佩戴的标签或设备进行通信，实现对其位置的精确定位。UWB 技术利用超大带宽和低发射功率来实现快速数据传输。UWB 传感器通过发送和接收极短脉冲信号来传输数据。由于脉冲信号的宽带特性，UWB 传感器在相对较低的功率下可以传输更多的数据，并提供高精度的定位能力。

UWB 传感器具有以下优点。

① 高精度：UWB 技术的定位精度可达 5～10 cm。

② 抗干扰：UWB 信号比普通 WiFi 和蓝牙的信号更强大，具有良好的抗干扰能力。

③ 快速响应：UWB 传感器具有快速的数据传输能力。

其缺点是成本高、功耗大、需要校准和维护。

(3) WiFi 定位技术

它利用井下已有的 WiFi 网络基础设施，通过测量设备与 WiFi 接入点之间的信号强度(RSSI)，来估算人员位置。WiFi 定位技术基于的是无线局域网络(WLAN)中的 WiFi 信号。其定位系统以 WiFi 接入点(包括无线路由器)作为定位基站，通过测量 WiFi 信号的强度、到达时间和多径传播等参数来计算人员的位置。WiFi 定位技术通常采用指纹匹配、信号传播模型和统计特性等方法来实现高精度的人员定位。

WiFi 定位具有以下优点。

① 高精度：WiFi 定位技术的定位精度通常在 1～20 m 之间，取决于环境和部署方式。

② 覆盖范围广：WiFi 信号在室内环境中覆盖范围较大，适用于矿山等复杂环境。

③ 低成本：WiFi 基础设施已广泛部署，因此使用 WiFi 定位技术不需要额外硬件投资。

WiFi 定位利用现有网络设施，虽然成本相对较低，但定位精度受环境影响较大。

(4) ZigBee 传感器

ZigBee 定位技术是一种基于 IEEE 802.15.4 标准的无线通信协议，专门设计用于低功耗、低数据速率和短距离通信。这种传感器利用 ZigBee 无线网络技术，通过 RSSI 或 TDOA(到达时间差)算法计算井下人员的位置。其原理是：在一个 ZigBee 网络中，将 router(路由器)作为固定点(或位置参考点，用来标识位置)，end device(终端设备)作为移动点(定位卡)。定位卡会尝试与周围的位置参考点通信，并记录通信的信号强度。定位卡找出三个离得最近的 router，并把数据整理后发送给 coordinator(数据节点，或 ZigBee 网关)，后台的电脑即可以监控定位卡的位置。其优点是功耗低、网络自组织、数据传输可靠，缺点是精度较低(可达几米)、抗干扰能力较弱、覆盖范围较小。

ZigBee 定位不是精确的位置定位，只能显示定位卡在哪个位置参考点附近。定位卡用相对距离来表示与位置参考点的远近，本质是信号强度，介于 0～100 之间，没有单位。相对距离越大，表示定位卡离位置参考点越近。用户可以购买 ZigBee 模块来搭建 ZigBee 定位系统。系统包括数据节点、位置参考点和定位卡。数据节点通过网络将各个小的 ZigBee 网络连接起来，构成大型的 ZigBee 定位系统。

井下人员定位传感器的选用需要综合考虑定位精度、系统成本、环境适应性等因素。如煤矿井下 KJ405T(A)型井下综合定位系统(图 3-14)，该系统综合采用 UWB 精确定位技术，融合 ZigBee 定位技术、DSL(数字用户线路)通信技术、WiFi 无线通信技术，以千兆光纤网络为骨干，分支高速电缆通信网络以及无线网络为延伸，在井下设立若干终端、定位站及读卡器，实现厘米级别的人车定位、生产调度管理及无线通信等功能。随着技术的进步和成本的降低，预计将有更多高效、可靠的人员定位技术应用于煤矿井下，进一步提高矿山安全生产水平。

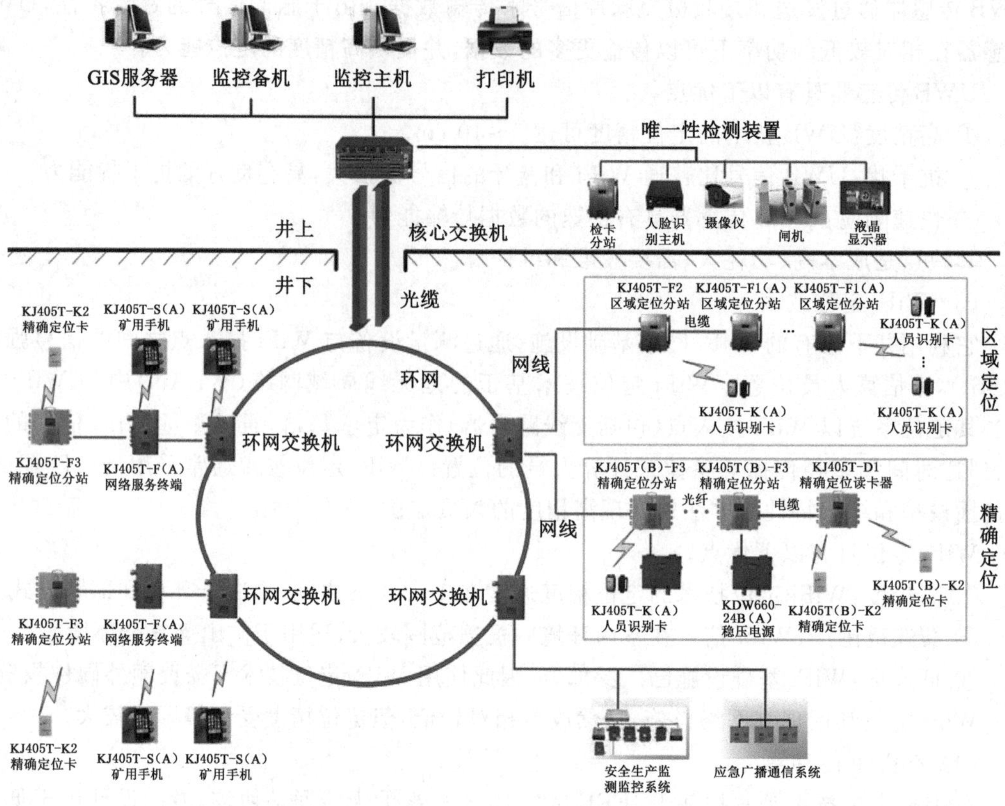

图 3-14　KJ405T(A)型井下综合定位系统

3.3　矿山新型传感技术

矿山新型传感技术是指利用新的原理、材料、结构、方法等，开发出能够适应矿山复杂、恶劣、动态的环境和条件，实现矿山各种参数高效、准确、可靠的测量和控制的传感技术。矿山新型传感技术的发展，对于提高矿山的安全、智能、绿色水平，实现矿山的数字化、网络化、智慧化具有重要意义。目前，矿山新型传感技术主要有以下几种。

3.3.1　光纤传感技术

光纤传感技术是利用光纤的光学特性，将光信号与被测参数（如温度、压力、应变、振动等）耦合，从而实现对矿山的分布式、多参数、动态的监测。光纤传感技术的优点是抗电磁干扰、抗腐蚀、抗高温、抗爆炸、体积小、灵敏度高、寿命长等，缺点是成本高、信号处理复杂、易受光纤损伤的影响等。光纤传感是一项新技术，具有可与井下光纤环网通信系统融合等一系列独特优势，可广泛用于井下复杂环境。

井下光纤传感器可以根据多种因素进行分类，以下是几种主要的分类方法：

（1）根据光纤类型，光纤传感器可分为单模光纤传感器和多模光纤传感器。单模光纤传感器主要用于高精度测量，而多模光纤传感器则适用于要求较低精度的应用场景。

(2) 根据光源类型，光纤传感器可分为连续波光源型和脉冲光源型两类。连续波光源型适合需要连续监测的应用，脉冲光源型则更适合距离测量和时间分辨应用。

(3) 根据调制方案，光纤传感器可分为强度调制、相位调制、频率调制、偏振调制等类型。不同的调制方案对环境变化的敏感度和测量范围有所不同。

(4) 根据测量参数，光纤传感器可分为温度传感器、应力/应变传感器、振动/声音传感器、化学成分传感器等。

(5) 根据技术原理，光纤传感器分为布拉格光栅(FBG)传感器、干涉仪传感器、拉曼散射传感器、布里渊散射传感器等。

在井下环境中，光纤传感器的选择需要考虑其对环境变化的敏感度、测量范围以及是否适合在恶劣的地下环境中长期稳定运行。例如，FBG 传感器因其高精度和稳定性，经常用于井下应力和应变的监测。而分布式温度传感系统(DTS)则利用拉曼散射原理，适用于监测长距离的温度分布。

光纤布拉格光栅(FBG)传感器在矿井中的应用主要集中于监测气体、应力、应变等多种环境和结构参数，它们在提高矿井安全监控水平方面展现了独特的优势。

3.3.1.1　应力和应变监测

FBG 传感器可以安装在矿井的支护结构上，如支架、锚杆和巷道壁等，用于监测这些结构在矿井支护过程中的应力和应变变化。通过实时监测，可以对潜在的结构失效和坍塌风险进行预警，从而提高矿井的安全性。

(1) 工作原理

FBG 传感器基于的是布拉格反射条件。在光纤的核心中，通过特定的制造过程形成周期性的折射率变化(即光栅)，当入射光的波长与光栅的布拉格波长匹配时，入射光会被反射，其余波长的光则会通过。FBG 的布拉格波长(λ_B)由下式给出：

$$\lambda_B = 2n\Lambda \tag{3-1}$$

式中　n——光纤核心的有效折射率；

　　Λ——光栅的周期。

当光纤的外部压力或温度变化时，光栅周期和/或光纤核心折射率会发生变化，进而引起布拉格波长的变化。通过测量这种波长的变化，就可以精确地测量应力和应变。

FBG 的制造通常涉及使用紫外光(UV)照射预敏化的光纤。紫外光通过相位掩模(phase mask)或者通过干涉技术产生周期性的强光模式，从而在光纤核心中诱导出折射率的周期性变化。这种变化是永久性的，可以准确反映外界的物理变化。

(2) 该类传感器的特点

① 高灵敏度：FBG 传感器能够准确测量微小的应力和应变变化。

② 抗电磁干扰：由于是光纤传感，因此不受电磁干扰的影响，适用于复杂电磁环境。

③ 多路复用能力：多个 FBG 传感器可以串联在同一根光纤上，通过不同的布拉格波长进行区分，实现对多个位置的同时监测。

④ 远程传感：光纤信号可以不衰减地传输几十千米，适于远程监测。

3.3.1.2　瓦斯浓度监测

FBG 传感器可用于监测矿井中的瓦斯浓度。通过将 FBG 传感器与特定的气体吸收介质结合，可以实现对瓦斯浓度的精确测量。及时监测瓦斯浓度对于防止瓦斯爆炸和保障矿工安全至关重要。

（1）工作原理

FBG 瓦斯浓度传感器基于的是 FBG 对环境变化的敏感性。当气体浓度变化导致 FBG 周围的折射率或温度发生变化时，FBG 的布拉格波长也会相应变化。通过监测这种波长的偏移，可以直接推算出气体浓度的变化。

（2）该类传感器的特点

① 高灵敏度：FBG 瓦斯浓度传感器可以实现对极低浓度气体的灵敏检测。

② 抗电磁干扰：由于是基于光纤传感，因此不受电磁干扰，适用于各种复杂的工业环境。

③ 远程监测：光纤传感器可以实现长距离信号传输，便于远程监测。

④ 多参数监测：除了气体浓度，FBG 传感器还可以同时监测温度、应力等多种物理参数，具有广泛应用的潜力。

3.3.1.3 微震监测

FBG 传感器因其高灵敏度和广频响特性，可用于监测矿井中的微震活动。微震监测有助于评估矿区的岩石稳定性，预测和防范地质灾害，如冲击地压、煤与瓦斯突出、地面滑坡等。通过部署 FBG 微震传感网络，可以实时监控矿井的微震活动，及时发现异常，从而采取预防措施。

（1）工作原理

FBG 微震传感器通过监测 FBG 反射波长的变化来检测微震活动。当微震活动产生的地面运动导致传感器所在位置的应力或应变发生变化时，光纤中 FBG 的折射率和/或光栅周期也会相应变化，从而导致其反射波长发生移动。通过精确测量这种波长的变化，可以实现对微震活动的监测。如利用微震监测系统的事件识别，使用 DFB（分布式反馈激光器）解调 FBG 传感器检测到的外部振动信号，通过改进的 STA/LTA（短时平均/长时平均）算法提取 P 波的首次到达时间和信号的终点，从而从大量原始数据中选择有效的微震事件。

（2）该类传感器的特点

光纤 FBG 微震传感器的特点主要表现在以下几个方面。

① 高灵敏度：FBG 微震传感器能够精确监测微小的地面运动，适用于检测微震事件。

② 抗电磁干扰：由于是基于光纤传感，因此不受电磁干扰的影响，适用于各种复杂环境。

③ 远程监测能力：光纤信号可以不衰减地传输几十千米，便于远程监测微震活动。

④ 长期稳定性：FBG 微震传感器具有长期稳定性，适合于长时间连续监测微震活动。

3.3.1.4 温度监测

FBG 传感器同样适用于矿井温度监测。矿井内的温度变化可能会影响矿井的通风系统和矿工的工作环境。FBG 温度传感器能够提供精确的温度分布信息，帮助调整通风系统，确保矿井内部环境的稳定和矿工的舒适、安全。

（1）工作原理

FBG 温度传感器利用的是光纤内部的布拉格光栅对温度变化的高度敏感性。当温度发生变化时，光纤内部的折射率及光栅周期会相应变化，从而导致反射光波长发生偏移。通过测量这种波长的变化，可以准确地监测到温度的变化情况。

有试验研究证明了在井下环境中使用分布式温度传感系统（基于光纤的拉曼后向散射测量）的可行性。这项技术能够提供矿山安全控制和矿山通风系统所需的宝贵信息，证明了其能够准确测量整个矿井的空气温度，精度达到 1 ℃，空间分辨率为 1 m。这项技术有潜力与井下环境的其他测量设备链接，以发展更安全的通风控制系统。

(2) 该类传感器的特点

FBG 温度传感器的优势表现在以下几方面。

① 高灵敏度和高精度：FBG 温度传感器能够提供非常精确的温度监测数据。

② 远程监测能力：允许从地面远程实时监控井下环境的温度。

③ 抗电磁干扰：适用于井下复杂的电磁环境。

④ 长期稳定性：适合长期部署在恶劣的井下环境中。

FBG 温度传感器在智慧矿山的井下环境中有广泛的应用，包括但不限于井下通风系统的优化，通过实时监测温度分布，优化通风系统的设计和运行；矿井安全监控，及时检测井下环境的温度变化，对可能的安全隐患进行预警；设备故障诊断，监测关键设备周围的温度变化，用于早期诊断设备故障。

3.3.1.5　结构健康监测

FBG 传感器可以集成到矿井的结构健康监测系统中，用于评估矿井支护结构的完整性和持久性。通过持续监测结构中的应力和应变变化，可以识别出结构疲劳、裂纹发展和潜在的失效模式，从而可以及时进行维修和加固，确保矿井的长期稳定性。

3.3.2　微电子机械系统传感技术

在智慧矿山领域，微电子机械系统（MEMS）传感技术已经成为一种关键技术，用于提高矿山的安全性和效率。MEMS 传感器因其小尺寸、低功耗、高性能以及与现有电子系统的兼容性而备受青睐。这些传感器可以用于监测矿山井下环境的多种参数，如温度、湿度、气体浓度、震动等，为矿山安全操作提供实时数据。MEMS 传感技术利用微电子机械系统的微细加工技术，将传感器、电路、微机械结构等集成在一个微米级的芯片上，从而实现对矿山的微型化、智能化、多功能的监测。MEMS 传感技术的优点是功耗低、响应快、精度高、可靠性高、易于集成等，缺点是制造工艺复杂、环境适应性差、易受温度和湿度的影响等。

MEMS 传感技术在矿山中的应用主要有以下几个方面。

3.3.2.1　环境监测

MEMS 传感器可以实时监测井下的温度、湿度和气体浓度，对可能的危险状况进行预警。

MEMS 环境监测类传感器的应用主要有以下几个方面。

(1) 温度监测

MEMS 温度类传感器可以监测温度变化并将其转换为电信号。MEMS 温度类传感器的工作原理是当外部环境温度发生变化时，MEMS 芯片上的敏感元件（如热电阻、热电偶、热敏电阻等）会发生物理或化学性质的变化，从而改变其电阻、电压或电流等电学参数。通过测量这些电学参数的变化，就可以得到相应的温度值。

MEMS 温度类传感器具有以下特点。

① 体积小，质量轻：MEMS 温度类传感器的尺寸一般在毫米或微米级，质量也很轻，便于安装和集成。

② 功耗低，响应快：MEMS 温度类传感器的功耗一般在微瓦或毫瓦级，响应时间一般在毫秒或微秒级，适合低功耗和高速度要求的应用。

③ 精度高，稳定性好：MEMS 温度类传感器的精度一般在 0.1 ℃或 0.01 ℃级，稳定性也很好，不易受到温度漂移、老化、干扰等因素的影响。

④ 可靠性高，寿命长：MEMS 温度类传感器的可靠性一般在百万次或千万次级，寿命一般在几年或几十年级，不易损坏或失效。

⑤ 多功能，可定制：MEMS 温度类传感器可以实现多种功能，如温度测量、温度控制、温度补偿、温度校准等，也可以根据不同的应用需求进行定制设计，如温度范围、灵敏度、输出形式、封装形式等。

MEMS 温度传感器能够精确测量井下的温度变化，对实现矿山内外因火灾预防、温度智能监测、人员体温健康感知等具有重要作用。

(2) 气体浓度监测

井下 MEMS 气体浓度传感器可以监测井下环境中的气体浓度，如瓦斯、一氧化碳、二氧化碳、氧气等的浓度。它具有体积小、质量轻、功耗低、响应快、精度高、稳定性好、可靠性高、多功能、可定制等特点，可以与无线传感网络、物联网、云计算等技术结合，实现对井下气体的实时监测和智能预警，从而提高煤矿安全生产水平。

井下 MEMS 气体浓度传感器的原理是：当外部环境中的气体进入传感器的敏感元件（如金属氧化物、纳米材料、光纤光栅等）时，会引起敏感元件的物理或化学性质的变化，从而改变其电阻、电容、电感、电压、电流、频率等电学参数。通过测量这些电学参数的变化，就可以得到相应的气体浓度值。

井下 MEMS 气体浓度传感器的应用领域如下。

① 瓦斯监测：利用 MEMS 瓦斯传感器，可以实时监测井下瓦斯的浓度变化，及时对瓦斯爆炸的危险进行预警，以控制瓦斯的抽采和利用，减少瓦斯事故的发生。

② 一氧化碳监测：利用 MEMS 一氧化碳传感器，可以实时监测井下一氧化碳的浓度变化，及时对一氧化碳中毒的危险进行预警，以控制一氧化碳的排放和净化，保障矿工的健康 。

③ 二氧化碳监测：利用 MEMS 二氧化碳传感器，可以实时监测井下二氧化碳的浓度变化，及时对二氧化碳窒息的危险进行预警，以控制二氧化碳的排放和净化，保障矿工的健康。

④ 氧气监测：利用 MEMS 氧气传感器，可以实时监测井下氧气的浓度变化，及时对氧气不足或过量的危险进行预警，以控制氧气的供给和消耗，保障矿工的安全。

(3) 湿度监测

智能矿井 MEMS 湿度传感器是一种利用微机电系统技术制造的微型湿度传感器，可以监测矿井内部的相对湿度和露点，及时对矿井内部的潮湿或干燥状况进行预警，保障矿工的健康和安全。

MEMS 湿度传感器的原理是，当外部环境中的水分子进入传感器的敏感元件（如聚合物、陶瓷、金属氧化物等)时，会引起敏感元件的物理或化学性质的变化，从而改变其电阻、电容、电感、频率等电学参数。通过测量这些电学参数的变化，就可以得到相应的湿度值。

智能矿井 MEMS 湿度传感器的特点如下。

① 体积小，质量轻：MEMS 湿度传感器的尺寸一般在毫米或微米级，质量也很轻，便于安装和集成。

② 功耗低，响应快：MEMS 湿度传感器的功耗一般在微瓦或毫瓦级，响应时间一般在毫秒或微秒级，适合低功耗和高速度要求的应用。

③ 精度高，稳定性好：MEMS 湿度传感器的精度一般在 0.1%或 0.01%级，稳定性也很好，不易受到温度、压力、气体成分等因素的影响。

④ 可靠性高，寿命长：MEMS 湿度传感器的可靠性一般在百万次或千万次级，寿命一般在几年或几十年级，不易损坏或失效。

⑤ 多功能，可定制：MEMS 湿度传感器可以实现多种功能，如湿度测量、湿度控制、湿度补偿、湿度校准等，也可以根据不同的应用需求进行定制设计，如湿度范围、灵敏度、输出形式、封装形式等。

智能矿井 MEMS 湿度传感器的应用领域有以下几个方面。

① 矿井通风：利用 MEMS 湿度传感器，可以实时监测矿井内部的相对湿度和露点，以及时调节通风设备，保证矿井内部的空气质量和舒适度，防止矿井内部过于潮湿或干燥，导致呼吸道疾病或煤尘爆炸等事故。

② 矿井防火：利用 MEMS 湿度传感器，可以实时监测矿井内部的相对湿度和露点，以及时对矿井内部的火灾危险进行预警，控制矿井内部的火灾防护设备，防止矿井内部的火灾发生或扩散。

③ 矿井安全：利用 MEMS 湿度传感器，可以实时监测矿井内部的相对湿度和露点，及时对矿井内部的安全危险预警，控制矿井内部的安全设备，防止矿井内部的事故发生或恶化。

(4) 矿尘(煤尘)监测

智能矿井 MEMS 矿尘传感器是一种利用微机电系统技术制造的微型矿尘传感器，可以监测矿井内部的矿尘浓度和粒径分布，及时对矿尘爆炸的危险进行预警，控制矿尘的抑制和清除，保障矿工的健康和安全。

MEMS 矿尘传感器的原理是，当外部环境中的矿尘进入传感器的敏感元件(如光学、电化学、压电、热电等元件)时，会引起敏感元件的物理或化学性质的变化，从而改变其光强、电阻、电容、电压、电流、频率等电学参数。通过测量这些电学参数的变化，就可以得到相应的矿尘浓度和粒径分布值。

智能矿井 MEMS 矿尘传感器的特点如下。

① 体积小，质量轻：MEMS 矿尘传感器的尺寸一般在毫米或微米级，质量也很轻，便于安装和集成。

② 功耗低，响应快：MEMS 矿尘传感器的功耗一般在微瓦或毫瓦级，响应时间一般在毫秒或微秒级，适合低功耗和高速度要求的应用。

③ 精度高，稳定性好：MEMS 矿尘传感器的精度一般在 0.1 mg/m^3 或 0.01 mg/m^3 级，稳定性也很好，不易受到温度、湿度、气体成分等因素的影响。

④ 可靠性高，寿命长：MEMS 矿尘传感器的可靠性一般在百万次或千万次级，寿命一般在几年或几十年级，不易损坏或失效。

⑤ 多功能，可定制：MEMS 矿尘传感器可以实现多种功能，如矿尘测量、矿尘控制、矿尘补偿、矿尘校准等，也可以根据不同的应用需求进行定制设计，如矿尘范围、灵敏度、输出形式、封装形式等。

智能矿井 MEMS 矿尘传感器的应用领域主要有以下几个方面。

① 矿尘监测：利用 MEMS 矿尘传感器，可以实时监测矿井内部的矿尘浓度和粒径分布，及时对矿尘爆炸的危险进行预警，以控制矿尘的抑制和清除，减少矿尘事故的发生。

② 矿尘控制：利用 MEMS 矿尘传感器，可以实时控制矿井内部的矿尘浓度和粒径分布，调节矿尘控制设备，如喷雾器、除尘器、风机等，保证矿井内部的空气质量和舒适度，防止矿尘对矿工的呼吸道和皮肤造成损害。

③ 矿尘分析：利用 MEMS 矿尘传感器，可以实时分析矿井内部的矿尘浓度和粒径分布，提供矿尘的来源、成分、特性等信息，为矿尘的管理和治理提供科学依据。

3.3.2.2 巷道及顶板稳定性监测

智能矿山常用工作面顶板及巷道稳定性监测 MEMS 传感器可以实时监测工作面顶板和巷道的应力、位移、变形、裂缝等参数，及时对顶板和巷道的稳定性状况进行预警，保障矿山的安全生产和矿工的健康。该类型传感器的原理是，当外部环境中的力或温度等因素作用于传感器的敏感元件（如压电、热电、光学、电化学等元件）时，会引起敏感元件的物理或化学性质的变化，从而改变其电阻、电容、电感、频率等电学参数。通过测量这些电学参数的变化，就可以得到相应的应力、位移、变形、裂缝等值。

（1）MEMS 传感器的类型

常见的工作面顶板和巷道监测 MEMS 传感器的类型有以下几种。

① MEMS 应变式传感器：利用 MEMS 技术制造的微型应变片，可以实现对工作面顶板和巷道的应力、应变、变形等参数的测量，具有高灵敏度、高稳定性、高可靠性等特点。

② MEMS 光纤式传感器：利用 MEMS 技术制造的微型光纤光栅，可以实现对工作面顶板和巷道的位移、温度、应力等参数的测量，具有抗电磁干扰、抗腐蚀、抗高温等特点。

③ MEMS 压电式传感器：利用 MEMS 技术制造的微型压电晶体，可以实现对工作面顶板和巷道的震动、声波、冲击等参数的测量，具有宽频带、高灵敏度、低功耗等特点。

④ MEMS 热电式传感器：利用 MEMS 技术制造的微型热电偶或热电堆，可以实现对工作面顶板和巷道的温度、热流等参数的测量，具有快速响应、高精度、自供电等特点。

（2）MEMS 传感器的特点

① 体积小，质量轻：智能矿山常用工作面顶板及巷道稳定性监测 MEMS 传感器的尺寸一般在毫米或微米级，质量也很轻，便于安装和集成。

② 功耗低，响应快：智能矿山常用工作面顶板及巷道稳定性监测 MEMS 传感器的功耗一般在微瓦或毫瓦级，响应时间一般在毫秒或微秒级，适合低功耗和高速度要求的应用。

③ 精度高，稳定性好：智能矿山常用工作面顶板及巷道稳定性监测 MEMS 传感器的精度一般在 0.1%或 0.01%级，稳定性也很好，不易受到温度、湿度、气体成分等因素的影响。

④ 可靠性高，寿命长：智能矿山常用工作面顶板及巷道稳定性监测 MEMS 传感器的可靠性一般在百万次或千万次级，寿命一般在几年或几十年级，不易损坏或失效。

⑤ 多功能，可定制：智能矿山常用工作面顶板及巷道稳定性监测 MEMS 传感器可以实现多种功能，如应力、位移、变形、裂缝等的测量、控制、补偿、校准等，也可以根据不同的应用需求进行定制设计，如测量范围、灵敏度、输出形式、封装形式等。

（3）MEMS 传感器的应用

智能矿山常用工作面顶板及巷道稳定性监测 MEMS 传感器的应用领域如下。

① 工作面顶板监测：利用智能矿山常用工作面顶板及巷道稳定性监测 MEMS 传感器，可以实时监测工作面顶板的应力、位移、变形、裂缝等参数，及时对工作面顶板的稳定性状况进行预警，以控制工作面顶板的支护和加固，防止工作面顶板发生冒顶、垮塌、破裂等事故。

② 巷道稳定性监测：利用智能矿山常用工作面顶板及巷道稳定性监测 MEMS 传感器，可以实时监测巷道的应力、位移、变形、裂缝等参数，及时对巷道的稳定性状况进行预警，以控制巷道的支护和加固，防止巷道发生变形、破坏、塌方等事故。

3.3.2.3 人员定位与健康监测

MEMS 传感器还可以集成在矿工的安全帽或设备中，监测矿工的位置、运动状态和健康状况，确保矿工安全。

（1）MEMS 无线射频识别（RFID）传感器：利用 MEMS 技术制造的微型无线射频标签，可以实现对井下人员的位置、身份、运动轨迹等信息的识别和追踪，具有低功耗、长距离、高容量等特点。

（2）MEMS 无线体域网（WBAN）传感器：利用 MEMS 技术制造的微型无线传感器，可以实现对井下人员的心率、血压、血氧、体温、呼吸等生理参数的监测和传输，具有高灵敏度、高精度、高可靠性等特点。

（3）MEMS 无线环境监测（WEM）传感器：利用 MEMS 技术制造的微型无线传感器，可以实现对井下人员所处环境的温度、湿度、气体、矿尘、噪声等参数的监测和传输，具有抗干扰、抗腐蚀、抗高温等特点。

矿用人员单兵系统如图 3-15 所示。

尽管 MEMS 传感器在智能煤矿中的应用具有显著优势，但在实际部署中仍面临一些技术挑战，包括以下几方面。

（1）能耗管理：在煤矿环境下，MEMS 传感器需要长期运行，因此如何有效管理能耗，延长传感器的工作时间是一个挑战。

（2）数据准确性和可靠性：井下环境复杂，确保 MEMS 传感器收集的数据准确、可靠是关键。

（3）网络连接和数据传输：在煤矿深部，如何建立稳定的无线网络连接，保证数据的实时传输，是另一个技术挑战。

未来发展方向主要体现在以下几个方面。

（1）低功耗技术：研发更低功耗的 MEMS 传感器和通信技术，延长传感器的工作寿命和降低维护成本。

（2）数据融合和智能分析：利用机器学习和人工智能技术，对从多个 MEMS 传感器收集的数据进行融合分析，提高预警的准确性和及时性。

（3）网络优化：开发适合井下复杂环境的无线网络技术，提高数据传输的稳定性和效率。

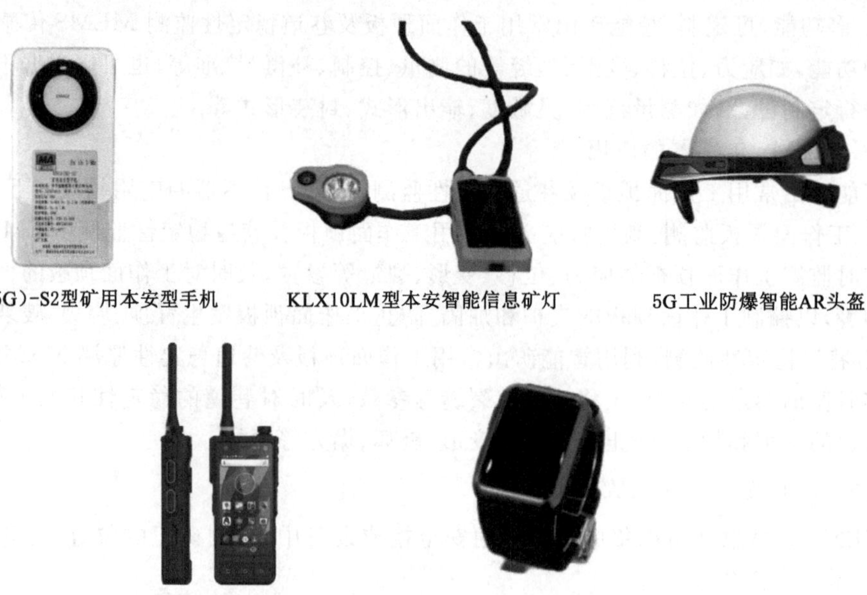

KT618(5G)-S2型矿用本安型手机　　KLX10LM型本安智能信息矿灯　　5G工业防爆智能AR头盔

智能单兵T5-Ⅱ系统　　FHS3.7(C)矿用本安型手表

图 3-15　矿用人员单兵系统

3.3.3　无线传感技术

智能矿山井下无线传感技术是实现高效安全生产的关键技术之一。智能矿井井下无线传感技术是指利用无线传感器网络(wireless sensor network,WSN)或无线射频识别等技术,实现对井下人员、设备、环境等信息的实时采集、传输、处理和应用的技术,是智能矿井建设的重要组成部分。

3.3.3.1　智能矿井井下无线传感技术的主要功能

(1) 人员定位与健康监测:通过让井下人员佩戴无线定位标签或无线体域网传感器,可以实现对井下人员的位置、身份、运动轨迹、心率、血压、血氧、体温、呼吸等信息的识别、追踪、监测和传输,及时对井下人员的安全状况进行预警,保障矿工的健康和生命安全。

(2) 设备监测与控制:通过在井下设备上安装无线传感器或无线控制器,可以实现对井下设备的状态、参数、故障、性能等信息的监测和传输,以及对井下设备的远程控制、调度、优化和维护,提高井下设备的运行效率和可靠性。

(3) 灾害监测与预警:通过在井下巷道、工作面、机电设备硐室等场所布置无线传感器,可以实现对井下环境的温度、湿度、气体、矿尘、噪声、应力、位移、变形、裂缝等参数的监测和传输,及时对井下环境的安全状况进行预警,防止井下灾害的发生。

3.3.3.2　智能矿井井下无线传感关键技术

(1) 无线传感器网络

该项技术是智能矿山井下无线传感技术的核心,包括多个传感器节点,用于收集井下的环境数据(如温度、湿度、气体浓度等)。关键在于如何设计低功耗、高可靠性的传感器节点,以及如何组织这些节点形成稳定高效的网络。

以煤矿井下为例，目前常见的网络组织形式有以下几种。

① 工业以太环网：通过在井下巷道中布置以太网交换机和光纤电缆，构建一个环形的有线网络，实现井下数据的高速传输和可靠冗余。工业以太环网具有高带宽、高可靠性、高安全性的优点，但也存在部署成本高、维护困难、扩展性差的缺点。

② 5G无线网络：通过在井下巷道中布置5G基站和天线，构建一个类似于地面蜂窝移动通信的无线网络，实现井下数据的无线传输和覆盖。5G无线网络具有高速率、低时延、易部署的优点，但也存在抗干扰能力差、穿透能力弱、频谱资源紧张的缺点。

③ WiFi无线网络：通过在井下巷道中布置WiFi接入点和天线，构建一个基于IEEE 802.11标准的无线局域网，实现井下数据的无线传输和接入。WiFi无线网络具有低成本、易扩展、兼容性好的优点，但也存在信号衰减、抗干扰性差、安全性低的缺点。WiFi 6相比传统WiFi技术，提供了更高的数据传输速率和更好的网络容量管理，适用于矿井内部的无线通信需求。

④ SimpliciTI网络：该网络构建的是一套高效的井下无线监测传感网络系统，其核心在于采用了CC1110这一先进的无线微控制器。CC1110集成了高性能射频收发器以及增强型8051微控制器内核，具备在免许可的ISM频段(工业、科学和医学频段)稳定工作的能力，能有效抵抗井下复杂电磁环境的干扰。凭借其低功耗特性，可大幅延长电池供电设备的使用时长，加之高集成度有利于井下监测设备的小型化设计，使其在空间有限的井下环境中便于安装部署。同时，CC1110支持多种数据传输速率与调制方式，能灵活与各类传感器接口连接，从而可靠地将瓦斯浓度数据、人员位置信息等通过无线方式传输。因此该系统适用于瓦斯监测、人员定位等关键的井下安全监测应用场景。

⑤ MB-OFDM-UWB网络：多带-正交频分复用-超宽带网络，适用于矿井下多媒体无线传感器网络自适应调制，能提高系统性能。

这些无线传感网络技术在矿井安全生产和管理中起着至关重要的作用，不仅提高了通信效率，还增强了矿井的安全监控能力。虽然无线传感网络在智能矿山井下应用中提供了前所未有的监测和管理能力，但在实际部署和运行中仍面临一系列技术挑战。

① 网络覆盖：井下环境复杂，通信信号易受到干扰和衰减，确保网络覆盖面广且稳定是一大挑战。

② 数据准确性和可靠性：在复杂的井下环境中，保证数据采集的准确性和传输的可靠性是关键。

③ 网络安全性：随着无线传感网络在矿山安全监控中的应用越来越广泛，如何保障数据安全，防止网络攻击成为必须解决的问题。

④ 系统集成与兼容性：如何将无线传感网络与矿山现有的监控系统和管理系统有效集成，实现数据共享和系统协同工作，也是一项挑战。

(2) 数据传输技术

在复杂的矿山环境中，保证数据从传感器节点安全、可靠地传输到地面控制中心是一项挑战。技术涉及RF(射频)、ZigBee、LoRa等无线通信协议。具体来讲，数据传输需要解决的关键问题体现在以下几个方面。

① 5G传输技术：5G可以提供高速、低延迟、大容量的无线传输服务，支持井下智能运输、智能掘进、智能监控等应用场景。5G在井下应用时，需要解决高频无线信号快速衰减、

定向传输能力增强的同时绕射能力下降等问题，因此需要采用超密集组网技术、大规模天线阵列技术和微基站技术等。

② 无线接入网和核心网：无线接入网主要由矿用5G通信基站、矿用5G远端汇聚站等组成，实现井下5G信号的覆盖，为用户提供无线接入功能；核心网则主要负责数据的处理和路由，提供井下无线网络的注册和控制、业务鉴权、语音和数据交换等功能。无线接入网和核心网的部署方式可以选择独立组网或非独立组网。

③ 用户多维业务属性感知和耦合匹配：矿山动态协同作业场景中，用户的业务需求和资源分配存在多维属性和耦合关系，需要根据用户的位置、速度、方向、业务类型、优先级等属性进行感知和匹配，以实现资源的高效利用和用户体验的优化。用户多维业务属性感知和耦合匹配可以基于超图映射和边权赋值等方法解决。

数据传输技术所面临的技术挑战主要有以下几个方面。

① 网络覆盖和可靠性：在复杂的井下环境中，如何确保无线传感网络的稳定性和数据传输的可靠性是一大挑战。

② 数据安全和隐私：保障井下数据传输的安全性，防止数据在传输过程中被截获或篡改，是井下数据传输面临的另一个重要挑战。

③ 系统集成与兼容性：如何将井下无线传感网络与矿山现有的监控系统和管理系统有效集成，实现数据共享和系统协同工作，也是一项技术挑战。

(3) 定位与追踪技术

在井下环境中，对人员和设备进行精确定位是提高安全性的关键。技术挑战在于如何在卫星信号无法覆盖的环境中实现高精度定位。智慧矿山井下定位与追踪技术关键是利用无线传感器网络和定位技术来感知和采集矿工的位置信息。这种技术可以提高矿山安全管理水平和资源利用率，实现自动化控制和数字化管理。常用的定位技术有RFID、UWB等，能够实现厘米级的定位精度。

智慧矿山井下定位与追踪技术包含以下几个关键组成部分。

① 井下传感器节点：这些节点是基于RFID或UWB的标签，佩戴在矿工身上或安装在设备上，能够发送和接收无线信号，实现位置信息的采集和传输。

② 井口终端：这些终端是基于无线网络的中继器，安装在井口附近，能够接收井下传感器节点的信号，并将其转发到数据中心。

③ 数据中心：智慧矿山井下定位与追踪技术的核心部分，负责对接收到的位置数据进行处理和分析，运用算法计算出矿工和设备的精确位置，并通过监控软件显示在电脑或移动终端上。

④ 移动终端：这些终端包括基于无线网络的手机或平板电脑，能够接收数据中心的位置信息，并实时显示在屏幕上，方便管理人员进行监控和调度。

3.3.4 矿用传感器与物联网的关系

在现代矿山企业中，物联网技术和矿山传感器的结合正改变着矿山的运营方式，能够提升安全水平，提高生产效率，以及优化资源管理。矿山传感器作为物联网的关键组成部分，通过收集各种实时数据，为物联网系统提供了监测、控制和自动化的基础信息。

矿山传感器是物联网的基础和核心，它们能够实时采集矿山的各种数据，如环境参数、设备状态、人员位置等，为矿山的安全监测、智能控制、资源管理、效率提升等提供数据支撑。物联网是矿山传感器的平台和载体，它能够实现矿山传感器的网络化、智能化、信息化，为矿山的数据传输、存储、分析、应用等提供技术支持。

3.3.4.1 矿用传感器的优势

（1）实时性：矿用传感器可以实时地对矿山信息进行采集和传输，物联网可以实时地对矿山信息进行处理和反馈，从而实现对矿山的实时监测和控制。

（2）精确性：矿用传感器可以精确地对矿山信息进行量化和标准化，物联网可以精确地对矿山信息进行分析和决策，从而实现对矿山的精确管理和优化。

（3）全面性：矿用传感器可以全面地对矿山信息进行覆盖和采集，物联网可以全面地对矿山信息进行整合和共享，从而实现对矿山的全面感知和协同。

（4）智能性：矿用传感器可以智能地对矿山信息进行识别和分类，物联网可以智能地对矿山信息进行挖掘和创新，从而实现对矿山的智能学习和服务。

3.3.4.2 矿用传感器在矿山物联网的应用

矿山传感器与物联网的结合，可以构建一个覆盖矿山地面和井下的感知网络，实现矿山的全面感知、可靠传递、智能处理，从而提高矿山的生产效率、安全水平、管理水平，实现矿山的智慧化、无人化、绿色化。一些典型的应用场景如下。

（1）矿山安全监测：利用矿山传感器监测矿山的温度、湿度、气体、水位、应力、变形等安全参数，通过物联网将数据实时传输到监控中心，进行数据分析和预警，实现矿山的安全预防、事故预报、灾害预警等功能。

（2）矿山智能控制：利用矿山传感器控制矿山的设备运行状态，如风机、水泵、提升机、输送机等，通过物联网实现设备的远程控制、自动调节、故障诊断等功能，实现矿山的智能调度、协同控制、优化运行等功能。

（3）矿山资源管理：利用矿山传感器管理矿山的资源利用情况，如煤层、巷道、矿仓、矿车等，通过物联网实现资源的定位、跟踪、统计、评估等功能，实现矿山的资源优化、效益提升、节能减排等功能。

3.4 本章小结

信息在智慧矿山物联网中起着基础且关键的作用，依赖多样化的传感技术来有效获取。信息定义涉及其作为客观世界基本要素的多种分类和特性，包括普遍性、客观真实性、可传递性等，以及在人类认知、社会生产和文化传承等方面的作用。信息获取途径多样，传感器作为信息传感的核心装置，可按照检测对象、工作原理、输出信号等多种标准分类，其特点主要体现在灵敏度、精度、稳定性等方面。传感器在感知矿山物联网架构中扮演着至关重要的角色，是连接物理世界与电子系统之间的桥梁，其发展趋势朝着更高精度、更低功耗、更小尺寸、更智能方向发展，以满足智慧矿山对于环境参数、设备状态、生产过程和安全状况等多维信息的实时监测与分析需求。

矿山信息及矿用传感器涵盖了矿山环境和生产过程的实时监测、安全状况的动态评估和预警，通过高度集成和智能化的传感器网络优化生产管理、提升安全性及资源利用率。安全环境类传感器如温度、瓦斯、一氧化碳和煤尘浓度传感器保障生产安全。机电类传感器如采煤机相关传感器和液压支架相关传感器提高生产效率和设备可靠性。定位类传感器如RFID、UWB、WiFi和ZigBee传感器强化人员和物资管理、应急能力。这些传感器是实现矿山自动化、智能化不可或缺的技术支撑，推动着矿山产业的转型升级。

矿山新型传感技术包括光纤传感技术、微电子机械系统(MEMS)传感技术和无线传感技术等，它们通过先进的原理、材料、结构和方法，适应矿山复杂且恶劣的环境条件，实现对矿山多种参数的高效、准确、可靠测量和控制。光纤传感技术以其抗干扰能力强、灵敏度高的特点，在井下复杂环境中广泛应用于温度、压力、应变和振动等参数的分布式监测。MEMS传感技术则凭借微型化、低功耗和高性能的优势，用于监测井下环境的温度、湿度、气体浓度等，并提高矿山的安全性和效率。无线传感技术，特别是结合物联网的应用，通过实时采集、传输、处理和应用井下信息，为智能矿山的建设提供了重要支持，涵盖了人员定位、设备监测、灾害预警等功能，推动矿山向数字化、网络化、智慧化转型。

课后习题

1. 描述信息在智慧矿山物联网中的作用，并解释为何传感技术对于信息的有效获取至关重要。

2. 信息具有哪些基本特性？请列出至少五个，并对每个特性进行简要说明。

3. 按照信息的分类，解释什么是社会信息和自然信息，并给出各自的例子。

4. 描述信息获取的三种途径，并解释每种途径的优缺点。

5. 解释什么是传感器及其在智慧矿山物联网中的应用。

6. 根据工作原理，将传感器分为四类，并简述每类传感器的工作原理和应用实例。

7. 解释模拟传感器与数字传感器的区别，并举例说明各自的应用场景。

8. 针对矿山环境信息，设计一个简单的传感器系统，包括所需的传感器类型、预期的数据采集内容及该系统的潜在应用价值。

9. 阐释矿山环境监测传感器的作用，并举例说明至少三种不同类型的传感器及其应用场景。

10. 描述采煤机相关传感器的功能和原理，解释其在采煤机控制系统中的重要性。

11. 详细解释液压支架相关传感器的作用，包括但不限于压力传感器、倾角传感器和位移传感器，并讨论它们在矿山安全生产中的应用。

12. 对比RFID和UWB在井下人员定位系统中的应用优势和局限性，讨论在煤矿井下环境中选择定位技术时应考虑的因素。

13. 设计一个矿山安全监测系统方案，要求包括至少四种传感器的选择和布置方案，解释每种传感器的选择理由及在系统中的作用。

14. 阐述WiFi定位技术在矿山井下的应用过程及其面临的挑战，讨论可能的解决方案。

15. 结合矿山生产实际，讨论煤尘浓度传感器在煤尘爆炸预防中的应用及其重要性。

16. 分析ZigBee传感器在矿山井下通信和定位中的优势与不足，提出提高其性能和扩大其应用范围的建议。

17. 简述光纤传感技术在矿山中的应用及其主要优势。
18. 解释微电子机械系统(MEMS)传感技术在智能矿山中的作用以及它的主要特点。
19. 描述无线传感技术与物联网在矿山安全监测中的结合方式及其重要性。
20. 解释矿山新型传感技术如何实现对矿山环境的高效、准确、可靠测量和控制。
21. 讨论 MEMS 传感器在环境监测中的应用以及面临的技术挑战。
22. 简述智能矿山中井下无线传感技术的关键组成部分以及各自的功能。
23. 讨论矿山新型传感技术对提升矿山的安全、智能、绿色水平的贡献。

第4章 矿山数据信息流处理技术

学习目标

(1) 在理解数据工程的基础上，能准确说出大数据的概念及其特点，并能说出常见的数据处理机器学习方法。

(2) 在掌握大数据技术的基础上，能准确划分智能化井工矿井数据分类，并能通过矿山数据预处理技术理解井下人员定位、灾害智能预测和管理等基础工作。

(3) 在明确矿山大数据预处理和融合处理的方法基础上，能准确说出智慧矿山智能决策系统的组成，并能结合井下需求初步设计一项智能决策系统。

4.1 大数据与信息集成

随着移动通信技术和智能终端设备的飞速发展，全球数据通信总量也在逐年激增。一方面，由于数据产生方式发生了从手工生产到自动化生产的改变，人类为了实现对信息的全量化收集，大量使用传感器，这些传感器 24 h 源源不断产生数据，加快了信息的爆发式增长；另一方面，由于人类活动越来越离不开数据，人类的日常生活已经与数据成为密不可分的整体。伴随着智能移动设备和 5G 通信技术的发展，移动端的数据已经逐步增长并成为最主要的数据来源：社交平台的文字、语音、图像、视频，生活应用中的位置信息、查询请求信息，娱乐购物产生的产品介绍信息、订单请求信息等，这些都无时无刻不在人们周围产生并传递。从科研领域到医疗卫生领域，从银行业到互联网行业，从工业到娱乐业，各行各业均面临需要解决爆发式增长数据的难题。

4.1.1 大数据及其发展历程

4.1.1.1 大数据的概念及特征

大数据(big data)是指无法用传统数据库管理工具在合理时间内进行捕获、存储、管理和分析的大规模数据集合，是需要新处理模式才能具有更强的决策力、洞察力和流程优化能力来适应海量、高增长率和多样化的信息资产。麦肯锡全球研究院(McKinsey Global Institute)给出的定义是：一种规模大到在获取、存储、管理、分析方面大大超出了传统数据库软件工具能力范围的数据集合，具有海量的数据规模、快速的数据流转、多样的数据类型和价值密度低四大特征。这个概念不仅仅关注数据量，还包括数据速度、数据多样性、数据价值三个维度，常被称为大数据的 4V 特征，具体如下。

(1) 数据量(volume)：大数据的一个显著特点是庞大的数据量，通常是以 TB(太字节)、PB(拍字节)甚至更大单位来衡量。随着互联网、社交媒体、商业交易、传感器设备等产生的数据量急剧增加，数据规模已经达到了前所未有的水平。

(2) 数据速度(velocity):数据产生的高速度也是大数据的一个关键特征。数据以前所未有的速度被生成和处理,需要实时或接近实时的处理能力来捕获、分析和应对,包括从社交媒体数据流到高频交易记录等各种形式。

(3) 数据多样性(variety):不同于传统数据库主要处理结构化数据,大数据涉及结构化数据、半结构化数据以及非结构化数据的处理。包括文本、图像、视频、音频以及各种日志和信号等,数据格式多种多样,处理起来更为复杂。

(4) 数据价值(value):虽然数据量巨大,但是其中的有效信息占比可能非常小,因此如何从海量数据中提炼出有价值的信息,是大数据分析的关键。大数据技术和算法的作用就是提高数据的价值密度,通过分析和处理将其转化为有用的信息和知识。

除了这四个核心特征,有时也会将数据的真实性(veracity)作为大数据的第五个"V",强调数据的质量和可靠性对于确保分析结果准确性的重要性。

大数据技术的应用涉及众多领域,包括商业智能、互联网搜索、金融市场分析、生物信息学、健康信息学、地理信息系统、气象学、物联网、人工智能和机器学习等。通过对大数据的分析和应用,组织和个人能够获得深刻的见解,优化决策过程,提高操作效率,创新产品和服务,最终实现价值创造和竞争优势。数据单位换算表如表 4-1 所示。

表 4-1　数据单位换算表

单位	定义	字节数
byte(字节)	1 byte	2^{0}
kilobyte(千字节)	1 024 byte	2^{10}
megabyte(兆字节)	1 024 kilobyte	2^{20}
gigabyte(吉字节)	1 024 megabyte	2^{30}
terabyte(太字节)	1 024 gigabyte	2^{40}
petabyte(拍字节)	1 024 terabyte	2^{50}
exabyte(艾字节)	1 024 petabyte	2^{60}
zettabyte(泽字节)	1 024 exabyte	2^{70}
yottebyte(尧字节)	1 024 zettabyte	2^{80}

4.1.1.2　大数据的发展历程

(1) 起源阶段

大数据的起源可以追溯到 20 世纪 90 年代末和 21 世纪初。当时,互联网的快速发展和智能手机的普及使得开始产生大量数据,包括网页浏览记录、社交媒体活动、移动应用使用情况等。与此同时,计算机技术的快速发展为大数据的存储和处理提供了基础。

在 20 世纪 60—80 年代,数据管理主要依赖关系数据库管理系统(RDBMS),用于处理结构化数据。这一时期,数据量相对较小,数据类型也比较单一。到 20 世纪 90 年代,互联网的普及导致数据量开始急剧增加。特别是随着 Web 1.0 向 Web 2.0 过渡,用户从内容的消费者转变为内容的创造者,社交媒体、电子商务、在线服务等开始涌现,产生了海量的非结构化数据,如文本、图片、视频等。

大数据这一概念最早在 2000 年左右被提出,当时主要指的是数据量庞大到传统数据库软件难以捕获、管理和处理的数据集合。人们开始认识到，这种海量、高速增长且类型多样的数据，如果能够被有效地处理和分析，将为企业和组织带来巨大的价值。2008 年，美国计算社区联盟(Computing Community Consortium，CCC)发表了一份具有里程碑意义的白皮书——*Challenges and Opportunities with Big Data*。

这份白皮书被广泛认为是大数据研究和应用领域的一个重要转折点，它对大数据技术的发展产生了深远的影响。白皮书阐述了大数据的概念，指出我们生活在一个数据量爆炸式增长的时代，数据来自互联网、社交媒体、商业交易、科学研究等多个渠道。它强调了处理和分析这些海量数据的重要性，以及这样做可以带来的挑战和机遇。这份白皮书帮助界定了"大数据"的概念，提高了学术界和工业界对于大数据重要性的认识。它为后续的研究和讨论提供了一个共同的基础，促进了大数据技术和应用的标准化。通过阐述大数据的挑战和机遇，这份白皮书激发了科学界和工业界对于解决大数据问题的兴趣和研究，推动了大数据存储、处理、分析和可视化等方面的技术创新。白皮书指出，大数据带来的挑战需要计算机科学、统计学、数学等领域专业知识的融合，促进了跨学科的合作研究，加速了大数据技术的应用和发展。这份白皮书对政府和私人部门投资大数据研究和项目起到了积极的推动作用。白皮书特别指出，大数据的挑战不仅仅在于数据量的增加，还包括数据的多样性、数据处理的速度以及从大量数据中提取有价值信息的复杂性。同时，它也强调了利用大数据技术能够在科学研究、商业智能、公共安全和健康医疗等领域带来的变革。

随着非结构化数据量的增长，传统的关系数据库遇到了性能瓶颈。这促使了对新型数据存储和处理技术的探索，如 NoSQL 数据库的早期版本开始出现。面对大量数据的存储和处理需求，分布式系统成为一个研究热点。这些系统能够在多个物理或虚拟机器上协同工作，有效地处理和分析大规模数据集。

Google 公司作为互联网搜索引擎的先驱，面对巨大的网页索引和搜索需求，开始内部开发一套高效的数据处理技术。2003 年和 2004 年，Google 公司分别发表了 *The Google File System* 和 *MapReduce：Simplified Data Processing on Large Clusters* 两篇论文，这两项成果后来成为大数据处理的基石，也启发了开源社区开发出 Hadoop 等大数据处理框架。

大数据的起源阶段是一个从认识到探索，再到技术初步形成的过程。在这一阶段，随着数据量的爆炸性增长和互联网的普及，传统的数据处理方法逐渐显露出局限性，促使了对新技术和新方法的探索。Google 的两篇论文和后来的 Hadoop 的出现，为大数据技术的发展奠定了基础。这一时期，虽然大数据概念和技术还不成熟，但已经开始对商业、科技和社会产生初步的影响。

(2) 发展阶段

大数据的发展阶段标志着从初步探索到技术成熟和广泛应用的转变，涵盖了多项关键技术的出现、大数据生态系统的构建以及大数据在多个领域内的实际应用。

基于 Google 的论文，2006 年，Apache Hadoop 项目诞生，它提供了一个可靠的、可扩展的分布式系统基础架构，可以在廉价硬件上处理 PB 级别的数据。Hadoop 的出现是大数据处理技术的一个重要里程碑，为处理大规模数据集提供了一个开源解决方案。

为了应对非结构化数据的存储和快速访问需求，NoSQL 数据库如 MongoDB、Cassandra、HBase 等开始广泛应用。它们支持灵活的数据模型，能够满足大规模数据存储和实时访问的需要。

随着 Hadoop 和其他大数据技术的成熟，围绕这些核心技术形成了一个丰富的大数据生态系统，包括数据存储、数据处理、数据分析、数据可视化等多个组件。Apache Spark、Apache Storm 等提供了更快的数据处理能力，而 Apache Hive、Apache Pig 等则简化了数据分析的复杂性。云服务提供商如 Amazon Web Services、Google Cloud Platform 和 Microsoft Azure 等纷纷推出了基于云的大数据服务，进一步降低了企业采用大数据技术的门槛，加速了大数据技术的普及和应用。

应用领域的拓展主要体现在商业、科学研究和公共服务领域。在商业方面，企业开始利用大数据技术进行商业智能分析，优化决策过程，提高运营效率。大数据分析帮助企业挖掘客户行为模式，实现个性化推荐、风险管理、供应链优化等。在科学研究和公共服务方面，大数据技术被广泛应用于科学研究、公共健康、城市管理等领域，如通过分析大规模健康数据来研究疾病模式，或者通过分析交通数据来优化城市交通系统。

从人工智能和机器学习结合的角度来分析，数据驱动让 AI 进一步得到发展，大数据为人工智能和机器学习提供了丰富的训练材料，使得这些技术能够通过学习大量数据来不断提高其智能性和准确性。在这一阶段，自然语言处理、图像识别、语音识别等领域出现重大突破。

大数据的发展阶段经历了从技术诞生、生态系统构建到广泛应用的过程，伴随着关键技术的成熟和生态系统的完善，大数据技术已经深入商业决策、科学研究、公共服务等各个领域，成为推动社会发展和技术创新的重要力量。

（3）成熟阶段

大数据的成熟阶段标志着大数据技术和应用从探索性发展进入广泛应用和深入整合的阶段。在这一阶段，大数据不仅在技术层面达到了成熟，更在商业、科学研究及公共管理等多个领域展现出了显著的价值。

分布式计算技术的广泛应用是大数据技术层面成熟的标志之一。Hadoop 和 Spark 等分布式计算框架成为企业处理大规模数据集的标准选择，它们的稳定性、扩展性和高效性得到了业界的认可。随着数据类型的多样化，传统的关系数据库无法满足所有需求，各类 NoSQL 数据库（如 MongoDB、Cassandra、HBase）和新型数据库技术（如时序数据库、图数据库）被广泛采用，以适应不同的数据存储需求。机器学习和深度学习技术与大数据平台的集成，使得从大规模数据中提取洞察、进行预测变得更加高效和准确。

数据驱动的决策制定是大数据商业应用的另一成熟性标志。企业和组织越来越依赖数据来指导商业决策，大数据分析成为优化产品、提升用户体验、降低成本和增加收入的关键工具。个性化服务和推荐方面，通过分析大量用户数据，企业能够提供高度个性化的服务和推荐，提高客户满意度和用户黏性，特别是在电子商务和社交媒体平台上表现明显。实时数据分析方面，随着技术的发展，企业能够实时分析数据，快速响应市场变化，这在金融交易、网络安全、物联网管理等领域尤为重要。

大数据技术使得科研人员能够处理前所未有的数据量，加速了科学发现的过程，尤其在生物信息学、气候学和物理学等领域。大数据技术被应用于城市管理和公共服务，如交通流量分析、公共安全监控和环境监测，提高了城市管理的效率和效果。

数据法规和隐私保护方面，随着大数据的广泛应用，数据隐私和安全问题日益凸显。欧盟的《通用数据保护条例》(GDPR)等法规的实施,标志着进入了数据治理的新阶段。开源生态系统也日益成熟,大数据技术的发展受益于强大的开源社区支持。Apache 软件基金会旗下的多个大数据项目(如 Hadoop、Spark、Kafka 等)不断迭代更新,推动了大数据技术的创新和成熟。

大数据技术在我国的发展经历了从起步、快速发展到深度应用的过程。

我国的大数据技术也紧跟时代潮流发展,2011 年工信部将信息处理技术作为四项关键技术创新工程之一,为大数据产业发展奠定了政策基础。2014 年,《国务院政府工作报告》首次将"大数据"写入,将大数据产业上升至国家战略层面。此后,国家大数据综合试验区逐渐建立,相关政策与标准体系不断完善。2015 年 8 月国务院印发《促进大数据发展行动纲要》,这是我国大数据发展的顶层设计文件,提出了大数据发展的总体要求、主要任务和保障措施。

2013 年至今,以阿里巴巴、腾讯、百度等为代表的我国互联网企业在大数据技术的应用方面取得了显著成果,尤其是在电子商务、社交网络、搜索引擎和移动互联网服务等领域。云计算和大数据服务方面,华为、阿里云等推出的云计算服务,加速了大数据处理和分析技术的普及,为企业提供了强大的数据处理能力。2020 年,我国的大数据解决方案已经发展成熟,信息社会智能化程度得到显著提升。在技术创新和应用层面,以智慧城市、医疗健康、工业智能化等领域为代表也取得了一定的进展。智慧城市建设方面,我国多个城市开展智慧城市建设项目,利用大数据技术优化城市管理和服务,如交通流量分析、环境监测和公共安全整治等;健康医疗方面,大数据技术的应用逐步深入,包括疾病预测、医疗资源优化和个性化医疗服务等。

随着大数据技术的广泛应用,数据安全和隐私保护问题日益凸显,我国出台了《中华人民共和国网络安全法》和《中华人民共和国个人信息保护法》等法律法规,加强对数据的管理和保护。

大数据技术在我国的发展得益于政府政策推动、企业技术创新和产业应用广泛拓展,形成了较为完整的发展生态,其应用领域也越来越广泛,成为推动中国经济转型升级和社会发展的重要力量。随着技术的进一步成熟和应用的深入,大数据将在中国社会经济发展中发挥更加重要的作用。

大数据的成熟阶段体现了大数据技术从理论到实践的全面落地,以及大数据在驱动商业创新、促进科学研究和改善公共服务等方面的深远影响。尽管面临数据隐私、安全挑战和技术发展需求等一系列问题,大数据的未来仍充满机遇。

4.1.2 数据工程

数据工程和大数据技术之间存在着密切而复杂的关系。数据工程是大数据技术实现和应用的基础,同时,大数据技术的发展也推动了数据工程领域的进步和创新。

4.1.2.1 数据工程的概念

数据工程涉及数据的整个生命周期,包括数据的收集、存储,清洗、转换、加载(ETL),分析和可视化。数据工程是面向不同计算平台和应用环境,使用信息系统进行设计、开发和评价的工程化技术和方法。开展数据工程的目标是为数据科学家和分析师提供高质量、经过良好组织的数据,以支持数据驱动的决策制定。数据工程是一门关注于有效处理大规模数据集的学科，它包括收集、存储、管理、优化和传输数据的方法和技术。开展数据工程的目的是确保数据以适合分析和决策支持的形式被有效地准备和组织。从广义上讲，数据工程旨在建立和维护底层数据系统和架构，为数据分析、数据科学和商业智能等领域提供高质量的数据源。

数据工程的核心组成包括以下几个部分。

(1) 数据收集与获取。这是数据工程的第一步，涉及从各种数据源（如数据库、日志文件、第三方 API 等）自动收集数据的过程。数据获取的目的是捕获和导入数据，为后续处理做准备。

(2) 数据存储：选择合适的存储解决方案来保存收集到的数据。根据数据的类型和用途，可以选择关系数据库、NoSQL 数据库、数据湖或分布式文件系统等存储选项。

(3) 数据清洗和转换（ETL 过程）。数据通常需要被清洗和转换成一种更加有用和一致的格式。这个过程包括修正错误、去除重复项、转换数据格式和结构化非结构化数据等。

(4) 数据开发：开发自动化流程（即数据管道），以定期执行数据的收集、清洗、转换和加载过程。数据管道是数据工程中重要的组成部分，用来确保数据流动的连续性和自动化。

(5) 数据集成和数据仓库：将来自不同来源的数据集成到一个统一的存储系统，通常是数据仓库或数据湖。数据仓库为进一步的分析和商业智能报告提供了整合的数据视图。

(6) 数据质量管理：监控和提高数据的质量，确保数据的准确性、完整性和一致性。它包括实施数据质量规则、监测数据质量指标和修复数据问题。

(7) 数据治理和合规性：确保数据管理遵守相关法律、政策和标准，包括数据隐私、数据安全和数据保护等方面。

数据工程为数据科学研究和商业分析提供了坚实的基础，它通过确保数据的质量和可访问性，使数据的分析和决策变得可能。随着数据量的不断增长和数据驱动决策重要性日益增加，数据工程在现代企业和组织中变得越来越关键。从工程化的角度理解数据科学，数据工程既包括数据处理技术，也包括数据分析技术和数据服务技术；既包括查询处理和优化、事务和工作流程管理和数据库架构等基础内容，也包括数据挖掘与知识发现、时空数据、元数据和社会数据分析等经典问题；另外还包括概率数据、云计算和大数据管理等前沿课题。

4.1.2.2　*数据工程的方法和技术*

数据工程融合了计算机科学、信息科学和统计学等多个学科的方法和技术，旨在有效地处理、管理和分析大规模数据集。

(1) 数据工程基础

在数据工程基础部分，数据模型和数据库设计是关键环节，主要包括关系数据库和非关系数据库。

关系数据库是基于关系模型的数据库，数据以表格形式存储，每行代表一个数据项，每列代表数据项的属性。在设计方面，通过 E-R 图（实体-关系图）的绘制、规范化过程来减少数据冗余和提高数据完整性。

非关系数据库包括键值存储、文档数据库、宽列存储和图数据库等，每种类型针对特定的数据模型和应用场景。适用于大规模数据存储、高并发访问、灵活的数据模型等需求。

数据工程基础为高效、安全地处理大规模数据集提供了支撑，是数据分析和数据科学领域不可或缺的一部分。掌握数据工程基础知识和技能对于建立可靠的数据处理系统、提高数据分析的质量和效率具有重要意义。随着数据量的日益增长和技术的不断进步，数据工程师需要持续学习最新的方法和工具，以适应不断变化的数据处理需求。

(2) 数据的存储与管理

数据的存储与管理是数据工程中的一个关键环节，它涉及数据如何安全、高效地保存以及如何被有效管理和调用。一个良好的数据存储与管理系统能够保证数据的完整性、安全性、可访问性和一致性，支持企业的数据分析、商业智能、决策支持等活动。

数据存储通常指数据在物理介质上的保存，可以分为结构化数据存储和非结构化数据存储。

结构化数据存储主要有关系数据库和数据仓库两种类型。

关系数据库如 MySQL、PostgreSQL、Oracle 等，采用表格形式存储数据，支持复杂的查询和事务操作。

数据仓库(data warehouse)是用于存储和管理来自不同数据源的大量结构化数据的中央仓库。它可支持企业决策制定过程，通过提供一种方式来聚合、归纳和分析数据，来揭示业务洞察和支持商业智能(BI)、报告、数据分析和数据挖掘等活动。数据仓库设计遵循特定的架构，以优化查询和分析的效率，确保数据质量和一致性。数据仓库是围绕企业的关键业务主题组织的，而不是围绕特定的应用程序。这使得数据仓库能够以业务为中心提供数据视图。数据仓库将来自不同来源的数据集转换为一致的格式，确保数据在整个组织中的一致性。这包括解决数据的不一致性问题，如命名冲突、度量单位不同等。数据仓库中的数据一旦加载就不会频繁改变。数据仓库主要用于存储历史数据，数据更新通常通过周期性的批处理完成。

数据仓库与数据库的区别在于它不是存储数据的简单信息库，而是一个以大型数据管理信息系统为基础，附加在这个数据库系统之上，存储了从企业所有业务数据库中获取的综合数据并能利用这些综合数据为用户提供经过处理后的有用信息的应用系统。

数据仓库的架构通常包括以下几个关键部分。

① 数据源：可以是内部系统(如 ERP、CRM 系统)或外部数据(如市场研究数据)。

② 数据抽取、转换、加载(ETL)过程：ETL 过程负责从数据源抽取数据，将数据转换为数据仓库所需的格式，并加载数据到数据仓库中。

③ 数据仓库数据库：存储经过整合和清洗的数据。它通常采用星型模式(star schema)或雪花模式(snowflake schema)来组织数据，以优化查询性能。

④ 数据访问工具：包括查询工具、报告工具和分析工具等，用于访问、分析和呈现数据仓库中的数据。

⑤ 元数据管理：元数据是关于数据仓库数据的数据，如数据来源、数据格式、数据更新的时间等。良好的元数据管理是确保数据仓库数据质量的关键。

非结构化数据存储主要有 NoSQL 数据库、数据湖、分布式存储系统。

① NoSQL 数据库：如 MongoDB(文档数据库)、Cassandra(宽列存储)、Neo4j(图数据库)等，适用于存储非结构化或半结构化数据。

② 数据湖：数据湖整合来自关系系统和非关系系统的数据，为数据科学家提供了一个沙盒，可用于数据科学研究。数据湖是可存储大量原始数据的系统，如 Amazon S3、Hadoop

Distributed File System(HDFS)等，支持高度灵活的数据格式和大数据量存储。

③ 分布式存储系统：为了处理大规模数据集，分布式存储系统如 HDFS、GlusterFS 等被设计用来在多个物理服务器上存储数据，具有高容错性和可扩展性等特征。

数据管理包含了数据在整个生命周期内的组织、维护、保护和处理等活动，主要由以下几个方面构成。

数据模型和架构设计层面，一是设计数据模型以确保数据的组织结构符合业务需求；二是设计数据架构以支持数据的收集、存储、处理和分析。

数据集成层面，将来自不同源的数据集成到一个统一的平台或系统，以提供全面的数据视图。

数据治理层面，确立数据的标准和策略，包括数据质量、数据安全、数据隐私和合规性等方面。实施数据目录和元数据管理，以提高数据的可发现性和透明度。

数据质量管理层面，通过数据清洗、数据校验等方法保证数据的准确性、完整性和一致性。监控数据质量，并定期进行数据质量评估。

数据备份与恢复层面，实施数据备份策略，以防数据丢失或损坏。设计数据恢复计划，以确保在数据丢失或系统故障时能快速恢复。

数据安全层面，实施访问控制，确保只有授权用户才可以访问敏感数据。采取加密、数据脱敏等技术手段保护数据免受未授权访问。

数据的存储与管理是保证数据资产价值和支撑数据分析、决策制定的基础。随着数据量的增长和技术的进步，企业需要采用更先进的存储技术和管理方法，以应对日益复杂的数据挑战。有效的数据存储与管理不仅能提高数据的可用性和安全性，还能支持更高效的数据分析和业务洞察的提取。

(3) 数据处理与转换

数据处理与转换是数据工程中的关键环节，它涉及将原始数据转化为更适合分析和报告的格式。这一过程通常通过 ETL (extract, transform, load) 或 ELT (extract, load, transform)流程实现。

① 数据抽取

数据抽取(extract)是 ETL 过程的第一步，涉及从各种数据源中收集数据。这些数据源可能包括数据库、文件系统、API、外部服务或实时数据流等。具体包括批量抽取、增量抽取和实时抽取，批量抽取是在指定时间点抽取数据，适用于不需要实时处理的场景；增量抽取是只抽取自上次抽取后发生变化的数据，以减少资源消耗，提高效率；实时抽取是连续抽取数据流中的数据，适用于需要即时分析的应用。

② 数据转换

数据转换(transform)是 ETL 过程中的核心步骤，目的是清洗、整合和重构数据，使其满足后续分析的需求。转换过程包括但不限于以下操作。

a. 清洗：修正或删除错误和不一致的数据，如去除重复记录、处理缺失值等。

b. 格式化：标准化数据格式和数据类型，如统一日期格式、统一字符串大小写等。

c. 结构转换：将非结构化或半结构化数据转换为结构化数据，以便于分析。

d. 数据富集：通过添加额外信息(如从其他数据源补充字段)来增强数据的价值。

e. 聚合：对数据进行汇总，如计算总和、平均值、最大值和最小值等。

f. 分割：将数据分割成更小的部分，以支持特定的分析需求。

③ 数据加载

数据加载(load)是ETL过程的最后一步，涉及将转换后的数据存储到目标系统，通常是数据仓库、数据湖或其他分析数据库。数据加载可分为全量加载和增量加载，全量加载是指每次都将整个数据集加载到目标系统，适用于数据量较小或需完全替换的场景；增量加载是仅加载自上次加载后新增或变化的数据，以提高效率，减少资源消耗。

ELT是另一种数据处理模式，与ETL不同，它先将数据加载到目标系统，然后再进行转换和清洗。这种方法特别适用于云数据仓库和大数据平台，如Google BigQuery和Amazon Redshift，它们具有强大的数据处理能力。

实现数据处理与转换的工具和技术多样，主要包括以下几类。

① 传统ETL工具：如Informatica、Talend和Pentaho等的工具，提供图形界面，支持复杂的数据转换逻辑。

② 编程语言和库：如Python的Pandas库、R语言等，适用于编写自定义的数据处理脚本。

③ 大数据处理框架：如Apache Spark，提供强大的分布式数据处理能力，适用于大规模数据集的处理。

数据处理与转换是将原始数据转化为有用信息的重要步骤。通过有效的ETL或ELT流程，可以确保数据的质量和一致性，为数据分析和商业决策提供支持。随着数据量的不断增长和技术的进步，选择合适的工具和策略对于优化数据处理流程至关重要。

(4) 大数据处理框架

大数据处理框架提供了一种高效处理和分析海量数据集的方法，特别是当这些数据集太大而无法在单台机器上处理时。这些框架支持分布式处理，意味着可以在由多台计算机组成的集群上并行处理数据，显著提高了处理速度和灵活性。下面详细介绍几种常用的大数据处理框架，可用在不同的场景和需求中。

① Hadoop

Hadoop是一个开源的大数据处理框架，由Apache Software Foundation开发和维护。它主要用于处理和分析大数据，核心设计理念是将计算任务分布到多个节点上，以实现高度可扩展性和容错性。

Hadoop的主要组件如下：

a. HDFS(Hadoop分布式文件系统)。它是Hadoop的存储系统，用于跨多台机器存储大量数据。HDFS具有高容错性，能够在某节点失效时继续运行，通过在不同机器上存储数据的多个副本来实现这一点。

b. MapReduce。这是Hadoop的计算模型，用于处理存储在HDFS中的数据。MapReduce将计算任务分为两个阶段：Map(映射)和Reduce(归约)，允许在集群中并行处理大量数据。

c. YARN(Yet Another Resource Negotiator)。它是Hadoop的资源管理层，负责分配系统资源给各个正在运行的应用程序，并调度任务。

d. Common。这是Hadoop的基础支持层，提供了集群运行所需的通用工具和接口。

Hadoop生态系统还包括其他工具和服务，如Hive、Pig、HBase等，它们提供了数据仓库功能、SQL 和脚本语言接口以及非关系型数据库支持，使得 Hadoop 不仅仅是一个数据存储和处理平台，还是一个完整的大数据解决方案。Hive 是一个建立在 Hadoop 上的数据仓库工具，它可以将结构化的数据文件映射为数据库表，并提供 SQL 查询功能，使得数据查询更加便捷。Hive 的查询语言为 HQL，它将 SQL 语句转换为 MapReduce 任务来执行。Hive 适用于离线数据分析，对数据实时性要求不高的场景。Pig 是一个大数据处理工具，它提供了一种名为 Pig Latin 的数据流语言和运行环境，用于检索和分析大型数据集。Pig Latin 是一种过程式语言，允许用户编写一系列操作来处理数据，这些操作可以在 Hadoop 上并行执行。Pig 适用于半结构化数据，如日志文件，并且执行效率较快，适合实时分析。HBase 是一个开源的非关系型分布式数据库(NoSQL)，它基于 Hadoop 的 HDFS 提供实时读写访问大规模数据集的能力。HBase 是面向列的，并且设计用来存储稀疏数据集，这类数据集在许多大数据应用中很常见。HBase 适合需要高速随机读写访问大量数据的应用场景。

Hadoop 的优势在于其高可靠性、高扩展性、高效性、高容错性以及低成本。它可以在普通的商用硬件上运行，不需要高端的配置，这使得 Hadoop 成为处理大规模数据集的理想选择。

Hadoop 已经被许多大型互联网公司和企业用于数据分析、搜索、日志处理和推荐系统等多种应用场景。随着大数据技术的不断发展，Hadoop 及其生态系统也在不断进化，以满足日益增长的数据处理需求。

② Spark

Spark 是一个基于内存计算的大数据并行计算框架，也是一个快速且通用的集群计算平台。Spark 的出现替代了广泛使用的 MapReduce 计算模型，并且支持交互式查询和流处理等其他高效计算模型。与 Hadoop 相比，Spark 提供了更加全面且快速的技术。

Spark 的技术生态包含了各种丰富的组件，以适应不同场景的需求。其中，Spark Core 实现了 Spark 的基本功能，包括任务调度、内存管理、错误恢复以及与存储系统的交互等。它还提供了对弹性分布式数据集(resilient distributed dataset，RDD)的 API 定义，使得用户可以方便地进行数据处理。Spark SQL 是 Spark 用来操作结构化数据的程序包。用户可以使用 SQL 或者 Apache Hive 版本的 SQL 方言(HQL)来查询数据。Spark SQL 支持多种数据源，如 Hive 表、Parquet 以及 JSON 等，这使得数据查询变得更加灵活和方便。Spark Streaming 是 Spark 提供的对实时数据进行流式计算的组件。它提供了用来操作数据流的 API，并且与 Spark Core 中的 RDD API 高度对应，使得用户可以实时处理大规模的数据流。

此外，Spark 还包括 MLlib(机器学习库)，用于进行各种机器学习算法的实现，如分类、回归、聚类等。这使得 Spark 在大数据分析领域具有广泛的应用前景。

Spark 的基本原理是基于内存计算的，它减少了磁盘 I/O(输入/输出)开销，从而大大提高了计算速度。Spark 将中间结果存储在内存中，而不是像 MapReduce 那样将其输出到磁盘上，这使得 Spark 在处理大规模数据时具有更高的效率。Spark 是一个高效、通用且可扩展的大数据分析框架。它提供了丰富的组件和功能，使得用户可以轻松地进行数据处理、查询、实时计算以及机器学习等操作。在大数据领域，Spark 已经成为一种重要的计算框架，并广泛应用于各种场景。

③ Flink

Apache Flink 是一个开源的大数据处理框架，专注于流式计算，同时也支持批处理。它由 Apache 软件基金会维护，并用 Java 和 Scala 编写。Flink 的设计目标是提供快速、可靠的大规模数据处理。

Flink 的主要特点如下。

a. 流处理和批处理的统一：Flink 提供了一个统一的 API，用于处理有界（批处理）和无界（流处理）的数据流。

b. 事件时间处理：Flink 支持事件时间概念，允许用户根据事件发生的时间来处理数据，而不是数据到达处理系统的时间。

c. 有状态计算：Flink 能够在流处理中保持和管理状态，这对于需要记忆过去事件的复杂事件处理非常重要。

d. 容错性：Flink 通过轻量级分布式快照技术实现容错，能够在发生故障时恢复状态和计算。

e. 内存管理：Flink 在 JVM（虚拟机）上实现了独立的内存管理，提高了性能并减少了垃圾回收的影响。

f. 灵活的窗口操作：Flink 支持多种类型的窗口操作，使得对数据流的时间窗口划分更加灵活和准确。

Flink 的架构组件如下。

a. JobManager：负责任务调度和资源管理。

b. TaskManager：执行具体的任务处理。

c. DataStream API：用于构建流处理程序的 API。

d. DataSet API：用于构建批处理程序的 API。

e. Table API/SQL：提供了类似 SQL 的查询语言，使得用户可以更容易地进行数据分析。

Flink 被设计为可在各种环境中运行，包括独立的集群、YARN、Kubernetes 等。它的高吞吐、低延迟和高性能特性使其成为实时数据处理的理想选择。

④ Kafka

Apache Kafka 是一个开源的流处理平台，最初由 LinkedIn 公司开发，然后贡献给 Apache 基金会。Kafka 主要用于构建实时数据管道和流应用程序，它具有高吞吐量、高可扩展性、高容错性，并且能够在数千家公司的生产环境中运行。

Kafka 的核心概念包括以下几个部分。

a. Broker：Kafka 集群中的服务器称为 Broker。一个集群可以包含多个 Broker，每个 Broker 可以容纳多个 Topic。

b. Topic：消息的分类，可以理解为队列。生产者发布消息到 Topic，消费者从 Topic 订阅消息。

c. Partition：为了实现扩展性和并发，一个 Topic 可以分为多个 Partition，每个 Partition 是一个有序的队列。

d. Replica：为了保证数据的可靠性，每个 Partition 有多个副本，包括一个 Leader 和多个 Follower。

e. Producer：消息生产者，向 Kafka 的 Topic 发送消息的客户端。

f. Consumer：消息消费者，从 Kafka 的 Topic 读取消息的客户端。

g. Consumer Group：消费者组，是逻辑上的一个订阅者，组内每个消费者负责消费不同 Partition 的数据，以提高消费能力。

h. Zookeeper：Kafka 依赖 Zookeeper 来存储和管理集群信息。

Kafka 的工作流程如下：

a. 生产者将消息发布到指定的 Topic。

b. 消息存储在 Topic 的一个或多个 Partition 中。

c. 消费者从订阅的 Topic 的 Partition 中读取数据进行消费。

Kafka 的存储机制如下：

a. Kafka 的消息是持久化存储的，即使系统崩溃，消息也不会丢失。

b. Kafka 通过索引和分片机制优化数据的存储和访问效率。

c. Kafka 的应用场景包括实时数据处理、日志收集、流式处理、事件源等。

Kafka 的设计使其成为处理大规模实时数据的理想选择，它可以与其他大数据处理框架（如 Hadoop、Spark、Flink）结合使用，实现复杂的数据处理和分析任务。

⑤ Storm

Apache Storm 是一个开源的分布式实时计算系统，专为处理大量的数据流设计，能够提供快速的数据处理能力。Storm 的主要特点在于其简单性、可扩展性、容错性和高性能。

Storm 的核心组件如下。

a. Spout：数据流的源头，负责从外部数据源读取数据并将其作为数据流提供给 Storm。

b. Bolt：数据流的处理单元，负责接收来自 Spout 或其他 Bolt 的数据，执行处理逻辑，然后输出到其他 Bolt 或存储系统。

c. Topology：Storm 中运行的实时应用程序，由多个 Spout 和 Bolt 组成，定义了数据如何在 Spout 和 Bolt 之间流动。

Storm 的工作原理如下。

a. 数据流：Storm 中的数据以 Tuple（元组）的形式在 Spout 和 Bolt 之间流动。每个 Tuple 是一个记录列表，可以包含各种数据类型。

b. 任务分配：Storm 集群由两类节点组成：Master 节点（Nimbus）和 Worker 节点（Supervisor）。Nimbus 负责分发代码、分配任务和监控故障，而 Supervisor 负责执行实际的数据处理任务。

c. 消息保证：Storm 提供了一种机制来确保每个消息都被处理。如果在处理过程中出现故障，Storm 会重新发送消息以确保数据不丢失。

Storm 的应用场景如下。

a. 实时分析：Storm 可以用于实时监控系统，对数据进行实时分析和决策。

b. 实时聚合：Storm 可以对实时数据流进行聚合，如计算最近 1 h 内的点击量。

c. 复杂事件处理：Storm 可以处理复杂的事件流，如金融交易、社交媒体流等。

Storm 的设计使其非常使用于需要低延迟和高吞吐量的实时数据处理任务。它可以与其他大数据技术如 Hadoop 和 Kafka 集成，以构建强大的实时数据处理平台。

⑥ Cassandra

Apache Cassandra 是一个开源的 NoSQL 分布式数据库，专为处理大规模数据而设计。它结合了 Google 的 BigTable 数据模型和 Amazon 的 Dynamo 分布式架构，以确保高扩展性和避免单点故障。Cassandra 具备高性能、高可用性，并且可以在多个数据中心之间复制数据。

Cassandra 的主要特点如下。

a. 高可扩展性：Cassandra 可以在多个节点上线性扩展，处理 PB 级别的数据。

b. 高可用性和容错性：数据自动复制到多个节点，即使在节点故障的情况下也能保证服务不中断。

c. 去中心化设计：每个节点都是独立的，没有单点故障的风险。

d. 灵活的数据存储：Cassandra 支持各种数据格式，包括结构化、半结构化和非结构化数据。

e. 强大的数据模型：Cassandra 的数据模型基于列族，这使得它非常适于快速读写大量数据。

Cassandra 的核心组件如下。

a. 节点(Node)：集群中的一个服务器，负责存储数据和执行相关操作。

b. 数据中心(Data Center)：一组相关节点的集合，可以跨越物理位置。

c. 集群(Cluster)：包含一个或多个数据中心的 Cassandra 实例。

d. 提交日志(Commit Log)：所有写操作都会记录在这里，以保证数据不会因为系统故障而丢失。

e. 内存表(Mem-Table)：暂时存储在内存中的数据，定期刷新到磁盘上。

f. SSTable：磁盘上的持久化数据文件。

Cassandra 的数据模型：Cassandra 的数据模型与传统的关系型数据库不同，它使用键空间(Keyspaces)和列族(Column Families)来组织数据。键空间类似关系数据库中的数据库，而列族则类似于表，但它们是稀疏的，意味着每一行都可以有不同的列。

Cassandra 的查询语言(CQL)：Cassandra 提供了一种类似 SQL 的查询语言，称为 CQL。它允许用户执行标准的数据操作，如插入、更新、删除和查询。

Cassandra 广泛应用于需要高性能、高可用性和可扩展性的场景，如在线服务、数据分析、社交网络等。它的设计理念是为了满足现代大数据应用的需求。

⑦ Elasticsearch

Elasticsearch 是一个开源的、分布式的搜索和分析引擎，它以高速度和可扩展性而闻名。Elasticsearch 基于 Apache Lucene 构建，提供了一个分布式多用户能力的全文搜索引擎，以及用于索引和搜索的 RESTful API。它被设计为处理大量数据，并支持复杂的搜索查询。

Elasticsearch 的主要特点如下。

a. 分布式和可扩展：Elasticsearch 可以轻松扩展到数百(甚至数千)个服务器，并处理 PB 级别的数据。

b. 实时搜索：Elasticsearch 能够提供近乎实时的搜索体验。

c. 多样化的查询语言：支持结构化、非结构化、地理位置和指标搜索。

d. 高性能：通过倒排索引和有效的数据结构，Elasticsearch 能够快速地检索大量数据。

e. 容错性：自动检测节点故障，并确保数据的安全性和可用性。

f. 灵活性：用户可以根据性能和成本之间的平衡来存储数据。

Elasticsearch 的应用场景如下。

a. 全文搜索：如电子商务网站的产品搜索。

b. 日志和事务数据分析：如使用 ELK(Elasticsearch，Logstash，Kibana)堆栈进行日志分析。

c. 大数据分析：如对社交媒体数据进行实时监控和分析。

d. 地理信息系统(GIS)：如地理位置搜索和地图可视化。

Elasticsearch 通常与其他组件一起使用，如 Kibana 用于数据可视化，Logstash 用于数据收集和处理，构成了所谓的 ELK 堆栈。这个堆栈使得用户能够从数据中提取有价值的信息，并以直观的方式展示出来。

(5) 数据分析与挖掘

数据分析与数据挖掘是大数据领域中两个密切相关但又有所区别的概念。它们都涉及从大量数据中提取有价值的信息，但侧重点和方法有所不同。

① 数据分析

数据分析(data analysis)是指对收集来的数据进行整理和分析，以提取有用信息并形成结论的过程。它通常包括以下几个步骤。

a. 收集数据：从各种来源获取数据，如数据库、文件、外部服务等。

b. 清洗数据：处理缺失值、异常值和重复数据，确保数据质量。

c. 探索性分析：使用统计图表和摘要统计来理解数据的基本特征。

d. 模型构建：应用统计模型或机器学习算法来发现数据之间的关系。

e. 解释结果：将分析结果转化为可理解的形式，为决策提供支持。

② 数据挖掘

数据挖掘(data mining)是从大量数据中通过算法搜索隐藏信息的过程。它通常与计算机科学有关，并通过以下方法来实现。

a. 机器学习：使用算法模型从数据中学习和预测。

b. 模式识别：识别数据中的规律和关联。

c. 统计学方法：应用统计方法来估计和推断。

d. 数据库技术：管理和查询大型数据集。

e. 可视化技术：通过图形和图像展示数据挖掘结果。

数据挖掘的目标是发现数据中的模式和趋势，这些模式可能是之前未知的，而且可能具有潜在的价值。例如，通过数据挖掘，企业可以发现客户购买行为的模式，从而制定更有效的营销策略。数据分析更多地关注对现有数据的理解和解释，而数据挖掘则侧重于发现新的知识和预测未来的趋势。

(6) 数据可视化

数据可视化是将数据转换为图形或视觉表示的过程，使得复杂的数据集合通过视觉图表、图形和图像等形式呈现，以便更容易理解、分析和解释数据中的模式、趋势和异常。数据可视化不仅是数据分析的重要组成部分，也是沟通和分享数据洞察的有效方式。

数据可视化的目的主要有以下两个方面。

① 数据探索：帮助分析师和科研人员探索数据，发现数据之间的关系和模式。

② 数据解释：使非技术背景的人员能够理解数据分析结果，通过图形化展示数据以支持决策过程。

数据可视化主要通过图表和交互来完成，具体来讲包括以下形式。

① 基础图表：如条形图、折线图、饼图等，用于展示数据的分布、趋势和比例。

② 高级图表：如散点图矩阵、热力图、树形图等，用于展示复杂的数据关系和多维数据。

③ 交互式可视化：允许用户与图表交互，如筛选、缩放和详细查看特定数据点，增强了数据呈现的灵活性和深度。

④ 地理数据可视化：利用地图展示与地理位置相关的数据，如热图、地理散点图等。

⑤ 信息图表：通过设计精美的图表和图像将数据转换为更容易理解的格式，强调视觉吸引力和信息传达。

数据可视化的工具主要有以下软件：

① 表格软件，如 Microsoft Excel 和 Google Sheets，提供基础的图表和简单的数据分析功能。

② 商业智能(BI)工具，如 Tableau、Power BI 和 QlikView，支持创建复杂的交互式报表和仪表板。

③ 编程库，如 Python 的 Matplotlib、Seaborn、Plotly 和 R 语言的 ggplot2，为数据科学家和开发者提供灵活的可视化能力。

④ 在线可视化工具，如 Datawrapper、Infogram，允许用户快速创建并分享图表和信息。

数据可视化的最佳实现要求目标清晰，即在开始可视化之前明确目的，决定要传达的关键信息；表达简洁，避免图表过于复杂，保持简洁设计，突出关键数据；适当的图表类型，根据数据类型和想要传达的信息选择合适的图表类型；注意美学，合理使用颜色、字体和布局，增加可视化的吸引力和可读性；交互式元素，在可能的情况下，添加交互式元素，提供更深层次的数据探索。

数据可视化将复杂的数据转换为直观的视觉格式，帮助用户快速理解数据中的关键信息和洞察。通过有效的数据可视化，可以加强数据的沟通效果，支持更加明智的决策制定。随着技术的发展，数据可视化工具和技术不断进步，为数据分析师、科研人员和业务专家提供了更多的可能性。

(7) 数据治理

数据治理涉及一系列过程、政策、标准和指标，旨在确保企业的数据质量、管理和利用实现优化。它是企业信息管理战略的关键组成部分，涉及数据的质量、一致性、可用性和安全性。有效的数据治理能够确保数据资产得到正确的管理和使用，支持业务决策和合规性要求。

数据治理的核心组件主要包括以下部分。

① 数据策略和标准：制定数据管理的总体策略，包括数据定义、分类、所有权和质量要求。

② 数据质量管理：确保数据的准确性、完整性和一致性，包括数据清洗、验证和监控等过程。

③ 数据安全和隐私：保护数据免受未授权访问和泄露，确保数据的机密性、完整性和可

用性。

④ 数据元数据管理：管理描述数据特征、来源、使用方式和数据质量的信息。

⑤ 数据架构和集成：设计数据架构以支持数据集成、共享和分析。

⑥ 数据所有权和责任：指定数据所有者和数据管家，确保他们对数据的质量和合规性负责。

数据治理的目标主要包括提高数据质量、促进数据共享、支持业务决策、保证合规性、降低风险等。具体来讲，提高数据质量是通过持续的监控和管理，确保数据的准确性和可靠性。促进数据共享要通过标准化数据定义和格式，促进部门间数据的共享和利用。支持业务决策需要提供高质量的数据，支持更准确和可靠的业务分析和决策。保证合规性是要确保数据管理和使用符合相关法律、规定和行业标准。降低风险则是需要通过有效的数据管理减少数据泄露和滥用的风险。

数据治理的实施步骤包括以下几步：

第一步是建立数据治理框架，制定数据治理策略、确定治理结构（如数据治理委员会）和角色（如数据管家）。

第二步是定义数据标准和政策，制定数据分类和质量标准、安全政策等。

第三步是确定数据管理工具和技术，选用合适的数据质量管理、元数据管理和数据集成工具。

第四步是执行和监控，实施数据治理计划，持续监控数据质量和合规性，并进行必要的调整。

在进行数据治理工作中，面临以下挑战：组织文化方面，推动组织内部对数据治理重要性的认识和支持。数据质量方面，不断变化的数据源和大数据环境增加了数据质量管理的复杂度。技术和工具方面，选择和部署合适的技术和工具以支持数据治理活动。合规性和安全方面，随着法律和行业规定的变化，持续确保数据管理和使用的合规性和安全性。

数据治理是确保数据作为关键资产得到有效管理和利用的必要过程。通过实施全面的数据治理策略和程序，不仅能提高数据质量，促进数据共享，还能加强合规性和降低运营风险。随着数据的不断增长和复杂度的提高，建立和维护有效的数据治理体系对于现代企业而言变得越来越重要。

(8) 数据工程未来趋势

数据工程作为处理大规模数据集、支撑数据分析和数据科学的基础，正随着技术的发展和业务需求的变化而不断进化。未来的发展趋势可能会受到新技术革新、行业需求变化和数据管理策略调整等多方面因素的影响。以下是数据工程未来可能的发展趋势：

一是数据工程自动化。随着机器学习和人工智能技术的进步，数据工程的许多方面预计将变得更加自动化。从数据清洗、转换到元数据管理等任务，自动化工具和解决方案的应用将会减少人工操作，提高效率和准确性。自动化的数据工程（AutoML，自动化机器学习）不仅能够简化数据准备流程，还能够自动识别和修正数据问题，提高数据处理的整体质量。

二是数据即服务。数据即服务（DaaS）是一种将数据通过云服务的方式提供给用户的模型。随着云计算的普及和企业对数据的需求增长，DaaS 预计将成为一种趋势。DaaS 使得企业能够按需访问高质量的数据集，不需要自己维护大规模的数据存储和处理基础设施，从而降低成本并提高灵活性。

三是实时数据处理。随着物联网(IoT)和在线服务的快速发展,企业对实时数据处理的需求日益增加。实时数据流处理技术,如 Apache Kafka、Apache Flink 等,将成为数据工程领域的重要组成部分。实时数据分析能够帮助企业及时响应市场变化、监控业务运营状况并做出快速决策。

四是强化数据治理和保证合规性。随着数据隐私和安全意识的提高以及相关法律法规的制定(如欧盟的 GDPR),强化数据治理和保证合规性将成为企业的优先任务。数据工程将需要集成更强大的数据治理工具和策略,包括数据质量管理、数据安全、数据隐私保护等方面,以适应这一变化。

五是多云和混合云策略。企业越来越倾向于采用多云或混合云策略来满足他们的数据存储和处理需求。这意味着数据工程将需要支持在不同的云平台之间无缝迁移和集成数据,以及优化跨云数据处理的性能和成本。

六是数据湖和数据仓库融合。传统的数据仓库和新兴的数据湖技术之间的界限将进一步模糊。数据湖和数据仓库的融合解决方案,如 Delta Lake、Apache Hudi 等,提供了结构化和非结构化数据统一管理的功能,支持更灵活的数据分析和机器学习应用。

七是边缘计算与数据工程集成。随着边缘计算的兴起,将数据处理下沉到数据产生的源头成为可能。这意味着数据工程将扩展到边缘设备,进行本地数据处理、过滤和聚合,减少数据传输成本,提高响应速度。

未来的数据工程将是多样化和动态发展的,面对技术创新和业务需求的双重推动,数据工程师需要不断学习新的工具和技术,适应这些变化。同时,企业也需要调整数据战略,充分利用数据工程的新趋势和能力,以在竞争中获得优势。

4.1.2.3 数据工程的一般应用

(1) 商业智能

商业智能(BI)是数据工程应用较为广泛的领域之一。通过整合、存储和分析企业内外的数据,数据工程为制作业务报告、仪表板和 BI 分析提供数据基础。这些报告和仪表板能够帮助决策者了解业务现状,识别趋势和异常,以做出基于数据的决策。

(2) 数据分析和数据科学

数据工程为数据分析和数据科学提供准备好的、高质量的数据集。通过 ETL 过程,数据工程师将原始数据转换为分析师和数据科学家可以直接利用的格式。这支持了包括预测分析、用户行为分析和市场趋势分析在内的各种数据科学项目。

(3) 机器学习和人工智能

在机器学习和人工智能项目中,数据工程负责构建和管理数据管道,将数据从原始形态转换为机器学习算法所需的格式。它包括数据收集、清洗、特征工程等步骤。高效的数据管道是构建准确模型的关键,同时也支持模型的训练、评估和部署。

(4) 大数据分析

随着数据体量的增长,企业越来越依赖大数据技术来处理和分析数据。数据工程在此过程中扮演着至关重要的角色,使用 Hadoop、Spark 等大数据处理框架来存储、处理和分析 PB 级别的数据集。大数据分析能够揭示深层次的洞察,支持复杂的数据处理任务,如日志分析、社交媒体数据分析等。

(5) 实时数据处理和流式分析

在需要快速响应的应用场景中，如金融交易监控、网络安全、实时推荐系统等，实时数据处理和流式分析变得越来越重要。数据工程通过构建实时数据管道，使用 Kafka、Storm、Flink 等技术实现数据的实时收集、处理和分析，为业务提供即时反馈和洞察。

(6) 数据集成和数据虚拟化

随着数据来源的多样化，数据集成成为挑战。数据工程通过构建 ETL 管道，将不同来源、不同格式的数据集成到统一的数据仓库或数据湖，为数据分析和业务智能提供一致的数据视图。数据虚拟化技术则允许用户在不复制数据的情况下查询和分析分布在多个数据源中的数据。

(7) 数据质量管理

随着数据规模的扩大和数据隐私法规的加强，数据治理和数据质量管理变得尤为重要。数据工程通过实施数据质量框架、定义数据标准和策略、监控数据质量等手段，确保数据的准确性、一致性和合规性，支持企业的数据合规性和风险管理。

4.1.3　机器学习与深度学习

4.1.3.1　机器学习与深度学习概述

机器学习与深度学习是人工智能领域中两个非常重要的概念，它们都致力于使计算机能够从数据中学习并做出决策或预测。

(1) 机器学习(machine learning，ML)是人工智能的一个分支，它赋予计算机系统从数据中学习和做出决策的能力，而不需进行明确的编程。机器学习利用统计学方法来构建模型，这些模型能够对数据进行预测和分类，解决各种各样的问题，如图像识别、自然语言处理、推荐系统等。它不需要明确编程来执行特定的任务，而是通过使用算法和统计模型来分析和识别数据中的模式。机器学习可以分为以下几个类型。

① 监督学习：模型从标记的训练数据中学习，并预测未见数据。

② 无监督学习：模型在没有标记的数据上寻找结构或模式。

③ 强化学习：模型通过与环境的交互来学习，以达到特定的目标。

常用算法包括决策树、支持向量机、线性回归、逻辑回归、随机森林、梯度提升树等。

(2) 深度学习(deep learning，DL) 是机器学习的一种，属于机器学习中的一种特殊方法，它使用多层神经网络来模拟人类大脑处理数据和创建模式以用于决策制定。深度学习特别适于处理大量复杂的数据集，如图像和声音。它的关键特点如下。

① 多层次的抽象：深度学习模型通过多个隐藏层来学习数据的高级特征。

② 端到端学习：深度学习模型可以直接从原始数据得到最终结果，不需手动特征提取。

③ 大数据的需求：深度学习模型通常需要大量的数据来训练，以达到较好的性能。

深度学习的核心概念包括：神经网络，模拟人脑神经元的计算模型，通过层与层之间的连接学习数据特征；前向传播和反向传播，前向传播用于计算预测结果，反向传播通过梯度下降等算法优化网络参数，减少预测误差；激活函数，其为非线性函数，用于增加模型的表达能力，常见的有 ReLU、Sigmoid 和 Tanh 等。

深度学习在许多领域都有广泛的应用，包括语音识别、自然语言处理、图像识别和自动驾驶汽车等。随着计算能力的提升和数据量的增加，深度学习的能力和影响力也在不断增长。常见网络结构主要有以下几类。

① 卷积神经网络(CNN):特别适合处理图像数据,通过卷积层提取空间特征。

② 循环神经网络(RNN):适合处理序列数据,如文本和时间序列数据,具有记忆性。

③ 长短期记忆网络(LSTM):是 RNN 的一种,能够更好地学习长序列数据的依赖关系。

④ 生成对抗网络(GAN):由生成器和判别器组成,能够生成逼真的图像、文本等数据。

深度学习通常需要大量的数据来训练模型,而传统机器学习算法在小数据集上表现更好。在传统机器学习项目中,特征工程是至关重要的一步。而深度学习模型能够自动从原始数据中学习特征,减少了人工干预。深度学习模型通常需要更强大的计算资源,来支持复杂的计算。机器学习提供了多种算法和模型来从数据中学习,而深度学习则专注于使用神经网络来处理和模拟复杂的数据结构。两者都是实现人工智能的重要技术,但深度学习在处理特定类型的问题时,尤其是那些涉及视觉和语言的问题时,表现更为出色。

4.1.3.2 决策树理论(二分类问题)

(1) 决策树的概念

决策树(decision tree)是一种常用的机器学习算法,它以树状图的形式模拟决策过程,用于分类和回归任务。决策树由节点和边组成,其中每个内部节点代表一个属性上的测试,每个分支代表测试的结果,每个叶节点代表一个类别(在分类树中)或一个具体数值(在回归树中)。通过从根节点到叶节点的路径,可以得出决策结果。决策树结构如图 4-1 所示。

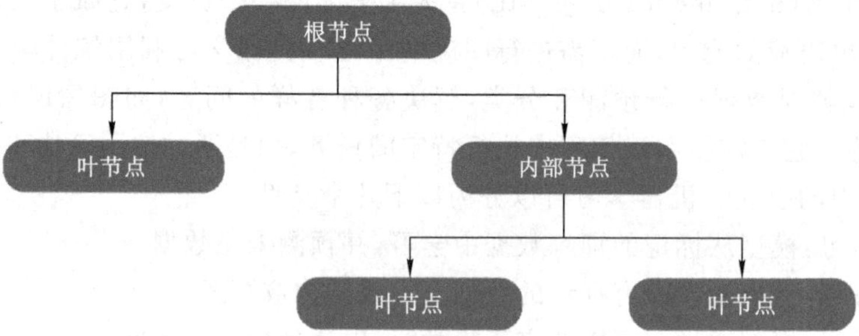

图 4-1 决策树结构

(2) 决策树的组成

根节点:包含整个数据集的节点。

内部节点:表示一个特征或属性。

边/分支:代表决策规则的输出,连接到下一个节点。

叶节点:树的末端节点,代表决策的结果。

(3) 构建决策树的步骤

① 选择最佳分裂属性:从当前数据集的属性中选择一个最佳属性进行节点分裂。常用的选择指标包括信息增益(ID3 算法)、信息增益率(C4.5 算法)和基尼不纯度(CART 算法)。

② 分裂:根据选定的属性对数据集进行分裂,生成子节点,每个子节点包含数据集中对应属性的一个值。

③ 递归构建:对每个子节点重复步骤①和②的过程,直到满足停止条件,如数据集不能

进一步分裂、达到树的最大深度或节点中的数据量小于预定阈值。

④ 剪枝：为了避免过拟合，对构建好的树进行剪枝，删除一些不必要的节点。剪枝策略包括预剪枝和后剪枝。

(4) 决策树的优缺点

① 易于理解和解释：决策树模型可以转换为直观的规则和树状图，便于理解和解释。

② 可处理数值和类别属性：决策树能够同时处理数值和类别数据。

③ 需要的数据预处理较少：相比其他算法，决策树不需要标准化或归一化数据。

④ 容易过拟合：如果树的深度太大，模型可能会过度拟合训练数据，对新的数据预测能力较差。通过设置树的最大深度或进行剪枝可以缓解这个问题。

⑤ 局部最优解：决策树的构建过程是贪心算法，可能只能找到局部最优解。

(5) 常用的决策树算法

① ID3：基于信息增益选择分裂属性。

② C4.5：改进自 ID3，使用信息增益率来选择分裂属性。

③ CART(classification and regression tree)：既可以用于分类也可以用于回归，基于基尼不纯度(分类)或最小二乘偏差(回归)来选择分裂属性。

决策树是机器学习中一个简单而强大的工具，适用于分类和回归任务。虽然其容易过拟合，但通过合理的剪枝策略可以构建出泛化能力强的模型。决策树也是许多集成方法(如随机森林、梯度提升树)的基础，通过组合多个决策树模型，可以进一步提高预测性能。决策树在分类、预测、规则提取等领域有着广泛应用。它的直观性和简单性使得它成为机器学习初学者的良好入门工具。

4.1.3.3　朴素贝叶斯理论(分类问题)

朴素贝叶斯(Naive Bayes)理论是基于贝叶斯定理与特征条件独立假设的分类方法。它是一种简单而强大的概率分类算法，广泛应用于垃圾邮件过滤、文本分类、情感分析等领域。

(1) 贝叶斯定理

贝叶斯定理提供了一种在某些已知条件下，事件发生概率的计算方法。其数学表达式为：

$$P(\mathrm{A}|\mathrm{B}) = \frac{P(\mathrm{B}|\mathrm{A}) \cdot P(\mathrm{A})}{P(\mathrm{B})} \tag{4-1}$$

式中　$P(\mathrm{A}|\mathrm{B})$——在事件 B 发生的条件下事件 A 发生的条件概率(后验概率)。

$P(\mathrm{B}|\mathrm{A})$——在事件 A 发生的条件下事件 B 发生的条件概率。

$P(\mathrm{A})$——事件 A 的先验概率。

$P(\mathrm{B})$——事件 B 的边缘概率。

(2) 朴素贝叶斯的朴素假设

朴素贝叶斯算法之所以“朴素”，是因为它假设所有特征之间相互独立，即一个特征的出现并不依赖其他特征的出现。这个假设在现实世界中往往是不成立的(因为特征之间往往存在一定的关联)，但在实践中，朴素贝叶斯分类器表现出了相当好的效果，特别是在文本分类任务中。

(3) 朴素贝叶斯分类器的工作原理

给定一个类别变量 Y(如邮件是垃圾邮件或非垃圾邮件)和一个依赖 Y 的特征向量 $(X_1, X_2, \cdots, X_n)$,朴素贝叶斯分类器通过学习来估计 $P(Y)$(类别的先验概率)和 $P(X_i|Y)$(给定类别下特征的条件概率),然后利用这些概率和贝叶斯定理来计算给定特征向量 $\boldsymbol{X}$ 时,每个类别的后验概率 $P(Y|X)$。分类器将会以后验概率最高的类别作为输出结果。

(4) 朴素贝叶斯分类器的种类

根据特征的类型,朴素贝叶斯分类器可以分为以下几种不同的类型。

① 高斯朴素贝叶斯:当特征变量是连续的并且假设符合高斯分布(正态分布)时使用。

② 多项式朴素贝叶斯:适用于特征变量是离散的并且符合多项式分布的情况,如文本分类中的词频。

③ 伯努利朴素贝叶斯:当特征变量是布尔变量时使用,适合处理二元特征。

(5) 朴素贝叶斯的优点和缺点

优点:算法简单,易于实现;需要的训练数据较少;在多类别问题上表现良好。

缺点:特征独立的假设在现实中往往不成立,可能会忽略特征之间的相互作用;对输入数据的表达形式比较敏感,特别是在文本分类中。

朴素贝叶斯理论是一个基于概率的简单分类算法,尽管其基于的特征条件独立假设性较强,但在实际应用中,尤其是在文本分类和垃圾邮件过滤等领域,表现出了惊人的高效。它提供了一种计算后验概率并进行分类决策的有效方法。

4.1.3.4 线性回归

线性回归(linear regression)是统计学中最基础且广泛使用的预测模型,它旨在建立一个或多个自变量(解释变量)和因变量(目标变量)之间的线性关系,并通过数据拟合出一个线性方程来预测结果。线性回归模型可以用来预测一个连续值的输出,例如房价、销售额、温度等。线性回归模型如图 4-2 所示。

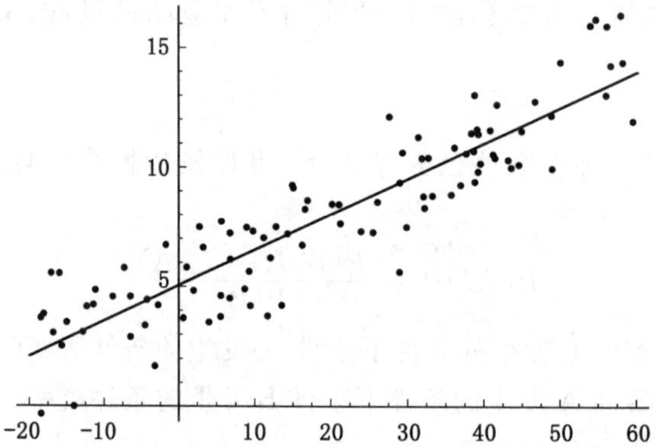

图 4-2 线性回归模型

(1) 线性回归的类型

简单线性回归:仅涉及一个自变量和一个因变量之间的线性关系。模型形式通常表示为

$$y = \beta_0 + \beta_1 x_1 + \varepsilon \tag{4-2}$$

式中 y——因变量;

x——自变量；

β_0——截距项；

β_1——斜率项；

ε——误差项。

多元线性回归：涉及两个或两个以上自变量和一个因变量之间的线性关系。模型形式扩展为

$$y=\beta_0+\beta_1 x_1+\beta_2 x_2+\cdots+\beta_n x_n+\varepsilon \tag{4-3}$$

式中　$x_1, x_2, \cdots, x_n$——不同的自变量。

(2) 模型参数估计

线性回归模型的参数(β 系数)通常通过最小二乘法(OLS)来估计，目标是最小化误差项(ε)的平方和。通过求解下面的优化问题来获得 β 的估计值：

$$\min_\beta \sum_{i=1}^{n}[y_i-(\beta_0+\sum_{j=1}^{n}\beta_j x_{ij})]^2 \tag{4-4}$$

式中　n——样本数量；

y_i——每个样本的因变量值；

x_{ij}——第 i 个样本的第 j 个自变量的值，其中 j 的取值范围为$[1,n]$。

(3) 模型评估

模型评估通常需要决定系数(R^2)和均方误差(MSE)来计算。

决定系数是度量模型解释的变异量占总变异量的比例，取值范围是 0～1，值越接近 1 表示模型解释能力越强。

均方误差是实际观测值与模型预测值之差的平方和的平均值，用于衡量模型预测的准确性。

(4) 线性回归的假设

为了使线性回归模型有效，数据需要满足以下几个基本假设。

① 线性关系：自变量和因变量之间存在线性关系。

② 同方差性：不同的自变量值对应的误差项有相同的方差。

③ 独立性：观测值之间相互独立。

④ 误差项正态分布：误差项应服从均值为 0 的正态分布。

(5) 应用限制

尽管线性回归是一个强大的工具，但在某些情况下可能不适用，常见情况如下：

一是当因变量和自变量之间的关系非线性时；

二是当数据不满足上述假设时，如存在异方差性或误差项非正态分布；

三是当数据中存在多重共线性问题时，即自变量之间高度相关。

线性回归是理解和预测连续数据之间关系的强大工具。尽管它有一定的应用限制和假设要求，但通过适当的数据预处理和变量选择，仍然可以在多个领域提供有价值的洞察。随着数据科学和机器学习的不断发展，线性回归仍然是基础性且不可或缺的模型之一。

4.1.3.5　逻辑斯谛回归

逻辑斯谛回归(Logistic regression)，尽管名称中有“回归”二字，但实际上是一种用于分类问题的统计方法，尤其是用于二分类问题。它通过将数据输入到逻辑斯谛函数中来预

测一个事件发生的概率，因此非常适于估计概率。

(1) 基本概念

逻辑斯谛回归模型的输出是一个 0～1 的概率值，这是通过逻辑斯谛函数（或称为 Sigmoid 函数）实现的，该函数的公式为：

$$P(Y=1)=\frac{1}{1+e^{-(\beta_0+\beta_1 x_1+\beta_2 x_2+\cdots+\beta_n x_n)}} \tag{4-5}$$

式中　$P(Y=1)$——因变量（目标变量）等于 1 的概率；

$x_1, x_2, \cdots x_n$——自变量；

$\beta_0, \beta_1, \cdots, \beta_n$——模型参数。

逻辑斯谛分布函数图像如图 4-3 所示。

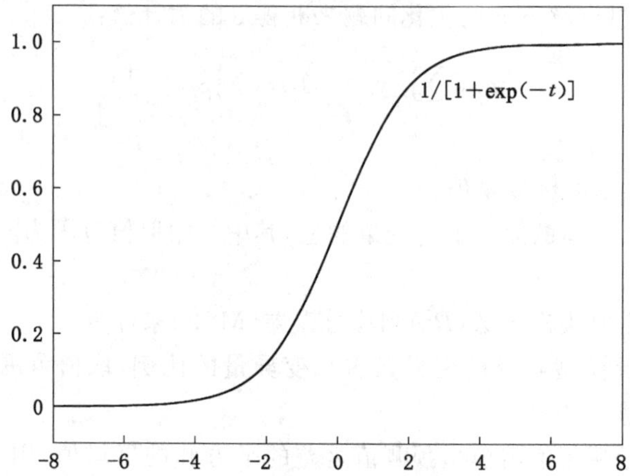

图 4-3　逻辑斯谛分布函数图像

(2) 模型训练

逻辑斯谛回归模型的参数通常通过最大似然估计（MLE）来确定。这个过程涉及寻找能够最大化观测到样本概率的参数值。与线性回归的最小二乘法不同，最大似然估计需要用到迭代优化算法，如梯度下降法，来找到最优解。

(3) 模型评估

逻辑斯谛回归模型的性能可以通过多种方法评估，包括但不限于以下几种。

① 混淆矩阵：展示了实际与预测分类结果的对比，包括真正例、假正例、真负例和假负例。

② 准确率：模型正确预测的比例。

③ 召回率：正类中模型正确识别的比例。

④ 精确率：被模型正确识别为正类的比例中实际为正类的比例。

⑤ ROC（接收者特性）曲线和 AUC（曲线下面积）：通过比较不同阈值下的真正例率和假正例率，评估模型的整体性能。

(4) 逻辑斯谛回归的特点

① 输出解释性强：模型的输出是概率，直观且易于解释。

② 模型简单：易于实现，计算效率高。

③ 灵活：可以处理线性和非线性关系，通过引入多项式项或交互项。

④ 假设线性决策边界：逻辑斯谛回归假设数据是线性可分的，对于非线性关系可能需要变换特征或使用其他算法。

⑤ 高度依赖正确的特征选择：需要精心选择相关特征并进行特征工程以提高模型性能。

⑥ 易受极端值影响：异常值或极端值可能会对模型预测造成影响。

逻辑斯谛回归是一种强大且广泛应用的分类算法，特别适用于需要预测概率输出的场景。尽管存在一定局限性，但通过适当的数据预处理和特征工程，逻辑斯谛回归能够在许多实际问题中提供高效且可解释的解决方案。

4.1.3.6　支持向量机

支持向量机(support vector machine，SVM)是一种强大的监督学习算法，用于分类和回归任务。SVM 的核心思想是在特征空间中找到一个最优的超平面，使得不同类别的数据被明确分隔开来。

(1) SVM 基本原理

① 最大间隔分类器：SVM 试图找到一个超平面，以最大化不同类别数据之间的边缘(或间隔)。这个最大化间隔的超平面被认为具有更好的泛化能力。

② 支持向量：超平面的确定只依赖最接近这个超平面的少数数据点，这些点被称为支持向量。支持向量是决定分界线的关键数据点。

③ 核技巧：为了解决线性不可分的问题，SVM 引入了核函数技巧。通过将数据映射到更高维的空间中，使得原本线性不可分的数据在新的特征空间中线性可分。核函数 φ 将低维线性不可分数据转换为高维线性可分数据，如图 4-4 所示。

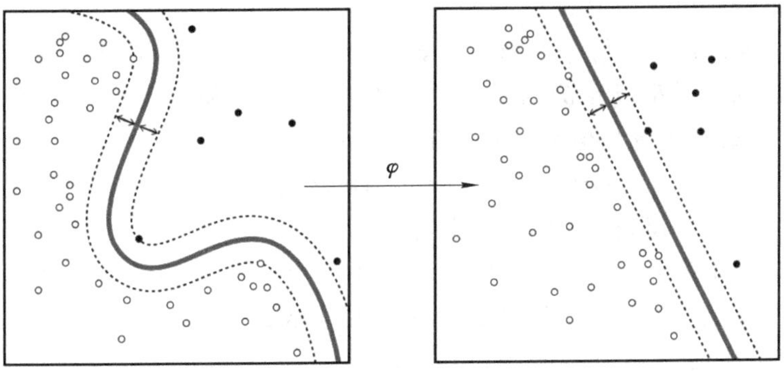

图 4-4　核函数 φ 将低维线性不可分(左)转换为高维线性可分(右)

(2) SVM 的数学表达

假设数据集为 $\{(x_1, y_1), (x_2, y_2), \cdots, (x_n, y_n)\}$，其中 x_i 为特征向量，y_i 为类别标签。SVM 目标是找到一个超平面 $\boldsymbol{w} \cdot \boldsymbol{x} + \boldsymbol{b} = 0$，使得两个类别间隔最大化。

(3) SVM 的特点

① SVM 的优点

泛化能力强：通过最大化间隔，SVM 在许多实际问题中展示了良好的泛化能力。

核技巧：能够有效处理非线性问题。

适用于高维数据:即使在特征数量大于样本数量的情况下也能有效工作。

② SVM 的缺点

参数选择敏感:如核函数的选择和参数设置对模型性能有较大影响。

可解释性较差:与一些模型相比,SVM 的决策过程较难解释。

计算成本高:尤其是在处理大规模数据集时。

SVM 在众多领域都有应用,包括但不限于图像分类、文本分类、生物信息学、手写识别等。支持向量机是一种强大的分类算法,尤其在处理高维数据和小样本数据集时表现出色。通过合适的核函数,SVM 可以有效处理线性不可分的数据。然而,模型参数的选择对于模型的性能至关重要,需要通过交叉验证等方法仔细调优。

4.1.3.7 集成学习

集成学习(ensemble learning)是一种机器学习范式,它通过构建并组合多个学习器来解决单一预测问题。集成学习的基本思想是通过组合多个弱学习器(即单一模型),形成一个强大、稳定的预测模型。在实践中,集成学习方法通常能够提高预测准确性,降低过拟合风险。

(1) 集成学习的主要方法

集成学习主要分为两类方法:Bagging(自举汇聚法)和 Boosting(提升法)。还有一种方法是 Stacking(堆叠法),它通过结合不同的模型预测来提高整体性能。

Bagging,即自助聚合,通过构建多个相互独立的模型并将它们的预测结果进行平均或进行多数投票来做出最终决策。Bagging 的关键在于使用自助采样(bootstrap sampling)来生成不同的训练数据子集,每个子集用于训练一个基学习器。

随机森林(random forest)是 Bagging 的一个经典例子,它由多棵决策树组成,每棵树都在略有不同的数据集上训练得到。

Boosting 方法顺序地训练一系列的弱学习器,每个学习器都试图纠正前一个学习器的错误。Boosting 强调对难以预测的样本给予更多的关注,使得模型逐步提升。AdaBoost (adaptive boosting)通过调整样本权重的方式,使得被之前弱学习器错误分类的样本在后续学习器中获得更多的关注。Gradient Boosting 通过优化损失函数的梯度来提升模型,每个新的模型是在减少前一模型残差的方向上构建的。

Stacking 通过将多个不同的基模型组合起来,使用一个新的模型来综合这些基模型的输出。基模型的预测结果被用作新模型的输入,以生成最终的预测结果。

(2) 集成学习的优点

① 准确性高:相比单一模型,集成方法通常能达到更高的准确率。

② 泛化能力强:通过组合多个模型,集成学习能减少过拟合,提高模型的泛化能力。

③ 适用范围广:适用于各种类型的数据和预测任务。

(3) 集成学习的缺点

① 计算成本高:构建和训练多个模型需要更多的计算资源和时间。

② 模型复杂性:集成模型的解释性较差,特别是当集成了大量复杂模型时。

③ 调参复杂:需要调整的参数多,模型调优过程复杂。

集成学习通过结合多个学习器的预测能力,通常能在多种预测任务上取得比单一模型更好的性能。它在处理高维数据、不平衡数据以及减少模型偏差和方差方面表现出色。虽然集成学习的模型可能更复杂、更耗时，但在预测准确性和模型稳定性方面的优势使其成为机器学习和数据科学领域的重要工具。

4.1.3.8　神经网络

神经网络，全称是人工神经网络(ANN)，特别是在人工智能和机器学习领域，是一种模拟人脑工作方式的算法模型，用于识别复杂模式和关系，已经在多种任务中取得了显著成就，如图像识别、语言处理、游戏以及无人驾驶等领域。

(1) 基础结构

一个神经网络由多个层组成，每一层由多个神经元(或节点)组成。最基础的神经网络包括三种类型的层。

① 输入层：接收输入数据。

② 隐藏层：有一个或多个隐藏层，进行数据的加工和转换。隐藏层的设计(如层数、每层神经元的数量)对网络性能有重要影响。

③ 输出层：输出预测结果或分类决策。

每个神经元在接收到输入数据后，会将输入与权重相乘(表示输入特征的重要性)，累加后再加上一个偏置项，然后通过一个激活函数(如 ReLU、Sigmoid 或 Tanh)进行非线性转换，产生输出。神经元模型示意图如图 4-5 所示，单层神经元网络如图 4-6 所示。

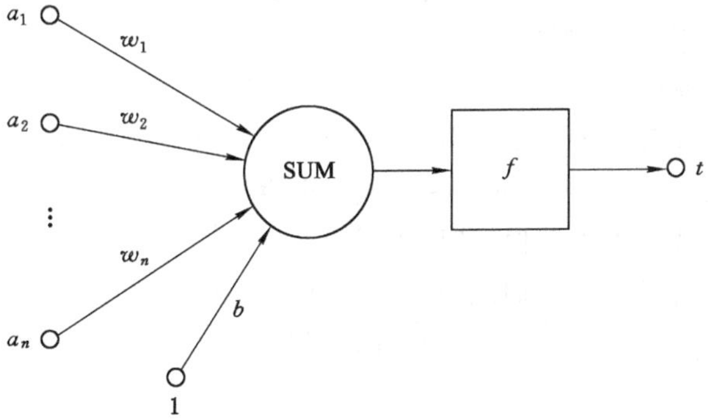

图 4-5　神经元模型示意图

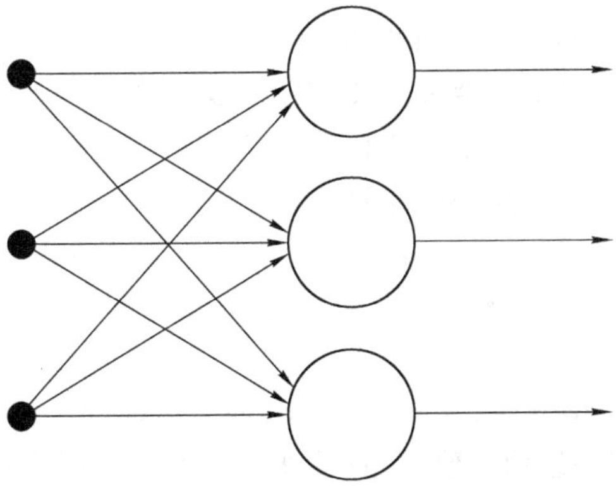

图 4-6　单层神经元网络

(2) 训练过程

神经网络的训练涉及调整网络参数(权重和偏置),使得网络输出与真实标签尽可能一致。这一过程通常通过以下步骤完成。

① 前向传播:输入数据在神经网络中从输入层通过隐藏层传递到输出层,每一步都进行权重相乘、累加和激活函数处理。

② 损失函数:计算网络输出与真实标签之间的差异(即损失),常见的损失函数包括均方误差(用于回归任务)和交叉熵损失(用于分类任务)。

③ 反向传播:通过计算损失函数相对每个参数的梯度来确定误差是如何随这些参数变化的。然后根据这些梯度调整参数,以减小损失。

④ 优化算法:如梯度下降法等,用于在训练过程中更新网络参数,以最小化损失函数。

(3) 激活函数

激活函数为神经网络引入非线性,使得网络能够学习和模拟复杂的函数。常见的激活函数包括以下几种。

① ReLU(Rectified Linear Unit):非线性变换,对于正输入保持不变,对于负输入输出为零。

② Sigmoid:将输入压缩到 0 和 1 之间,常用于输出层的二分类任务。

③ Tanh(双曲正切):将输入压缩到 −1 和 1 之间,函数曲线形状为 S 形,形状和 Sigmoid 图形类似,但输出范围更广。

(4) 神经网络的种类

① 前馈神经网络(Feedforward Neural Networks)是一种基础的神经网络架构,其中信息仅在一个方向上流动:从输入层通过一个或多个隐藏层直至输出层,而不形成任何循环或反馈。这种网络通过逐层处理数据,利用激活函数引入非线性,使得网络能够学习复杂的数据模式和关系。前馈神经网络的训练通常依赖反向传播和梯度下降算法,以逐步调整网络中的权重和偏置,最小化输出与实际标签之间的误差。由于其结构简单、易于理解和实现,前馈神经网络被广泛用于分类、回归、模式识别等多种机器学习任务。

前馈神经网络的基本结构包括三个主要部分。

a. 输入层:负责接收外部输入的数据。每个输入节点代表数据集中的一个特征。

b. 隐藏层:一个或多个隐藏层构成网络的中间部分,负责对输入数据进行加工和转换。隐藏层中的每个神经元都会对前一层的输出进行加权求和,并与神经元阈值比较,然后应用一个非线性的激活函数,引入非线性因素,以增强网络的表达能力和学习能力。

c. 输出层:网络的最后一层,负责产生网络的输出。输出层的设计取决于具体的任务类型,例如,在分类任务中,输出层的神经元数量通常等于类别的数量。

前馈神经网络是最基本的神经网络架构,它通过简单地将信息从输入层传递到输出层来进行计算。尽管存在一些局限性,但它们在许多领域内都表现出了良好的性能,是理解和入门学习神经网络的重要起点。

② 卷积神经网络(Convolutional Neural Networks,CNN)是一种深度学习模型,专门设计用来处理具有类似网格结构的数据,如图像。CNN 通过使用卷积层自动且有效地学习空间层次的特征,无须手动特征提取。卷积层通过滤波器(或称为卷积核)在输入数据上滑动执行卷积操作,捕捉局部特征;池化层则负责降低特征维度,增强网络的特征抽象能力。

CNN 的这种结构使其在图像和视频识别、图像分类、物体检测等视觉任务中表现出色，主要特点包括参数共享和局部连接，这使得 CNN 相比传统神经网络在处理大型图像数据时更高效，更具有泛化能力。

卷积神经网络的原理基于模拟人类视觉系统，通过层次化的结构自动从原始图像数据中学习空间层次的特征。CNN 通过一系列的卷积层、激活函数、池化层以及全连接层共同工作，实现从简单到复杂的特征提取和分类任务。

a. 卷积层

卷积层是 CNN 的核心，负责提取输入图像的特征。它使用一组可学习的滤波器，通过滑动窗口的方式遍历整个图像。每个滤波器专注于捕捉图像的局部特征，如边缘、颜色或纹理等。当滤波器与图像的特定区域对齐时，通过计算滤波器和该区域像素值的点积，生成特征图(Feature Map)，以此表达该特征在图像中的位置和强度。

b. 激活函数

激活函数引入非线性，使得 CNN 能够学习复杂的模式。ReLU 是 CNN 中常用的激活函数，它将所有负值置为零，保留正值，增加了网络的稀疏性并降低了计算复杂度。

c. 池化层

池化层(Pooling Layer)位于连续的卷积层之间，其主要功能是进行下采样或池化，减少特征图的维度，提高模型的泛化能力。池化操作有多种，如最大池化(Max Pooling)是取区域内的最大值，平均池化(Average Pooling)是计算区域内的平均值。

d. 全连接层

经过多个卷积层和池化层的处理后，特征图将被展平并送入一个或多个全连接层(Fully Connected Layers)，在这里进行最终的分类或回归分析。全连接层的输出通常会通过一个 softmax 函数进行多类分类任务的概率分布预测。

卷积神经网络具有以下特点。

a. 参数共享：同一个卷积核在整个输入图像上共享参数，大大减少了模型的参数数量。

b. 局部感受野：每个卷积核仅与输入数据的一个局部区域进行计算，使得网络能够捕捉局部特征，并保持对平移的不变性。

c. 层次化特征提取：CNN 通过多层卷积和池化层的堆叠，能够学习从低级到高级的特征表示，适用于复杂图像处理任务。

CNN 的这些原理和特点使得它在图像和视频处理、语音识别和自然语言处理等领域表现出色，成为深度学习研究和应用中的一大热点。

③ 循环神经网络(Recurrent Neural Networks，RNN)是一类用于处理序列数据的神经网络，能够捕捉时间序列数据中的信息流动。它的核心特点是网络中存在循环，使得网络能够将先前的信息传递到当前步骤中，从而在处理当前输入时考虑之前的输入信息。这种特性使 RNN 特别适用于自然语言处理、语音识别、时间序列分析等，其中数据点是按顺序排列且彼此关联的。

一个基础的 RNN 单元包含一个隐藏状态，该状态在每个时间步骤上都会更新。对于序列中的每个元素，RNN 单元会根据当前输入和先前的隐藏状态计算当前的隐藏状态。这个过程可以表示为：

$$h_t = f(W_{xh}x_t + W_{hh}h_{t-1} + b) \tag{4-6}$$

式中 h_t——当前时间步的隐藏状态，

x_t——当前输入，

W_{xh}和W_{hh}——输入到隐藏层和隐藏层到隐藏层的权重矩阵；

b——偏置项；

f——激活函数，通常是非线性的，如 Tanh 或 ReLU。

RNN 通过反向传播算法进行训练，其为循环结构，使用了一种特殊的反向传播变体，称为通过时间的反向传播(Backpropagation Through Time，BPTT)。在 BPTT 中，RNN 首先被展开成一系列不再包含循环的模型，然后通过标准反向传播更新权重。循环神经网络通过其独特的循环结构，使得模型能够保持对过去信息的记忆，并将其用于当前决策，特别适合处理序列数据。虽然标准 RNN 容易遇到梯度消失或爆炸的问题，但其变体 LSTM 和 GRU 通过设计改进，能够有效地捕捉长距离依赖，被广泛应用于多种序列数据处理任务。

长短期记忆网络(Long Short-Term Memory，LSTM)是循环神经网络的一个变体。LSTM 专为解决标准 RNN 在处理长序列数据时遇到的梯度消失和梯度爆炸问题而设计。它通过引入一个复杂的“门”机制来控制信息的流入、保留和流出，使网络能够在长期间隔内保存信息，同时“遗忘”不再重要的信息。

LSTM 单元包括三个主要部分：遗忘门、输入门和输出门。这些门结构使得 LSTM 能够有选择地记住或忘记信息，从而有效地捕捉长期依赖关系。

遗忘门(Forget Gate)决定从单元状态中丢弃什么信息。通过查看当前输入和先前隐藏状态，输出一个在 0 和 1 之间的数值给每个在单元状态中的数。数值接近 0 表示忘记，接近 1 表示保留。

输入门(Input Gate)决定什么新的信息被存储在单元状态中。包括一个 Sigmoid 层和一个 Tanh 层。Sigmoid 层决定哪些值将要更新，Tanh 层创建一个新的候选值向量，可以被加入到状态中。

输出门(Output Gate)决定下一个隐藏状态的值。隐藏状态包含关于当前输入的信息，也可以用于预测。

由于 LSTM 的能力在捕捉长期依赖方面非常出色，它被广泛应用于需要处理序列数据的领域，包括自然语言处理(NLP)，如机器翻译、情感分析、文本生成；语音识别，如将语音信号转换为文本；时间序列预测，如股票市场预测、天气预测；等等。

LSTM 通过其独特的门控机制，为处理具有长期依赖关系的序列数据提供了强大的工具。尽管训练 LSTM 比标准 RNN 更为复杂且计算成本更高，但它在多个领域内实现了显著的性能提升，成为深度学习和序列建模不可或缺的一部分。

神经网络算法是一类模仿人类大脑工作原理的算法，它通过大量相互连接的节点(或称为神经元)来处理信息。这些算法构成了深度学习的基础，能够识别复杂的数据模式和关系，广泛应用于图像识别、语音处理、自然语言理解等领域。神经网络的基本单元是感知器，它接收多个输入，加权求和后通过激活函数产生输出。通过层次化的结构，神经网络能够学习从简单到复杂的特征表示。前馈神经网络是最简单的神经网络类型，信息单向流动，适用于静态模式识别。循环神经网络(RNN)引入了循环，使得网络能够处理序列数据，捕捉时间动态特征。长短期记忆网络(LSTM)是 RNN 的改进版本，通过引入门控机制解决了长期依赖问题。卷积神经网络(CNN)通过局部连接和权重共享减少了模型参数，特别适合处理图像数据。神经网络算法通过反向传播算法进行训练，利用梯度下降或其变体来优化网络权重，最小化预测误差。尽管神经网络在处理高维、复杂数据方面极为强大，但它们也存在过拟合、计算成本高和模型解释性差等挑战。

4.1.3.9　聚类分析

聚类分析(Cluster Analysis)是一种无监督学习方法，其目的是将数据集中的样本根据相似性分组。在聚类过程中，相似的对象被归到同一个群组或簇中，而不相似的对象被分配到不同的群组。聚类的关键在于定义相似性——通常通过计算对象之间的距离来衡量。聚类在市场细分、社交网络分析、图像分割、基因功能分析等多个领域有着广泛的应用。

(1) 聚类的主要算法

k 均值聚类(K-means Clustering)：最流行和最简单的聚类算法之一。首先随机选择 k 个对象作为初始的聚类中心，然后将每个对象分配到最近的聚类中心所代表的簇中，接着重新计算每个簇的中心。这个过程反复迭代，直到满足停止条件，如聚类中心不再变化或达到预设的迭代次数。

层次聚类(Hierarchical Clustering)：通过构建一个多层次的嵌套聚类树来进行聚类。层次聚类分为凝聚的层次聚类和分裂的层次聚类。凝聚的层次聚类从每个对象作为一个单独的簇开始，反复合并最近的两个簇；分裂的层次聚类则从所有对象在一个簇开始，逐步分裂成更小的簇。层次聚类树如图 4-7 所示。

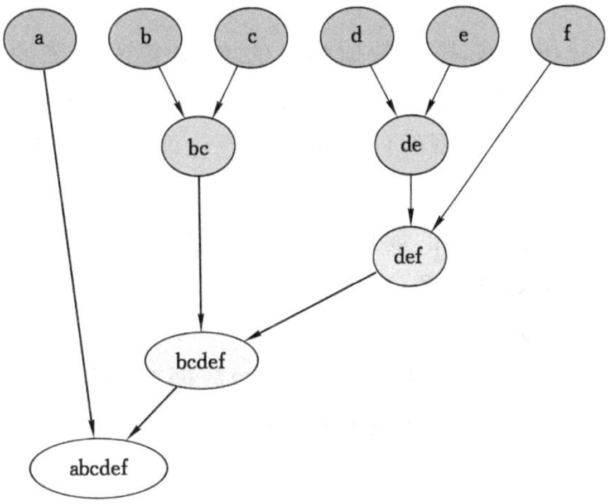

图 4-7　层次聚类树

DBSCAN(Density-Based Spatial Clustering of Applications with Noise)：基于密度的聚类算法，能够识别任意形状的簇，并且能够处理噪声数据。它根据核心点、边界点和噪声点的概念，将高密度区域的点聚集成簇，而不将低密度区域的点(噪声)纳入任何簇。

谱聚类(Spectral Clustering)：利用数据的谱(即特征值)进行聚类，特别适于处理非球形分布的数据。谱聚类通过构建样本点的相似度矩阵，然后基于这个矩阵的特征向量进行聚类。

(2) 聚类的评估指标

聚类是无监督学习，没有预先的标签作为参考，评估聚类结果的好坏通常使用以下指标。

① 轮廓系数(Silhouette Coefficient):测量样本距最近的非所属簇的距离与所属簇内其他样本的平均距离之比,用于评价簇的紧密度和分离度。

② Calinski-Harabasz 指数(C-H 指数):又称方差比准则,它是类间离散度和类内离散度的比值,值越大表示聚类效果越好。

③ Davies-Bouldin Index(D-B 指数):基于每个簇最不相似的簇之间的相似度测量聚类质量,值越小表示聚类效果越好。

(3) 聚类的挑战

① 选择合适的聚类算法和参数:不同的数据集和应用场景可能适合不同的聚类算法和参数设置。

② 高维数据的聚类:在高维空间中,距离度量可能变得不再有效(维度灾难),需要采取适当的降维或特征选择方法。

③ 噪声和异常值的处理:噪声和异常值可能会对聚类结果产生显著影响,需要预处理或选择鲁棒的聚类算法。

聚类是一种强大的数据分析工具,能够揭示数据中的内在结构和模式。通过选择适当的聚类算法和合理的参数设置,可以有效地对数据进行分组,为进一步的数据分析和知识发现提供基础。

4.1.3.10 降维与特征选择

在机器学习和数据分析领域,随着数据维度的增加,模型训练的复杂性也随之增加,这就是所谓的维度灾难。为了解决这个问题,降维和特征选择成为两种常用的方法。它们旨在减少数据集的特征数量,提高模型的训练效率和泛化能力,同时降低过拟合的风险。

(1) 降维

降维是指在尽量保留数据特征的前提下,通过数学变换将高维数据转换为低维数据的过程。降维能帮助提高数据处理速度,减少存储空间,并有助于数据的可视化和理解。

主要的降维技术有以下几种。

主成分分析(PCA):PCA 通过线性变换将原始数据变换到一组线性无关的表示上,这组新的变量称为主成分,且按照方差递减的顺序排列。通常,前几个主成分就能够保留大部分数据变异性。

线性判别分析(LDA):LDA 是一种监督学习的降维技术,旨在识别不同类别(或标签)数据之间的最佳投影面,以最大化类间距离和最小化类内距离。

t 分布随机近邻嵌入(t-SNE):t-SNE 是一种非线性降维技术,特别适合将高维数据降维到 2 维或 3 维,用于数据的可视化。它通过概率分布的方式保持高维和低维空间中数据点之间的相对距离。

自编码器(Autoencoder):自编码器是一种使用神经网络进行非线性降维的方法。它通过学习一个将输入编码到低维空间的编码器和一个将低维编码解码回原始空间的解码器来实现降维。

(2) 特征选择

特征选择是从原始特征集合中选出最有用的特征子集的过程,目的是移除无关特征、冗余特征,从而提高模型的性能。

特征选择的方法主要有以下三种。

过滤方法(Filter Methods):这种方法根据统计测试(如相关系数、卡方检验)或信息论度量(如互信息)对特征进行评分,然后根据设定的阈值或者选取得分最高的特征。

包裹方法(Wrapper Methods):通过子集搜索算法评估不同的特征子集,以机器学习模型的性能(如分类准确率)作为评价标准。典型的算法包括递归特征消除(RFE)。

嵌入方法(Embedded Methods):在模型训练过程中进行特征选择,通过正则化等技术将特征选择和模型训练结合起来。典型的例子有使用 L1 范数正则化的线性模型。

降维和特征选择都是处理高维数据、提高模型效率和性能的重要方法。降维通过数学变换来减少数据的维度,而特征选择则是从原始特征中选出最重要的子集。应用这两种方法有助于减轻维度灾难的影响,提高数据处理的效率,并有助于提高模型的泛化能力。在实际应用中,选择哪种方法取决于具体任务的需求、数据的特性以及预期的模型效果。

4.2　矿山大数据技术

矿山数据采集是矿山大数据技术中的一个关键环节,涉及多个方面的数据收集,以确保矿山运营的各个层面都能被有效监控、分析和优化。矿山数据采集通常依赖各种传感器、监测系统和自动化设备,如无线传感网络、RFID 技术、视频监控系统等。随着物联网技术的发展,矿山数据采集的自动化和智能化水平将进一步提高,为矿山的智能化管理和运营提供强有力的数据支撑。智能化井工煤矿数据分类如图 4-8 所示。

4.2.1　智慧矿山数据信息流

智慧矿山依赖高度集成和实时处理的数据信息流,以实现矿山的自动化和智能化管理。这些数据信息流覆盖了矿山的各个方面,包括地质感知、生产系统、安全监测、矿山管理以及地面环境等。

智慧矿山数据信息流可分为地质感知信息流、生产系统信息流、安全监测信息流、矿山管理信息流和地面环境信息流。

4.2.1.1　地质感知数据信息流

地质感知信息流主要涉及矿山地质勘探、矿体结构、矿石品位等地质信息的收集和分析。这些信息通常通过地质勘探、钻探、样品分析等方式获取,对于矿山的规划设计、开采方案制定和资源评估至关重要。地质感知信息流还包括对地质构造、断层分布、岩性变化等的监测,以指导矿山的安全生产。

(1) 测量数据

测量数据主要涉及地形地貌测量、边界定位、空间位置和体积的测量等,这些数据对于矿区规划、矿山设计和土地利用具有重要意义。现代测量技术如全站仪、北斗卫星定位系统、GPS、无人机测绘等,可以高效、准确地收集矿区的三维空间数据。这些数据可供矿山后期地压控制、地表沉陷监测等方面提供重要的基础数据。

(2) 地质填图

地质填图是根据地表露头、矿坑、探槽、钻孔等直接观察或通过测量获取的地质信息绘制的反映矿区地质结构、岩性分布、矿体走向等信息的地质图。地质填图是矿山地质工作的

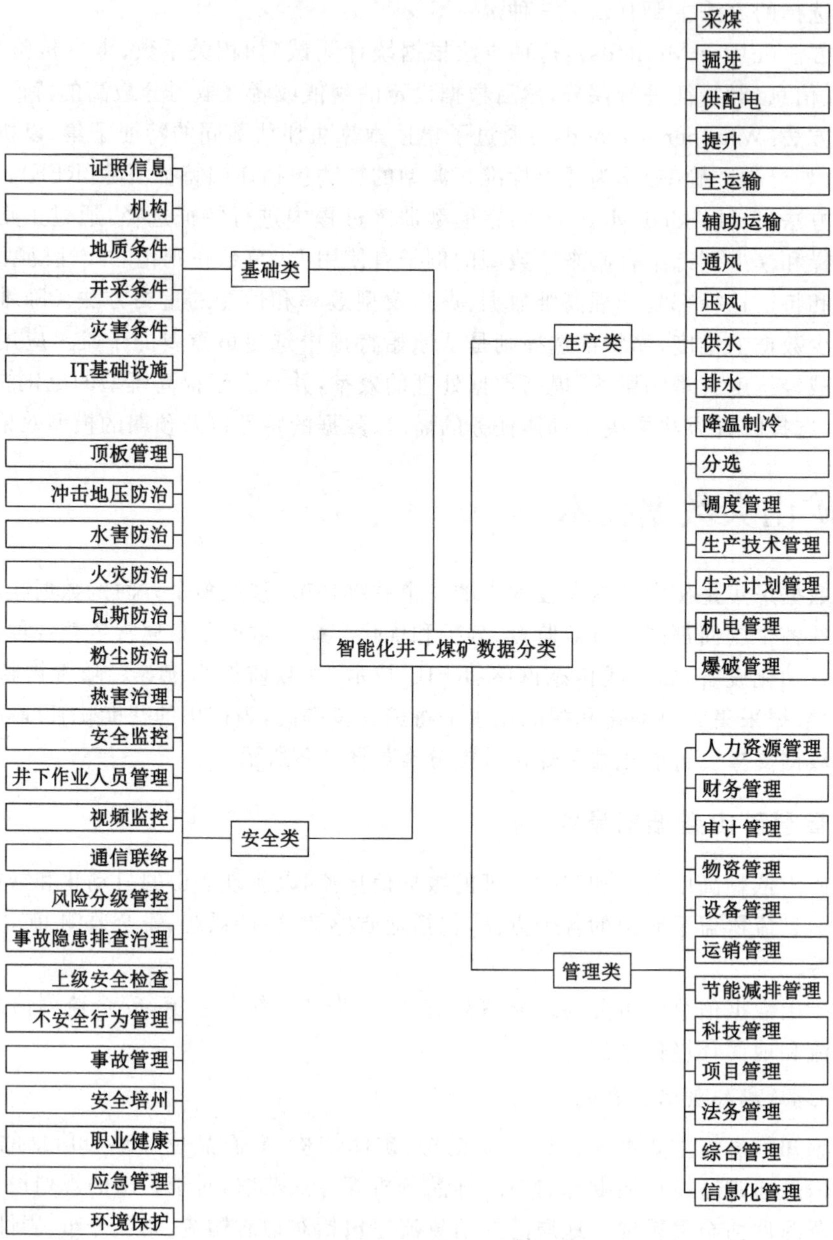

图 4-8 智能化井工煤矿数据分类

基础，对于矿体定位、资源评估和地质结构分析等具有重要作用。填图结果通常以地质图的形式展现，是矿山设计和开采的基础。地质填图产生的大量数据可为储量计算、巷道设计、地压控制等提供数据支持。

(3) 遥感数据

遥感技术通过卫星或航空器获取地表的图像和数据，可以用于监测矿区的地质灾害、环境变化、植被覆盖度等。遥感数据分析能够提供大范围、高效率的地质和环境信息，对于矿区的宏观管理和环境保护计划制订非常有用。数据采集利用多光谱、高光谱成像和雷达等技术，用于识别地质结构、监测环境变化和辅助地质灾害评估。

(4) 物探数据

物探(物理勘探)数据通过测量地球物理场(如磁场、重力场、电场)的变化来探测地下结构和矿体。物探方法包括磁法、重力法、电法、地震法等，这些方法可以在不破坏地表的情况下，预测地下的岩石类型、矿体分布和地质结构，同时也有助于推断地下岩石性质、矿体分布和地质构造。

(5) 钻探数据

钻探是获取地下地质信息的直接方法，钻探数据包括钻孔深度、岩芯样本、地层描述、物性测试结果等。通过分析钻探数据，可以准确评估矿体的位置、形态、品位和储量，为矿山的开采提供直接的地质依据。钻探数据通过钻孔获取地下岩石的直接信息。钻探数据是评估矿体品位、厚度和延伸的关键。

(6) 掘进数据

掘进数据指的是在矿山开采过程中，随着巷道、井筒等地下工程的推进，所收集到的地质信息和工程参数。包括掘进速度和方向、支护情况和周围岩体状态等。这些数据可以用于监测开采进度、评估地质条件变化、指导开采作业和确保矿山安全生产。同时，这些数据对于优化开采计划和确保采矿安全至关重要。

通过这些方面数据的综合分析，地质感知数据信息流可为矿山提供全面的地质信息支持，帮助矿山实现资源的精准勘探、高效开采和科学管理。随着技术的进步，如地质信息三维可视化、智能化数据分析等，地质感知的准确性和效率将进一步提高，为智能矿山的高效和安全运营提供数据支持。

4.2.1.2　生产系统数据信息流

智慧矿山生产系统数据是实现智能化管理的核心，主要涉及以下七个子系统。

(1) 采掘系统数据

采煤和掘进出煤是矿山生产中的关键环节，直接关系矿山的生产效率和经济效益。这两个过程产生的数据对于优化矿山生产活动、提升安全性能以及增强资源利用率都至关重要。

采煤数据是指在矿山开采煤炭过程中所产生的数据，这些数据涉及煤炭开采的各个方面，包括但不限于产量数据，煤炭的开采量，通常以“t”为单位，这是衡量矿山生产效率的直接指标；采煤机械数据，包括采煤设备的运行状态、功率消耗、故障率等，这些数据对于设备维护、故障预测及生产调度至关重要；煤层厚度和产状数据，在采煤过程中，煤层的厚度和煤层赋存情况会不断变化，这些数据对于采矿决策和煤炭质量控制极为重要；开采进度数据，反映了采煤工作面的推进速度和开采范围，对于生产计划和进度控制非常重要。

掘进出煤是指在矿山开采过程中，为了建设矿井巷道、提升井和通风井等所进行的岩石掘进工作，在此过程中可能伴随出煤的过程。掘进出煤的数据主要包括掘进速度数据，巷道掘进的进度，通常以“m/d”为单位，该数据对于评估工程进度和制订生产计划非常重要；巷道质量数据，包括巷道支护的稳定性、岩石的完整性等，这些数据对于确保矿工安全和巷道使用寿命至关重要；出煤量数据，在掘进过程中，若巷道为煤巷会涉及伴随掘进而出的煤炭数量，对于总体产量的统计以及矿山经济效益的评估有一定的影响；设备运行数据，包括掘进设备的运行状态、功率消耗、维护记录等，这些数据可用于设备管理和故障预防。

采煤和掘进出煤数据的有效收集和分析对于智能矿山的运营至关重要。通过对这些数据的深入分析，矿山管理者可以优化生产计划、提高安全水平、增强设备健康运行管理、提高资源利用率。

(2) 提升系统数据

智慧矿山中的井上下提升运输系统是矿山运营的关键环节之一，它不仅负责将矿产资源从井下运输到地面，还包括矿工的上下井运输、材料的搬运等。提升运输系统的智能化可以显著提高矿山的安全性和效率。涉及矿山内部和与地面之间物料的提升和运输，包括提升机的运行状态、载荷、速度、使用周期，以及运输车辆的调度、路线、载重和运行效率等。对这些数据的分析有助于优化提升运输系统，减少能耗，确保物料运输的安全性和时效性。

提升机参数数据，主要针对箕斗和罐笼，包括以下几个方面：一是运行状态数据，包括提升机的启动、停止、运行速度、载重量等状态信息。通过实时监控这些参数，可以确保提升系统的安全稳定运行。二是能耗数据，记录提升机在运行过程中的能耗情况，有助于评估系统的能效和寻找节能减排的可能性。三是故障日志，记录提升机在运行过程中出现的所有故障和异常情况，为故障预测和维修提供数据支持。四是载荷与吨位数据，载荷量和吨位统计可实时监控箕斗或罐笼的载荷量，确保不超载，保障运输安全。五是速度与位置，提升机运行的速度数据，关系整个提升系统的效率和安全；提升容器在井道中的实时位置，对于调度和紧急情况下的定位至关重要。六是通信与控制数据，提升运输系统与地面控制中心之间的通信，用于保证指令传达的及时性和准确性；控制指令记录可记录所有下达给提升系统的控制指令，包括启动、停止、速度调整等，用于操作审计和事故分析。七是维护与检修数据，记录提升系统的定期检查、维护和大修情况，包括维护时间、维护内容、更换零部件等信息；基于历史维护数据和制造商推荐，可确定提升系统的检修周期和计划，以减少意外停机时间。

智慧矿山中对提升运输系统数据详细收集和分析，有助于提升矿山的安全性、效率和经济性。通过建立完整的数据收集、分析和反馈机制，矿山管理者可以实时监控提升运输系统的运行状态，及时发现和解决问题，优化运输调度，从而实现矿山智能化管理的目标。

(3) 通风系统数据

智慧矿山的井下通风系统是维护矿山安全生产和提供良好工作环境的重要组成部分。它通过有效地控制和管理井下空气流动，确保充足的新鲜空气供应并排除有害气体和粉尘。井下通风系统数据的详细收集与分析对于优化通风效率、预防职业病、保障矿工安全至关重要。包括通风量、风速、风压、空气质量(如瓦斯、粉尘浓度)等参数。实时监控和分析通风系统数据，可以有效预防瓦斯爆炸和职业病的发生，同时优化通风效率，降低能耗。

智慧矿山通风系统数据在实际运营管理中所涵盖的具体业务板块或功能模块如下：

一是通风参数实时监测，通过安装在井下的传感器实时监测风速、风压、温度、湿度等通风参数。这些数据用于确保井下作业空间风量充足，防止有毒有害气体浓度与粉尘浓度超标。

二是通风网络解算，利用实时监测数据进行通风网络的动态解算，以评估通风系统的工作性能。解算结果有助于优化通风系统设计，提高通风效率。

三是通风设备智能控制，包括对风门、风窗、通风机等通风设备的远程智能控制。通过精准控制通风设备，调节井下各区域的风量，满足不同工作面的通风需求。

四是通风系统自动化管理，实现通风系统的自动化管理，减少人工操作，提高安全性和响应速度。包括自动化风量调节、风门控制、通风机变频控制等。

五是通风安全监测，监测井下可能发生的火灾、爆炸等灾害的风险，及时响应和处理。通过实时监测漏风、瓦斯浓度等，制定最优的调风与控风方案。

六是通风效能评估，对通风系统的能效进行评估和管理，确保通风系统的经济性和实用性。通过数据分析，提高通风系统的能源利用效率。

智慧矿山井下通风系统通过这些数据的集成和分析，能够实现对井下通风条件的实时监控和智能调控，确保矿井的安全生产和高效运营。

（4）排水系统数据

智慧矿山排水系统是保障矿山安全、提高生产效率的关键支撑系统之一。有效的排水系统能够防止矿井积水，降低地下水位，减少矿山事故，确保矿工安全以及提高矿石开采效率。排水系统数据的详细收集与分析对于实现这些目标至关重要。主要涉及矿井水位、排水量、排水泵的工作状态和效率等信息。通过分析排水系统数据，可以及时调整排水策略，防止水害事故的发生，保证矿井干燥和安全。排水系统数据主要包括以下几类：

一是排水量监测数据。实时监测井下排水量，包括涌水速度、排水泵数量、排水时长等。通过数据分析，预测矿井每日水量，合理规划排水设备的启停。

二是排水设备状态数据，包括排水泵、阀门等设备的运行状态、电流、电压、温度等。设备状态数据有助于及时发现和解决排水和设备故障。

三是排水效率评估数据，通过工序能耗、每吨水耗电量、每时排水量等数据评估排水效率。这些数据能帮助矿区实时监测设备的关键部件性能状态。

四是设备健康评估数据，通过故障发生率、温升时间、排气时间、开机成功率等数据评估设备健康。这些数据可帮助矿区智能掌握设备的健康状态，合理安排设备运行计划。

五是故障预测与预警数据，结合设备运行状态类参数、设备静态属性、设备典型故障类型等数据进行故障预测，实现对设备使用寿命、健康状态、性能等的预警，为决策提供支持。

通过对井下多类排水设备的多源异构数据的精准实时采集，结合智能化算法的应用，可实现优化排水调度、设备自评估、故障自诊断、信号自预警。

智慧矿山排水系统通过这些数据的集成和智能分析，能够实现无人值守的排水操作，提高工作效率，降低能源损耗，延长设备使用寿命，降低安全事故风险，为矿山的安全生产提供强有力的数据支持。

（5）供电系统数据

智慧矿山的供电系统是其运行的基础设施之一，关系矿山生产效率和安全生产。供电系统是矿山生产的能源保障。供电系统数据的收集和分析对于优化电力使用、保障设备稳定运行、提高能源效率以及确保矿工安全至关重要。涉及电力供应的稳定性、电网的负荷、电能的使用效率以及各类矿山设备的电力消耗等。

智慧矿山供电系统数据在实际应用中的功能模块如下：

一是电网状态实时监控，实时监控电网运行情况，包括电压、电流、负荷等参数。对各类馈电开关等位置信号进行实时监控，一旦发现异常，通过自动化报警系统向工作人员进行预警，并收集故障相关信息，便于维护人员进行故障分析和排查。

二是电力调度智能防误，采用智能操作票系统和防误模拟系统，实现调度操作的模拟和误操作识别报警功能。通过电网调度智能防误模拟系统中自动演示、防误校验和模拟预演，确保命令票准确无误。

三是电网AI决策分析，对供电网络进行建模，基于电网潮流、短路电流等专业参数的综合计算，帮助定位故障点。通过AI分析给出故障决策意见及处理建议，预留执行接口，必要时由智能调度系统进行操作，实现电网的自救。

四是智能电网能效分析，对重点用能单位的能耗在线监测，通过能效管理信息系统在线监测各个矿井单位的生产能耗动态信息。将能耗数据与相对应的设备、班站生产数据相结合，现场运行管理人员可了解和掌握生产环节和设备的实时能耗状况、单位能耗数据、能耗变化趋势和实时运行参数等信息。

智慧矿山供电系统通过这些数据的集成和智能分析，能够实现对电力系统的实时监控和数据分析，及时发现和预警潜在的安全隐患，为矿山企业的安全生产提供有力保障。

(6) 带式运输系统数据

智慧矿山带式运输系统是矿山自动化和智能化的关键组成部分，它通过高效的数据管理和控制系统，优化物料的运输过程。带式运输系统的数据包括但不限于胶带速度、运输量、设备状态和能耗等。这些数据通过实时监控和分析，帮助优化带式运输效率，确保运输安全，减少能源消耗。具体的数据应用可能包括胶带速度调节、故障预警、维护计划制订等。

智慧矿山带式运输系统数据的主要应用功能模块如下：

一是带式运输智能调速系统，利用视频AI分析技术，对煤矿主运输胶带和辅助运输胶带负荷进行识别和分析。通过PLC(可编程控制器)和变频器等执行单元，实时调节带式输送机转速以及启动时点、启动先后顺序，实现“煤多快转，煤少慢转，无煤停车”的智能化运输，提高效率，降低能耗。

二是运行监控系统，运用5G、人工智能、大数据、传感器、信息传输等技术，实现对带式运输系统的全方位监控，确保运输安全和效率。

三是故障预测与诊断，通过收集带式运输系统的运行数据，包括速度、负荷、温度等，进行故障预测和诊断。

四是能效管理，对带式运输系统的能耗进行实时监测和管理。通过能效分析，优化设备运行参数，降低能耗，实现绿色生产。

五是数据分析与决策支持，收集和分析带式运输系统的大量数据，为矿山管理提供决策支持。利用数据驱动的方法，优化带式运输系统的设计和运行策略。

智慧矿山带式运输系统通过这些数据的集成和智能分析，不仅提高了物料运输的效率和安全性，还为矿山管理和决策提供了有力的数据支持。这些系统的应用，使得矿山能够以更智能、高效的方式运行，推动了矿业的现代化进程。

(7) 无轨车辆系统数据

智慧矿山的无轨车辆系统数据主要关注车辆的实时定位、行驶状态、载荷情况以及能耗等信息。根据这些数据能够实现车辆调度的自动化和优化，确保安全高效的物料运输。同时，系统还可以监测车辆健康状况，预测维护需求，从而降低停机时间，提高整体运营效率。通过对这些数据的实时分析和管理，智慧矿山可以显著提升其物流和运输流程的智能化水平，涉及矿山用无轨运输车辆的运行状态、路径规划、运载能力和维护信息等。无轨车辆系统提高了矿山物料和人员运输的灵活性。分析无轨车辆系统数据，可以优化车辆调度和路线选择，提高运输效率，减少运输成本。

智慧矿山无轨车辆系统数据的主要应用功能模块如下：

一是车辆状态监控数据，实时监控无轨车辆的运行状态，包括速度、位置、载荷、电池电量等。这些数据有助于确保车辆运行的安全性和效率。

二是路径优化与调度数据，利用大数据和人工智能技术优化车辆的运输路径和调度计划。通过减少车辆运输成本和总延误时间，提高运输效率。

三是车辆维护与故障预测数据，收集车辆的运行数据，进行故障预测和维护计划的制订。通过预测性维护减少车辆故障和停机时间，提高生产连续性。

四是能效管理数据，监测和管理无轨车辆的能耗，优化能源使用。通过能效分析，降低运行成本，实现绿色生产。

五是安全监控与预警数据，实时监控车辆的安全状况，如超速、碰撞风险等，并进行预警，以提高作业安全性，减少事故发生率。

智慧矿山无轨车辆系统通过这些数据的集成和智能分析，不仅提高了物料运输的效率和安全性，还为矿山管理和决策提供了有力的数据支持。

4.2.1.3　安全监测数据信息流

智慧矿山安全监测数据信息是矿山安全管理的重要组成部分，通过高精度的传感器和分析系统进行实时监测，以预防各种安全事故。瓦斯监测数据关注瓦斯浓度和流量，以预防瓦斯爆炸；自燃监测数据通过温度和相关气体浓度监测预防煤炭自燃；粉尘监测数据关注可燃性粉尘浓度，防止粉尘爆炸；矿震监测数据通过地震波形分析预测岩爆等地质灾害；突水监测数据通过监测水位和水质，预防矿井水害。这些监测系统通过实时数据分析和智能预警，极大提升了矿山的安全管理水平。

(1) 瓦斯监测数据

智慧矿山瓦斯监测涉及实时追踪井下瓦斯浓度，旨在预防瓦斯超标和爆炸风险。这些数据通过高精度传感器收集，包括瓦斯浓度、流量和压力等信息。监测系统能够对异常数据进行实时预警，指导矿山采取通风或其他必要措施，以降低瓦斯事故的风险。传感器会实时监测瓦斯水平，并在达到危险阈值时发出警报。此外，瓦斯监测数据还支持长期趋势分析，帮助矿山改善瓦斯管理和控制策略，确保矿工安全和矿山的可持续运营。

(2) 自燃监测数据

智慧矿山的煤层自燃监测数据主要用于矿井内煤层自燃的风险评估。通过温度传感器、氧气浓度监测器和可燃气体检测器等设备，实时监控井下环境温度、氧气含量和可燃气体浓度，以识别自燃倾向区域。这些数据帮助矿山管理者及时采取措施，如增加通风、注入惰性气体或使用阻燃材料，以预防和控制煤层自燃，确保矿工安全及矿山稳定运营。自燃监测是为了预防煤炭自燃引起的火灾。通过监测温度和相关化学指标，系统能够及时发现自燃的迹象。以下是一些常见的对于矿山煤层自燃监测的方法。

一是无人机监测，利用无人机搭载多镜头高清摄像机和热像仪等传感设备，对露天煤矿残煤自燃进行定期巡检，实时监测煤矿区域的火灾风险和异常情况。

二是利用微色谱技术，基于微色谱技术的煤矿自燃火灾智能监测系统可以实现对煤矿火灾指标性气体实时监测，提高矿井对火灾超前预警的感知能力，实现无人化、智能化、精确化火灾监测。

三是利用分布式光纤测温系统（DTS），DTS 利用光时域反射原理和拉曼散射效应对温度实现监测，适用于监测采空区等隐蔽区域内部的温度。

四是利用指标气体测定技术，通过气相色谱法和吸收光谱法对煤自燃指标气体进行定量检测，如 CO、CO_2、CH_4 等，这些气体的浓度变化可以反映煤层自燃的危险程度。

五是利用智能分级预警与防控技术，可以实现采空区的在线连续监测，动态检测煤自燃指标气体浓度，能在多终端显示，并借助内嵌的工作面煤层自燃分级预警与防控模型，动态智能判定采空区煤自燃程度，及时发出警报，给出相应防控措施。

这些监测数据的收集和分析对于预防和控制煤矿火灾至关重要，有助于保障矿工的安全和矿山的高效运营。智慧矿山的发展趋势是将这些技术整合到一个统一的平台中，实现数据的集中管理和智能分析，从而提高煤矿安全监测的效率和准确性。

（3）粉尘监测数据

智慧矿山粉尘监测数据主要包括井下粉尘的类型、浓度、分布等信息。要加强对可吸入粉尘的监测，因为它直接关系矿工的健康。使用高精度传感器实时监测粉尘水平，并通过数据分析识别高风险区域，实时预警系统可提醒适时采取措施如增强通风、使用湿式打钻技术减少粉尘产生。这样的监测和管理能确保工作环境符合安全健康标准，预防职业病如尘肺病的发生。智慧矿山粉尘监测数据是关键的安全指标，用于实时监控矿山作业中产生的粉尘浓度和分布。这些数据对于预防职业性疾病和爆炸事故至关重要。以下是智慧矿山粉尘监测的几个主要方面：

一是智能传感器监测。通过安装在矿区的智能传感器，可以实时监测空气中的粉尘浓度。这些传感器能够精确测量粉尘颗粒，并将数据发送到中央监控系统。

二是数据分析和预测。利用大数据和人工智能技术，对收集到的粉尘数据进行分析和预测。通过建立粉尘浓度模型，可以预测粉尘暴露风险，并及时采取控制措施。

三是自动化粉尘处理设备。它能够根据实时监测数据自动调整，有效地清除和处理矿山作业中产生的粉尘，提高处理效率。

四是加强矿工的健康与安全培训，提高他们对粉尘危害的认识和防护意识。教育矿工正确使用防护装备，减少粉尘对健康的影响。

五是云服务平台。粉尘监测数据可以上传到云服务平台，实现数据的集中管理和分析。这样可以更好地了解粉尘分布规律，优化矿山通风和粉尘控制策略。

智慧矿山粉尘监测的目标是通过高科技手段，实现对矿山粉尘的有效监控和管理，从而保护矿工的健康和提高矿山的安全性。随着技术的不断进步，智慧矿山粉尘监测系统将变得更加智能化和自动化，为矿山安全生产提供强有力的支持。

（4）矿震监测数据

智慧矿山矿震监测数据是通过高精度的传感器和监测系统收集的，这些数据对于预防和减轻由地震引起的灾害至关重要。以下是智慧矿山矿震监测的几个主要方面：

① 地震事件检测。监测系统能够检测并记录矿山区域内的所有地震事件，包括震级、震源深度和震中位置。

② 震动速度和加速度监测。传感器可以测量由矿震引起的震动速度和加速度，这些数据对于评估矿震的影响至关重要。

③ 时空分布分析。通过分析矿震事件的时空分布，可以识别潜在的危险区域和时间，从而采取预防措施。

④ 能量释放监测。监测矿震活动中能量的释放情况，有助于了解矿山应力状态和潜在的危险。

⑤ 远程在线监测平台。矿震数据可以实时上传到远程在线监测平台，专家可以利用这些数据进行进一步的分析和预警。

⑥ 多参数监测预警云平台。结合多种监测参数，如地质、气象和工程活动数据，通过云平台进行综合分析，提高预警的准确性和效率。

智慧矿山矿震监测系统的发展趋势是利用物联网、云计算、大数据和人工智能等新兴技术，对大量监测数据进行信息采集、存储和挖掘，从智能感知、实时监测层面改进矿震监测技术，进而保证在安全生产的前提下实现自动监测、智能预警。

(5) 突水监测数据

突水监测数据主要包括矿井水位、流速、压力、水质等，以及与突水风险相关的地质结构数据。这些数据通过传感器网络收集，能够实时对可能的突水风险进行预警，指导矿山采取预防措施，如加强矿井防水隔离、排水系统优化等，确保矿工安全与矿山生产的连续性。智慧井下突水监测数据是利用先进技术收集的关键信息，用于实时监控矿井中的水文地质条件，预防和预警突水灾害。以下是智慧井下突水数据监测的几个主要方面：

① 水位和流速监测。通过压力和超声波传感器实时收集巷道内的水位、流速等相关数据。这些数据对于评估突水风险至关重要。

② 数据传输。收集到的数据通过矿井工业环网上传至地面突水监测及预警平台，确保信息的实时性。

③ 预警模型。结合突水征兆相关特征，训练数据并建立突水预警模型。一旦发现数据异常，平台会迅速进行分析判别，提供突水灾害预警。

④ 应急响应。结合井上下相关数据，一旦发生突水灾害，可以立刻确定突水点所在区域，为应急救援提供关键信息。

⑤ 多重目标实现。该技术不仅能实时监测井下涌水量变化，还提供成本最优的传感器布置方案，监测突水灾害的发生，并对潜在重大突水灾害进行预警。

智慧井下突水监测技术对于提高矿井水害防治水平、保障生产、节约成本等具有重要意义，能够有效解决矿井突水发现晚、预警难的问题，显著提升经济和安全效益。随着科学技术的不断发展，矿井突水监测及预警技术将逐步实现矿井突水防治的精准监测，为矿山事故预防做出重大贡献。

智慧矿山安全监测系统还可以通过佩戴在矿工身上的传感器设备实时采集矿工的生理参数、位置信息等数据。借助人工智能技术，系统可以分析这些数据，判断矿工是否处于疲劳、高风险区域等状态。一旦发现矿工出现异常，系统可以自动发出警报，提醒相关人员及时采取行动，避免事故的发生。此外，国家矿山安全监察局发布的《智能化矿山数据融合共享规范》提供了详细的指导，包括基础共性、数据编码、数据采集、数据治理、数据安全、数据应用等多个方面的规范。

4.2.1.4　*矿山管理数据信息流*

智慧矿山管理数据信息通过井上下监测和通信技术采集和传输，确保了矿山安全与高效运营。

(1) 人员位置数据

人员定位系统是智慧矿山的核心部分之一。通过在矿工安全帽或服装中安装定位芯片，结合地下定位基站和地面控制中心，实现对井下人员实时位置的精准监控。这不仅有助于提高生产效率，确保作业人员在正确的作业区域，更重要的是能在紧急情况下迅速定位人员位置，有效指导救援行动。

数据获取方式方面，矿工通常会佩戴含有 RFID(无线射频识别)、UWB(超宽带技术)、或 BLE(蓝牙低能耗)等技术的安全帽或定位标签。这些设备能够通过地下布置的感应器或基站，实时传输人员位置信息至地面控制中心。随着智能手机和平板电脑等设备的普及，它们也被用于获取人员位置数据，尤其是在开采环境较为安全的露天矿山中。通过预装的定位软件，这些设备可以通过 GPS 或网络定位功能，提供精确的人员位置信息。

数据传输方面，井下无线网络是人员位置数据传输的关键，包括 WiFi、LoRa 等技术。这些网络覆盖矿山的主要作业区域，保障数据实时、准确地传输回控制中心。在某些特定场景下，也会使用有线网络来传输数据，尤其是在网络信号覆盖不到的深井作业环境中。

数据处理技术方面，地面控制中心通过 GIS(地理信息系统)软件实时展示每位矿工的位置，操作人员可以轻松识别任意一个人的具体位置，实现实时监控。除了实时数据，系统还能记录人员的历史移动轨迹，便于事后分析、审查和改进安全管理措施。

通过监控人员的实时位置，管理人员可以确保矿工不进入危险区域，同时监控作业人员的密度，避免人员聚集引发安全事故。发生事故时，迅速确定受困或失联人员的位置对救援工作至关重要。通过分析人员位置数据，救援队伍可以更有针对性地进行搜索和救援。

(2) 井下通信数据

利用 5G 和 WiFi 6 等先进通信技术，保证井下通信的稳定性和高速传输，支持实时数据传输和远程控制，为矿山操作提供强大的数据支撑。井下通信系统保障了地面与井下各工作位置的信息流通。通过安装在井下的通信基站和地面控制中心的通信服务器连接，实现语音、数据和视频的实时传输。这个系统对于日常的指挥调度、紧急情况下的应急响应和救援具有至关重要的作用。

技术方面，传统的井下通信依赖有线电缆，如双绞线、同轴电缆和光纤。光纤通信因其高传输速度、远距离传输和抗干扰能力强等优点，被广泛应用于井下通信系统。无线通信技术在井下通信系统中的应用越来越广泛，提高了井下通信的灵活性和可靠性。

系统组成方面，包括手持对讲机、个人定位器、移动终端(如智能手机或平板电脑)等。这些设备支持语音、数据和视频的传输，使矿工可以随时与地面或其他井下工作人员通信。井下通信基站是确保无线信号覆盖的重要设备，它们部署在井下的关键位置，以支持终端设备的通信需求。地面控制中心通过井下通信系统，实时接收和发送信息，对井下作业进行实时监控和指挥。

井下环境复杂，通信信号覆盖是一个挑战。通过合理布置通信基站和使用中继器等设备，可以有效解决信号覆盖问题。井下恶劣的环境对通信系统的稳定性和可靠性提出了更高要求。采用冗余设计、定期维护和采用高可靠性的设备是确保系统稳定运行的关键。井下通信数据对于智慧矿山的安全生产至关重要，不仅保障了日常作业的通信需求，还为紧急情况下的快速响应提供了强大的信息支持。

(3) 视频图像监控数据

视频监控系统在智慧矿山中起着“眼睛”的作用，通过安装在关键位置的摄像头，实时传输视频图像回地面控制中心。监控系统不仅用于日常的生产监督，确保作业安全，还能在发生安全事故时，为应急指挥提供直观的现场情况，帮助做出更准确的判断。利用安装在矿区的摄像头收集的视频数据，结合AI智能算法，对人、车、物、危险行为等进行识别和监控，一旦发现异常，立即触发警报，保障矿山安全。

视频监控系统组成主要有以下几个部分：① 摄像头，它是视频监控系统的核心，按照安装位置和用途不同，可以分为固定摄像头和移动摄像头。高清、夜视和防爆型摄像头等特种摄像头在特定环境下使用，以适应矿山复杂多变的监控需求。② 传输设备，包括有线和无线传输设备，负责将摄像头捕捉的视频数据传输到控制中心。光纤、同轴电缆、无线网络等传输方式根据实际环境和要求选择。③ 存储设备，视频数据量巨大，需要通过视频管理系统（VMS）对数据进行有效管理。视频数据通常存储在本地硬盘录像机（DVR）、网络视频录像机（NVR）或云存储中。④ 显示和控制设备，地面控制中心通过大屏幕、电脑等显示设备实时查看视频数据，并通过软件对摄像头进行控制和管理。

视频监控的功能主要体现在以下几个方面：一是实时监控，实时监控矿山的生产作业、设备运行状态和人员动态，为管理人员提供即时的作业场景；二是回放查询，事后查询特定时间段的视频记录，用于事故调查、证据收集和安全分析；三是事件警告，结合视频分析技术，系统可以自动识别异常情况（如非法入侵、火警等），并及时向管理人员发出警告；四是远程控制，通过软件对摄像头进行远程控制，包括调整监控角度、焦距和进行摄像头的开关。

在视频数据实际应用中，存在以下问题：① 矿山环境复杂，如高湿、粉尘、振动等条件对摄像头的性能提出了高要求。采用特殊设计的防护罩和防爆、防水、防尘的摄像头是必要的。② 海量的视频数据对存储空间和数据管理提出了挑战。采用高效的视频压缩技术、智能化的数据管理系统，以及根据需要合理规划存储空间，是解决这一问题的关键。③ 高清视频数据传输需要较高的网络带宽。通过网络优化和应用有效的视频压缩技术可以减轻这一压力。

（4）应急指挥数据

应急指挥系统是智慧矿山中用于处理紧急情况的系统。它整合了人员定位、通信和视频监控等数据，通过预设的应急响应流程，实时分析事故发生的位置、类型和可能的影响范围，快速制定出应急救援方案，并通过井下通信系统下达指令，组织救援行动。在紧急情况下，如发生矿难等，通过集成的监控系统，实时收集和分析数据，快速制订应急响应计划，有效指挥救援行动，减少事故损失。

在对应急指挥类数据进行处理时，要注意不同系统产生的数据格式和标准可能不同，需要通过数据集成技术实现数据的统一管理和共享。应急情况下对数据的实时性和准确性要求极高，需要采用高效的通信网络和可靠的数据处理技术。建立基于人工智能和大数据分析的决策支持系统，能提高应急决策的速度和准确性。应急指挥数据的有效管理和应用是智慧矿山实现高效应急响应的关键，通过科技手段提升矿山的安全管理和应急处置能力，能保护人员安全和生产稳定。

（5）生产调度数据

生产调度系统是智慧矿山实现高效生产的核心。该系统收集和分析来自生产各环节的数据，如采掘工作面的进度、运输设备的状态、物料的流向等，通过优化算法自动制订或调整生产计划和物流调度方案，实现资源的最优配置，以提高生产效率，降低成本。

生产调度数据主要包括以下几个方面：① 作业计划数据，包括矿山的生产计划、作业区域划分、资源分配计划等，为生产调度提供基础指导；② 人员分配数据，详细记录每位员工的工作位置、岗位职责和工作时段，用于优化人力资源的分配和调整；③ 设备状态数据，包括各种采矿和辅助设备的运行状态、维护周期、故障记录等，用于保障生产设备的高效运行和预防性维护；④ 物料流动数据，跟踪原材料、半成品和成品在生产过程中的流动情况，包括存储位置、数量、流向等，以优化物流和库存管理。

生产调度的功能主要体现在以下几个方面：① 计划执行监控，通过对生产计划执行情况的实时监控，及时发现偏差并调整计划，确保生产目标的达成；② 资源优化配置，通过分析人员、设备和物料的使用效率，实现资源的最优化配置，减少浪费，提高生产效率；③ 安全风险控制，结合环境监测数据，对生产过程中可能出现的安全风险进行预警，及时采取措施，避免事故发生；④ 应急响应，在紧急情况下，根据预设的应急计划，快速进行人员撤离、设备关闭等应急操作，最小化事故损失。

生产调度涉及多个系统和数据源，数据集成和统一管理是一大挑战——采用中间件技术和数据标准化可以有效解决这一问题。生产调度需要快速响应生产变化，对数据的实时性要求极高——建立高效的数据收集和传输机制，确保数据的即时更新和准确性。随着人工智能和大数据技术的发展，提升生产调度的智能化水平，通过算法优化资源配置和作业计划，是未来发展的趋势。生产调度数据的高效管理和应用是智慧矿山实现安全、高效、低成本运营的关键。

智慧矿山管理数据信息流通过井上下监测和通信技术，确保了矿山的安全与高效运营。其中，人员位置方面，通过 RFID 或 WiFi 标签实现了井下人员的实时追踪，从而确保了安全；井下通信数据利用无线网络系统保持通信畅通，支撑紧急响应；视频图像监控数据通过闭路电视进行环境监控和远程操作；应急指挥数据方面，集成了传感器信息和通信系统，优化应急响应；生产调度方面则通过实时分析优化资源配置和作业计划，提升生产效率。人员位置数据的有效管理和应用是智慧矿山安全管理的重要组成部分，通过高科技手段保障矿工的安全并提高矿山的生产效率。井下通信数据的稳定和可靠性对日常作业和紧急响应至关重要，随着 5G 和 WiFi 6 等先进通信技术的应用，井下通信的稳定性和高速传输得到了保证。视频图像监控数据不仅用于日常的生产监督，确保作业安全，还能在发生安全事故时为应急指挥提供直观的现场情况。应急指挥数据的集成和应用，提升了矿山的安全管理和应急处置能力，保护了人员安全和生产稳定。生产调度数据通过高效的管理和应用，实现了安全、高效、低成本的矿山运营，随着技术的进步，生产调度系统将更加智能化、自动化，进一步提升矿山的竞争力。

4.2.1.5 地面环境数据信息流

(1) 矿区大气监测数据

矿区大气监测主要关注的是空气质量及其变化，特别是矿区活动可能释放的有害气体（如硫化氢、甲烷等）和扬尘的监测。这些数据对于评估矿山活动对周边环境的影响、制定相应的减排措施及保障周边社区居民的健康至关重要。矿区大气监测主要关注的核心指标，包括但不限于颗粒物、有害气体、挥发性有机化合物、放射性物质等的数据。具体来讲，矿区大气监测可分为以下几个方面。

① 监测项目：包括但不限于颗粒物（PM2.5 和 PM10）、一氧化碳（CO）、二氧化硫

(SO_2)、氮氧化物等。

② 监测手段：利用固定的监测站和移动监测设备，实时收集大气数据。高级监测设备还能实现数据的远程传输和实时分析。也可利用搭载相应传感器的无人机在矿区上空进行空气质量监测，这对于难以接近的区域尤其有效。

③ 数据处理和应用：对收集到的大气监测数据进行分析，可以帮助矿区管理者及时调整生产活动，采取有效措施减少对大气的污染。收集到的监测数据通过软件平台进行实时分析，能及时发现污染事件，评估空气质量状况。通过对历史监测数据的分析，可以评估矿山环保措施的效果，预测未来空气质量的变化趋势。根据监测数据，结合预设的污染物浓度阈值，可实现自动预警，指导紧急减排措施的实施。

由于环境因素的影响，保证数据的准确性是一个挑战。采用多点、多技术的监测手段，以及定期校准设备，可以提高数据准确性。矿区大气监测会产生大量数据，需要有效的数据管理系统来进行集成、存储和分析。随着环保法规的更新和技术的发展，监测系统需要灵活适应新的要求，定期更新监测指标和技术。

(2) 地表沉陷监测数据

地表沉陷监测是指通过技术手段监测矿区及周边地面沉陷的程度和范围，这对预防和减轻采矿活动可能引起的地表沉陷灾害、保护地面建筑物和公共设施的安全具有重要意义。智慧矿山地表沉陷监测是为了评估和预防由矿山开采活动引起的地面变形和沉陷，从而保护地表设施和环境，确保矿区及周边地区的安全。地表沉陷监测通过收集地表移动和变形的数据，帮助矿山管理者及时了解地表沉陷的速度、范围和趋势，以便采取适当的预防措施或进行地面稳定性的修复工作。

监测技术方面，包括传统的地面测量和现代的遥感技术[如 InSAR(合成孔径雷达干涉技术)]，后者能够提供更广泛、更高精度的监测数据。监测数据类型包括：① 沉陷速率，即地表沉陷的速度，通常以“mm/a”为单位。沉陷速率的监测有助于评估沉陷进程的快慢和可能的风险级别。② 沉陷总量，即在一定时间范围内，某一特定点或区域地表沉陷的总体程度，反映了沉陷累积效应的大小。③ 空间分布，即地表沉陷发生的区域范围和分布模式，帮助识别受影响的区域和潜在的风险点。通过对一系列时间点上的监测数据进行分析，可以追踪地表沉陷的发展趋势和变化规律。

通过分析地表沉陷数据，可评估对建筑物、道路、管线等地表设施以及矿区周边环境可能造成的风险。可据此建立地表沉陷预警系统，当监测到的沉陷速率或总量超过预设阈值时，系统自动发出预警，以便及时采取应对措施。地表沉陷监测数据为矿山管理决策提供科学依据，包括矿区规划、采矿方法选择、地面稳定性改善措施的制定等。

地表沉陷监测涉及多种技术和方法，如何有效集成和管理不同来源的数据是一大挑战。使用统一的数据管理平台和标准化数据格式可以提高数据集成的效率和质量。实现地表沉陷的实时监测和快速分析对于及时应对潜在风险至关重要。采用自动化监测设备和开发高效的数据处理算法是解决这一问题的关键。

(3) 土壤环境监测数据

进行土壤环境监测主要是为了评估矿山活动对土壤质量的影响，监测矿区及周边土壤中重金属、有害化学物质的含量，以及土壤的理化性质变化。

监测项目：重金属含量(如铅、镉、汞等)、pH 值、有机物含量、土壤湿度等。

监测手段：采用土壤样本采集及实验室分析的方式，对矿区及周边土壤进行定期监测。

数据应用：通过分析土壤监测数据，评估矿业活动对土壤的影响，指导土壤修复工作和矿区环境治理。

智慧矿山地面环境数据的综合应用能够实现对矿区环境影响的全面评估和监控，为环境保护和可持续发展提供数据支持。然而，地面环境数据的收集和分析面临着技术、成本和数据管理等挑战。采用先进的监测技术、建立科学的数据分析模型和加强跨部门合作，是有效应对这些挑战、提高环境监测效率和准确性的有效途径。

总的来说，智慧矿山通过高度集成和实时处理的数据信息流实现自动化和智能化管理，这些数据覆盖地质感知、生产系统、安全监测、矿山管理和地面环境等多个方面，形成了地质感知信息流、生产系统信息流、安全监测信息流、矿山管理信息流和地面环境信息流。地质感知数据信息流包括地形地貌、地质填图、遥感数据、物探数据和钻探数据等，为矿山提供全面的地质信息支持。生产系统数据信息流涵盖采掘系统、提升系统、通风系统、排水系统、供电系统、带式运输系统和无轨车辆系统，用于优化矿山运营，提升安全性能和资源利用率。安全监测数据信息流涉及瓦斯监测、自燃监测、粉尘监测、矿震监测和突水监测，通过实时数据分析和智能预警提升矿山安全管理水平。矿山管理数据信息流包括人员位置数据、井下通信数据、视频图像监控数据、应急指挥数据和生产调度数据，用于确保矿山的安全与高效运营。地面环境数据信息流包括矿区大气监测、地表沉陷监测和土壤环境监测，用于实现矿区环境影响的全面评估和监控。这些综合应用的数据不仅为环境保护和可持续发展提供支持，也面临技术、成本和数据管理的挑战，需要采用先进的监测技术、建立科学的数据分析模型和加强跨部门合作来提高环境监测的效率和准确性。

4.2.2 智慧矿山数据预处理

智慧矿山涉及利用信息技术和自动化设备来优化矿山的开采、运输、分选和安全管理，其中数据预处理技术是实现智慧矿山的关键环节之一。数据预处理是指在数据分析之前对收集的原始数据进行清洗、转换、规范化等处理，以提高数据质量，确保后续分析和模型建立的准确性和效率。在智慧矿山的背景下，数据预处理技术主要包括以下几个方面。

4.2.2.1 *矿山数据清洗*

智慧矿山数据清洗技术是智慧矿山数据预处理的一个重要环节，主要目的是提高数据质量，确保数据分析和挖掘的准确性。数据清洗包括识别并纠正数据集中的错误和不一致，如去除重复数据、处理缺失值、纠正错误数据和异常值等。以一个智慧矿山项目为例，现采集了大量地下环境监测数据、设备状态数据和生产作业数据。这些数据源自地下不同监测站的传感器、设备日志以及作业记录。原始数据中存在缺失值、异常值和重复记录，需要通过数据清洗技术进行处理。

(1) 处理缺失

监测数据中由于某些传感器故障会导致部分时间段的数据缺失。对于这种情况，可以采用插值法来填补缺失值，如使用前后时间点的平均值、中位数或利用时间序列预测模型预测缺失值。

(2) 纠正错误数据

在设备状态数据中，某些记录显示设备的运行温度异常高，远超正常范围。通过与设备维护日志对比，发现这些异常记录是在设备维护期间产生的错误数据。对于这种情况，可以将这部分数据标记为无效数据或直接删除。

(3) 处理异常值

在生产作业数据中，发现某几条记录的矿石产出量异常，与历史数据相比差异过大。可采用箱形图(Box-plot)方法识别异常值，对于检测到的异常值，进行进一步的分析确定是否为真实情况，如果确认是错误的记录，则进行删除或修正。

(4) 去除重复数据

由于数据采集系统的问题，可能某时间段内的数据被重复记录多次。可以通过对数据进行去重处理，保留一条记录，删除其余重复的记录。

在进行数据清洗时，技术和方法的选择需要根据数据的特点和清洗目标来确定。例如，在处理缺失值时，如果数据具有明显的时间序列特征，可以考虑使用时间序列分析的方法来填补缺失值；在识别和处理异常值时，除了统计学方法，还可以结合领域知识进行判断，确保数据的真实性和可靠性。

4.2.2.2　矿山数据集成

数据集成是将来自矿山的各种异构数据源整合到一起，提供一个统一的数据访问界面或数据仓库，从而支持数据分析和决策制定。在智慧矿山中，数据集成不仅需要处理来自传感器、物联网设备、地质勘探系统、运营管理系统等不同来源的数据，还需要解决这些数据在格式、结构、时间序列上的不一致问题。一个运营着多个矿井的集团公司，每个矿井都装备了地下传感器网络、视频监控系统、地质勘探设备和车辆调度系统等。这些系统分别产生了关于地下环境、工作面监控、地质数据和各类运输的数据。矿山集团公司希望通过数据集成技术，将这些数据融合起来。

(1) 数据源识别和连接

首先要确定矿山中所有的数据源，包括传感器数据、视频数据、地质勘探数据和运营数据。使用适当的数据连接工具和接口(如API、数据库连接器等)来访问这些数据源。

(2) 数据抽取和预处理

对于每个数据源，抽取相关数据，进行初步的清洗和格式化处理。例如，将传感器数据从原始日志文件中解析出来，并转换为统一的数据格式。

(3) 数据融合和标准化

对抽取的数据进行融合，解决数据冲突和不一致的问题。例如，统一不同数据源中相同物理量的测量单位和时间格式。采用数据标准化技术，如ETL工具，来整合和转换数据。

(4) 构建数据仓库

根据数据分析和报告的需求，设计并实现一个数据仓库，用于存储集成后的数据。数据仓库设计应考虑支持多维度的数据查询和分析，如按时间、地点、设备等组织数据。

(5) 数据访问和分析

提供数据访问接口和分析工具，使得管理者和工程师能够查询、分析集成的数据。实现实时数据分析和预警系统，以支持矿山安全和运营效率的提升。

通过上述数据集成，矿山集团公司能够实现以下应用：① 综合安全监控，通过集成地下传感器网络和视频监控系统的数据，实现对矿山工作面的实时监控，及时发现安全隐患，如瓦斯超标、水害等。② 资源评估优化，将地质勘探数据和历史生产数据集成分析，评估矿区的资源储量和开采价值，优化开采计划。③ 生产调度优化，通过集成车辆调度系统和传感器数据，实现对矿山运输流程的优化，提高生产效率和降低成本。

4.2.2.3 矿山数据变换

数据变换是数据预处理的重要组成部分，目的是将原始数据转换成更适合分析和建模的形式。这一过程涉及多种技术手段，包括规范化、离散化、特征构造等。例如一个矿山企业希望通过分析下属各矿区的生产数据来优化资源配置，提高生产效率。原始数据包含了多个矿区的采矿量、能耗、设备运行时间等信息，但数据来源多样，格式各异，直接分析难以取得有效结果，因此，需要对数据进行变换处理。

(1) 数据规范化

首先，对各个矿区的能耗和设备运行时间进行规范化处理，以消除量纲的影响，便于进行跨矿区的比较。假设使用最小-最大规范化方法，将所有数值转换到 0～1 之间：

$$x_{\text{norm}} = \frac{x - x_{\min}}{x_{\max} - x_{\min}} \tag{4-7}$$

式中 $x_{\max}$、$x_{\min}$——数据在该特征上的最小值和最大值。

(2) 数据离散化

对于矿山的产量，由于它的量级变化较大，直接使用可能会导致模型对小规模矿区的数据过于敏感，因此，可以将采矿量离散化为“高”“中”“低”三个等级，这样便于进行分类分析。具体划分方法可以基于采矿量的分布情况，例如，采用三分位数作为阈值进行划分。

(3) 特征构造

考虑生产效率可能与设备运行效率和能源利用效率有关，可以构造新的特征反映这些信息。例如，可以计算每个矿区的能源利用率（单位能耗产生的采矿量）和设备利用率（设备运行时间占总时间的比例）作为新特征。

(4) 维度规约

如果原始数据中还包含了大量的其他信息，如员工数量、地理位置等，就可能导致分析模型过于复杂，增加分析的难度。可以采用主成分分析等方法进行维度规约，提取最重要的特征，减少数据的维度，同时尽可能保留原始数据的信息。

完成以上数据变换后，矿山企业可以基于处理后的数据构建生产效率预测模型，通过分析不同矿区的能源利用率和设备利用率等关键指标，识别生产效率较低的矿区，并进一步分析原因，制定针对性的改进措施。同时，通过比较不同矿区的生产效率和资源配置情况，企业还可以优化资源分配策略，提高整体生产效率。

由此可以看出，智慧矿山中的数据变换技术能够有效地处理和转换原始数据，为数据分析和决策提供支持，是实现智慧矿山的关键环节之一。

4.2.2.4 矿山数据规约

数据规约在智慧矿山的实践中是至关重要的环节，因为它不仅可以大幅减少数据处理的时间和存储需求，还能在不损失关键信息的前提下简化后续的数据分析和挖掘过程。数据规约主要通过减少数据的数量（数量规约）、降低数据的维度（维度规约）等方法实现。

(1) 时间序列数据的数量规约

智慧矿山中，传感器连续监测设备状态、环境质量等信息，产生大量的时间序列数据。

例如，空气质量监测传感器每分钟记录一次数据，包括温度、湿度、粉尘浓度等。原始数据量巨大，直接分析存储成本高且效率低。可以采用数据聚合技术对时间序列数据进行规约，例如，将连续记录的数据按小时或天进行聚合，计算每个时间段内的平均值、最大值和最小值。这样可以显著减少数据的数量，同时保留足够的信息进行环境质量评估和趋势分析。

(2) 高纬度数据的维度规律

在智慧矿山中，地质勘探过程中收集的数据涉及多个维度，如岩石的化学成分、物理特性、位置信息等，数据维度高，直接分析处理复杂且容易受到维度灾难的影响。可以采用主成分分析技术进行维度规约。通过 PCA，可以找到原始数据中变异性最大的方向，并将数据投影到这些方向上，形成的新空间中，通常仅需较少的主成分就可以解释大部分数据的变异性。例如，通过 PCA 将数十维的地质数据规约到 3～5 个主成分，不仅减少了数据的复杂度，而且便于后续的聚类分析和可视化。

(3) 基于特征选择的数据规约

智慧矿山中的设备故障预测模型通常需要基于设备运行数据构建，这些数据包括设备的运行参数、历史故障记录、维护信息等，其中包含了大量的特征，但并非所有特征都对故障预测有帮助。可以采用特征选择方法，如基于模型的特征选择(例如，使用随机森林的特征重要性评分)，来识别和选择与设备故障最相关的特征子集。通过剔除无关特征或噪声特征，可以减少模型的复杂度，提高预测的准确性和模型的泛化能力。

(4) 数据采样

在智慧矿山的生产过程监控中，数据规约还可以通过采样来实现。例如，在监控矿山车辆的运行状态时，原始数据包括车辆的位置、速度、载重等信息，每秒产生多条记录。采用系统采样或随机采样方法从原始数据中抽取有代表性的样本，可以减少数据量。例如，每分钟抽取一次数据记录作为样本，用于车辆运行趋势分析。这种方法在减少数据量的同时，还能保留足够的信息用于监控和分析。

4.2.2.5 *矿山数据特征提取*

智慧矿山的核心目标在于通过高级数据分析和机器学习技术，实现矿山生产的优化和安全监控的自动化。矿山数据特征提取是实现这一目标的关键环节之一。它涉及从原始数据中识别出对预测、分类或其他数据分析任务有用的信息。

(1) 地质勘探数据特征提取

在地质勘探阶段，通过分析钻探样本数据和地球物理测量数据，可以提取有关矿体分布、品位、结构等的特征。例如，使用光谱分析技术可以从样本中提取矿石成分的特征，结合地理信息系统技术，可进一步提取矿体空间分布特征。这些特征有助于评估矿产资源的价值和开采难度，为矿山规划和设计提供依据。

(2) 设备监测数据特征提取

矿山智能化管理中，设备状态监控是一个重要方面。通过对设备传感器数据的分析，可以提取反映设备健康状态的特征，如振动频率、温度变化趋势、功率消耗等。利用这些特征，可以构建设备故障预测模型，实现设备故障的早期预警。

(3) 环境监测数据特征提取

矿山生产活动对周边环境有着直接的影响，因此环境监测是智慧矿山中不可忽视的一部分。通过对空气质量、水质、噪声等环境监测数据的分析，可以提取环境污染的特征指标，如 PM2.5 浓度、水中重金属含量、噪声分贝等。这些特征有助于评估矿山生产对环境的影响，指导环境保护措施的制定与实施。

(4) 视频监控数据特征提取

在智慧矿山中，视频监控系统不仅用于安全监控，也是重要的数据来源之一。通过对视频数据的分析，可以提取工作区域人员密度、车辆运行状态等特征。这些特征可以应用于工作区域安全管理，例如通过分析人员密度特征，实现人员超员预警；通过分析车辆运行状态特征，监控非法车辆入侵等。

在实施特征提取的过程中，通常需要经过数据预处理、特征工程等步骤，确保提取的特征具有良好的代表性和可解释性，为后续的数据分析和模型建立提供可靠的输入。

4.2.3 智慧矿山数据融合处理

智慧矿山的数据融合处理是指将来自矿山各个角落的异构数据整合成一个统一的、有意义的信息集，以支持决策制定和高效管理。矿山物联网的信息融合结构主要由以下部分组成：多类传感器集合、数据融合以及数据共享和应用。智能化矿山数据融合共享规范体系构架如图 4-9 所示。

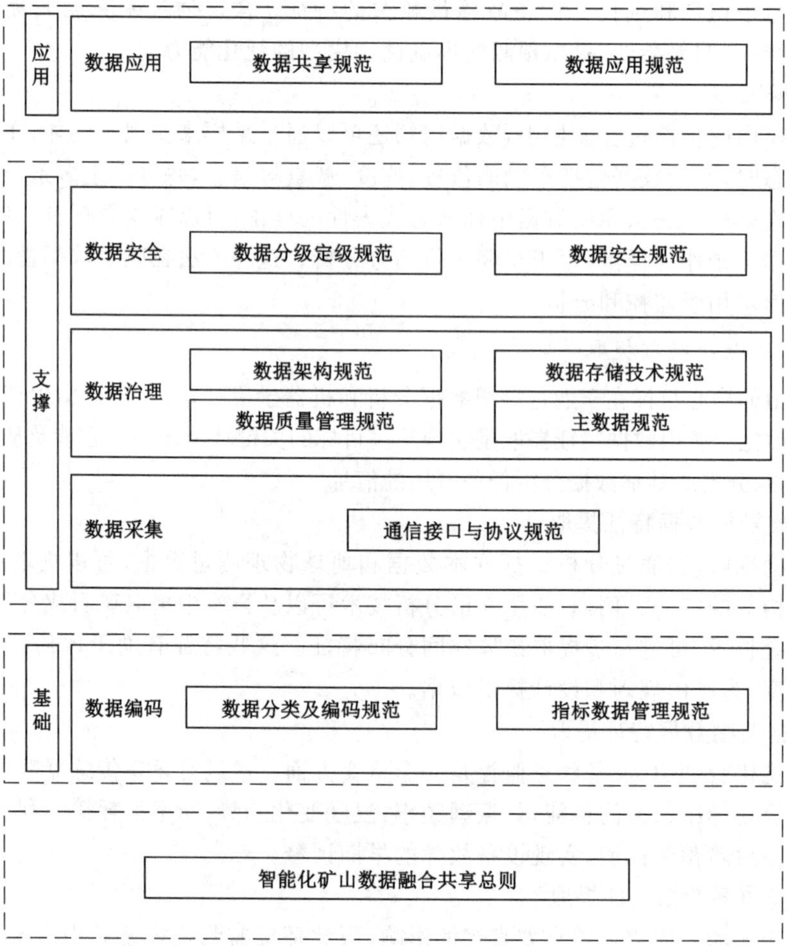

图 4-9 智能化矿山数据融合共享规范体系构架

4.2.3.1　多类传感器集合

在智慧矿山的数据融合处理中，多类传感器集合部分是基础和关键，它负责直接从矿山环境和作业设备中采集各种类型的数据。这些传感器通常分布在矿山各关键位置，如生产作业面、运输路线、通风系统以及其他重要的监测点，以确保能够全面收集到矿山运营的相关数据。

智慧矿山利用地面和井下的多种传感器，如温度、湿度、气体浓度、压力、振动等传感器，以及视频监控、RFID、GPS 等技术，实时采集矿山的生产环境数据、设备状态数据和人员位置数据。

4.2.3.2　数据融合技术

采集到的数据通过数据融合技术进行整合，包括数据预处理、特征提取、数据同步、多传感器数据融合等步骤，以确保数据的准确性和一致性。融合后的数据被送入数据分析平台，运用机器学习、深度学习等人工智能技术进行智能分析，从而实现对矿山安全、生产效率和设备健康状况的实时监控和预测。这些技术可分为以下几类。

(1) 基于模型的融合：通过建立数学模型来描述不同数据源之间的关系，然后根据这些模型来合并数据。

(2) 基于规则的融合：定义一组规则来指导如何合并数据，如优先级规则、冲突解决规则等。

(3) 统计方法：基于统计学原理来分析和合并数据，如贝叶斯方法、决策树分析等。

(4) 机器学习方法：利用机器学习算法来自动识别数据之间的关联和模式，从而实现数据的智能融合，如聚类分析、神经网络等。

尽管多类传感器集合为智慧矿山带来了巨大的潜力，但也面临着数据融合的准确性、实时性和系统的稳定性等挑战。未来的发展方向包括提高传感器的精度、开发更高效的数据融合算法、增强系统的抗干扰能力等。

4.2.3.3　数据共享与应用

融合后的数据可以被存储在数据中台，供不同的业务系统和用户访问和使用。这样可以提高数据的可用性和价值。在智慧矿山的背景下，数据级融合是实现高水平智能化的基础。它能够打通数据孤岛，推动各类数据的互联互通和集中集成，为过程可视可控、安全可防可测、要素可调可配的矿山智能化奠定基础。矿山数据共享流程如图 4-10 所示。

(1) 数据共享平台建设

智慧矿山通过建立数据中台，实现了矿山各类感知数据、业务数据、管理数据、文本数据、空间数据的统一管理。数据中台不仅是数据采集、存储、建模、分析、应用的统一平台，也是智能化矿山建设的数据底座。

(2) 数据融合共享规范

国家矿山安全监察局于 2023 年发布了《智能化矿山数据融合共享规范》，包含基础共性、数据编码、数据采集、数据治理、数据安全、数据应用等多个专题，旨在规范矿山数据的融合共享。

(3) 智慧矿山大数据应用

智慧矿山大数据应用平台能够支撑矿业自动化、安全监测等生产系统海量数据的高效

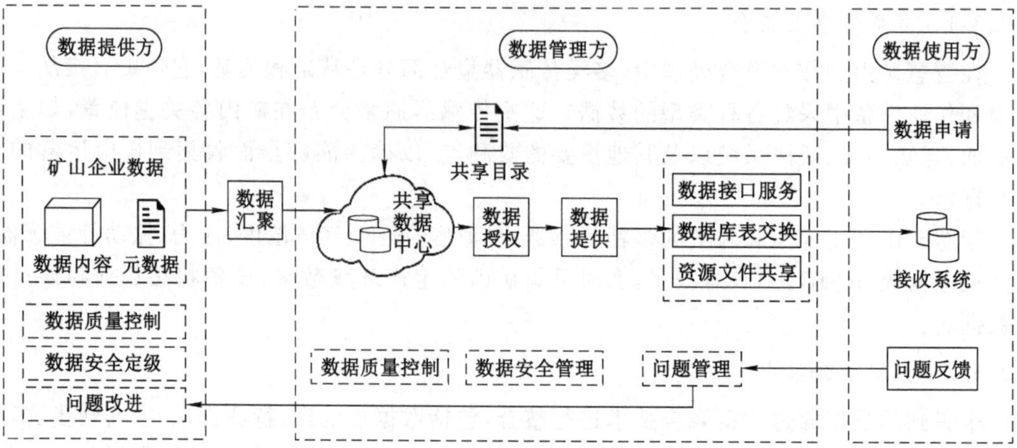

图 4-10　矿山数据共享流程

接入和实时处理,实现安全生产、经营、人力、财务等数据的融合共享。

(4) 数字孪生技术应用

智慧矿山结合物联网、人工智能、大数据技术,利用数字孪生技术实现物理矿山实体与数字矿山孪生体之间的虚实映射、实时交互,部署相应的生产管控系统,实现数字资源的整合。

(5) 智能化应用服务

智慧矿山的数据共享与应用最终用于支撑各类智能化应用服务,如矿山智慧精益管控平台,助力矿山企业产供销智能联动,实现精益智能管控。

智慧矿山数据共享与应用通过整合和优化数据资源,为矿山企业提供了强大的数据支持,推动了矿山智能化和精益管理的发展。在智慧矿山的实际应用中,这些技术和流程使得来自矿山的海量、多源、异构数据能够被有效地整合和分析,支持矿山智能决策处理的相关技术和案例的实现。例如,采用标准化的数据处理及转换流程,可以实现对矿山各系统的实时监测数据进行动态展示,并支持矿井灾害应急救援指挥和多系统的融合联动。这不仅提高了矿山安全管理的效率,也为矿山智能化提供了强有力的数据支撑。

4.3　矿山智能决策技术

矿山生产系统和生产环境复杂,矿山决策系统就是要针对井下各类问题,从全面掌控矿山安全生产的角度出发,基于矿区地面、井下环境,巷道和机电设备的工作状态,井下人员分布和环境灾害灾变等,将物联网应用于矿山,通过各种感知手段,对真实矿山的地理、地质环境实现可视化,对矿山生产、安全管理、产品加工与运销等进行数字化,使矿山建设和矿山生态走向智能化,以高效、安全、绿色开采为目标,保证矿山经济的可持续增长。

矿山决策支持系统(MDSS)是为矿山管理和运营决策提供技术和数据支持的综合信息系统。它通过集成数据采集、数据分析、预测建模和优化算法等技术,帮助矿山管理者在复杂多变的生产环境中做出更科学、更高效的决策。

4.3.1 矿山智能决策系统组成

矿山决策支持系统是一个为矿山管理和运营决策提供支持的复合信息系统。它利用计算机技术对矿山生产、安全、环保等数据进行收集、处理、分析和评估，为矿山管理人员提供科学的决策支持。矿山决策支持系统主要由数据库、模型库、方法库和知识库四部分构成，每个部分承担着系统不同的功能和责任。感知矿山系统组成如图 4-11 所示。

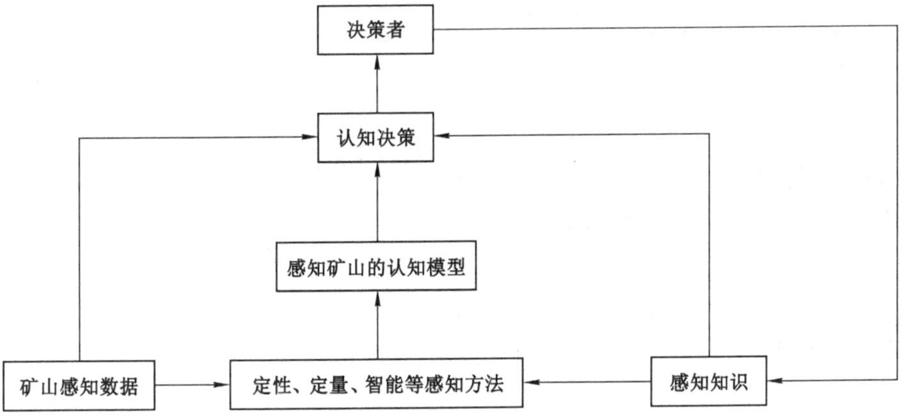

图 4-11　感知矿山系统组成

(1) 决策支持系统数据库

矿山智能决策系统的组成和构建涉及多个系统的协同，前述内容中已详细介绍了通过各类传感器来收集矿山各类信息和数据，包括基础类、生产类、安全类和管理类四大部分。

基础类数据涉及矿山的基本信息和条件，如矿山的地理位置、地质条件、开采条件、灾害条件等。它们为矿山的运营提供了基本的背景信息，是其他类别数据的基础。

生产类数据主要包括与矿山生产直接相关的数据，如采煤、掘进、供配电、提升、主运输、辅助运输、通风、供水、排水、降温制冷、分选等。这些数据反映了矿山的生产活动和效率。

安全类数据涵盖了矿山安全监控、井下作业人员管理、视频监控、通信联络、风险分级管控、事故隐患排查治理、上级安全检查、不安全行为管理、事故管理、安全培训、职业健康、应急管理、环境保护等方面的数据。

管理类数据包括矿山管理层面的数据，如人力资源管理、财务管理、审计管理、物资管理、设备管理、运销管理、节能减排管理、科技管理、项目管理、法务管理、综合管理、信息化管理等。管理类数据可帮助矿山管理者进行决策，确保矿山运营的高效和合规。

(2) 决策支持系统模型库

模型库是智慧矿山决策支持系统的核心组成部分之一，主要负责存储和管理各种用于分析和解决矿山运营中遇到问题的模型。模型库中包含的模型可以基于不同的算法和技术，如统计分析、机器学习、优化算法等，以支持复杂的决策过程。模型库系统由于包含了各种数学模型和算法模型，可用于分析和处理数据库中的数据，以及对矿山的生产状态、安全状况等进行模拟和预测。模型库通过对数据的深入分析，支持决策制定过程中的各种需求，如资源优化分配、生产计划制订、风险评估和预警。决策系统模型库如图 4-12 所示。

在实际应用中，智慧矿山决策支持系统的模型库应该包含多个模型，以应对不同决策情

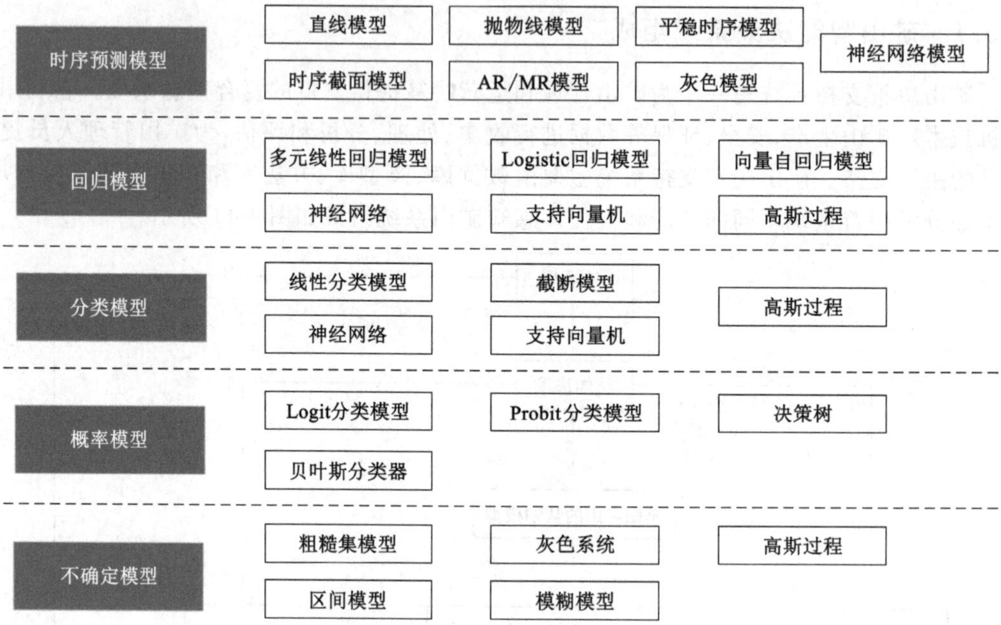

图 4-12 决策系统模型库

景。例如，在进行地质分析时，可以使用基于统计学的模型来预测矿产资源分布；在生产调度方面，可以采用优化算法来制订最优生产计划；在安全管理上，则可能需要利用模式识别和机器学习技术来预测和预防潜在风险。

具体来说，模型库中的统计学方法可以用于数据分析和解释，例如，通过回归分析预测矿产资源的分布，或使用聚类分析对矿山的生产数据进行分组。这些方法依赖历史数据，通过统计推断来支持决策过程。机器学习算法是模型库的重要组成部分，这些算法能够从数据中学习模式并做出预测。可以使用神经网络进行图像识别，以支持矿山的地质勘查工作；利用支持向量机解决分类问题，如将矿山区域分为高风险或低风险区域。深度学习技术，特别是卷积神经网络，也可以用于处理和分析矿山监控系统收集的复杂图像数据。模型库还包括用于生产调度和资源分配的优化算法。这些算法可以帮助矿山管理者制订最优的生产计划，以最大化资源利用率和生产效率。例如，线性规划和整数规划方法可以用于优化矿山的运输路线和设备分配问题。模型库为矿山的安全管理提供支持，包括使用模式识别和异常检测算法来预测和预防潜在的安全风险。通过分析从感知设备和监控系统收集的数据，这些模型能够及时发现异常情况，从而可以采取预防措施。

智慧矿山决策支持系统的模型库是一个动态系统，需要根据矿山运营的实际需求和最新的科研成果不断更新和扩展。这要求系统能够灵活地集成新模型，并优化现有模型的性能。模型库的有效性不仅依赖其内部的模型和算法，还取决于与决策支持系统中其他组件，如数据库、方法库、知识库等的集成程度。通过这种紧密的集成，模型库可以更有效地访问和处理所需的数据，从而提高决策的准确性和效率。

(3) 决策支持系统方法库

智慧矿山决策支持系统的方法库包含了用于数据处理和分析的各种算法和技术方法，

支持决策分析、预测模型构建、风险评估等关键功能。方法库中包含的数据处理和分析方法是实现数据价值最大化的关键。决策系统方法库如图 4-13 所示。

基本数学方法在数据处理和分析中占据基础地位，包括线性代数、微积分等，用于形式化和解决矿山问题。例如，在矿山开采过程中，运用基本的几何模型可以帮助确定矿体的位置和形状，而微积分方法可用于计算矿体的体积和开采量。这些方法为复杂问题提供了数学上的解决方案。统计分析方法在智慧矿山决策支持系统中用于数据的描述、推断和验证，包括描述性统计分析、假设检验、回归分析等。例如，通过对矿山生产数据的统计分析，可以发现生产过程中的规律和异常，为优化生产流程提供依据。在安全管理方面，统计分析方法可以用于分析事故发生的频率和原因，从而提出预防措施。优化方法在矿山管理中应用广泛，旨在实现资源利用和生产效率的最大化，包括线性规划、整数规划、动态规划等方法。例如，通过运用线性规划方法可以优化矿山设备的调度问题，确保资源的合理分配和使用，减少能源消耗，提高经济效益。预测方法包括时间序列分析、机器学习算法等。这些方法能够根据历史数据预测未来的矿产资源分布、生产量和安全风险。分类方法在处理矿山数据时用于识别和分类数据模式，包括决策树、支持向量机、神经网络等。这些方法可以应用于煤矿重大隐患和安全事故的预测，非煤矿山矿石品位的分类、岩石类型的识别等方面。

(4) 决策知识系统知识库

智慧矿山决策支持系统的知识库包含人员知识、设备知识和环境灾害知识三个主要方面，这些知识库能够为矿山安全生产和运营提供强有力的信息支撑和决策依据。

人员知识主要涵盖员工的依从行为、参与行为以及管理者的设计行为、管理行为和交流行为。管理者重视对员工的行为研究，特别是在安全生产方面。例如，使用穿戴式设备监测员工在井下的位置和行为，收集数据后，通过分析发现员工违规操作的模式。进一步结合管理者的决策行为分析，发现管理层在安全培训和沟通上存在不足。因此，通过增强交流沟通和安全培训，能有效降低事故率。这些知识通过对员工在矿山环境下的行为模式、安全意识和交流能力的深入理解，帮助管理者制定出更加有效的管理策略和安全预防措施，从而确保矿山的高效和安全运营。决策系统知识库如图 4-14 所示。

设备知识包括矿山中使用的各种机械和电子设备的安全常识、故障类型、维修策略以及专家经验。矿山设备的知识库不仅包含常见设备的操作和维护信息，还涵盖了如何通过设备的健康状况预测和诊断潜在的设备故障，从而实现预知维修和减少意外停机时间，保障矿山生产的连续性和安全性。例如，煤矿中采用了高度自动化的滚筒采煤机和液压支架，通过搭建设备知识库，实现了设备状态的实时监测和预测性维护。对于液压支架的压力异常，系统可以自动分析历史数据，预测可能的故障原因和维护方案，指导技术人员快速响应，减少了设备故障带来的生产停滞时间。

环境灾害知识关注矿山作业中可能遇到的各种灾害，如井下顶板事故、瓦斯爆炸、火灾、水灾、煤尘爆炸、机电事故等，以及这些灾害发生的条件、规律和预防措施。这部分知识通过分析过去灾害案例和现场数据，帮助构建灾害预警和应对策略，增强矿山的应急管理能力和灾害防控水平。

总结来说，智慧矿山决策支持系统包括数据库、知识库、方法库和模型库这四个核心组件。数据库为系统提供了丰富的原始数据资源，包括地质信息、生产数据和安全记录等，为决策提供数据支持。知识库积累了人员行为、设备运行以及环境灾害等方面的专业知识，为

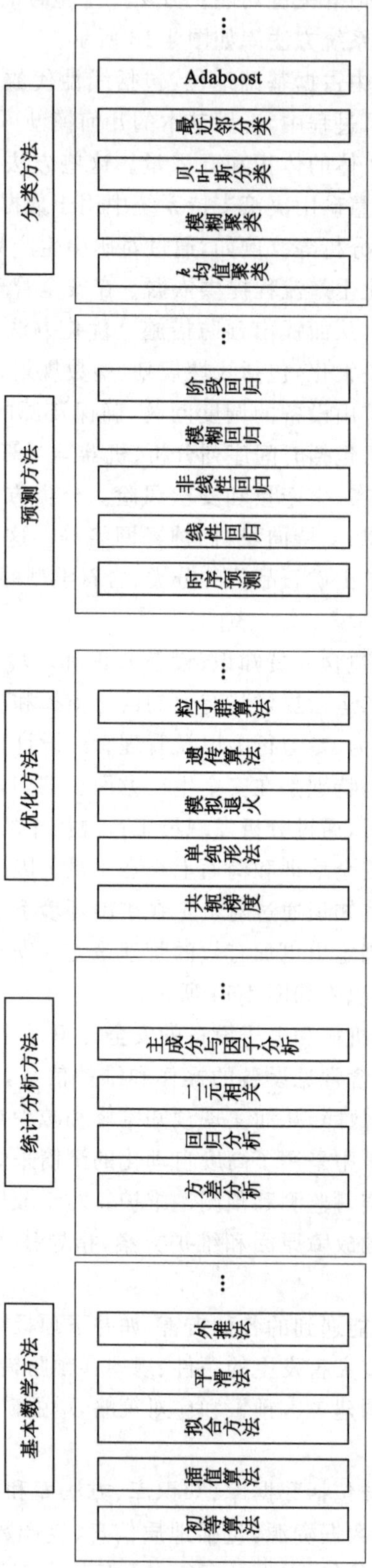

图 4-13 决策系统方法库

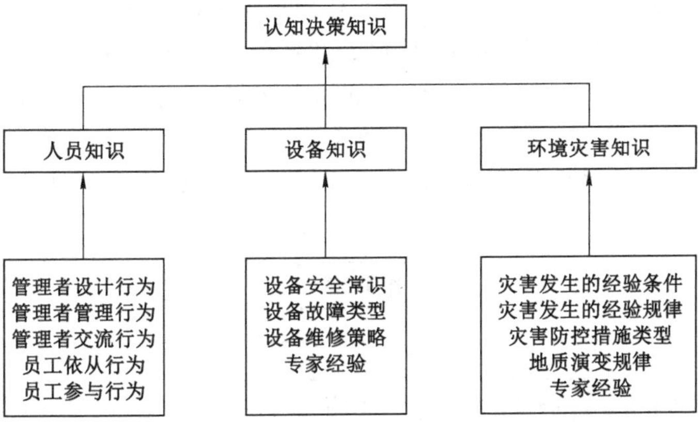

图 4-14　决策系统知识库

决策过程提供经验指导。方法库集成了数据处理和分析的算法，支持数据的有效处理和分析。模型库包含了多种用于解决矿山运营问题的模型和算法，支持复杂决策的模拟与预测。这四个组件相互配合，实现了数据到知识的转化，为矿山智能决策提供了强大的技术支撑，助力实现高效、安全、绿色的矿山开采。

4.3.2　矿山智能决策系统构架

智慧矿山智能决策系统构架在大数据技术的支撑下，主要依托数据采集、存储、处理、分析和可视化等关键技术环节构建。该架构通过整合矿山生产各环节的数据，包括地质勘探、开采、运输、安全监控等，实现数据的实时采集和高效管理。在此基础上，利用大数据分析技术，对采集到的海量数据进行深入分析和挖掘，以识别潜在的生产优化点和安全隐患。同时，智能决策系统还能基于分析结果自动制定决策方案，指导生产实践，从而提高矿山的生产效率和安全管理水平。

构建矿山智能决策系统需要建立决策模型，模型以矿山感知数据库采集存储的原始数据、矿山感知知识库汇聚的专业知识及经验案例为基础，支撑起运用科学算法处理加工数据知识的定性与定量智能感知方法库，进而助力构建感知矿山模型库以实现完整决策流程。此过程中，数据库、知识库和方法库共同支撑起感知矿山模型库，形成认知决策模型。矿山智能决策系统的构架是复杂而多层次的，涉及从数据感知到决策执行的多个环节。智能矿山的建设不仅仅是智能化系统的叠加或智能装备的应用，而是需要整体考虑采矿工艺系统、智能装备与控制系统的有效融合。智慧矿山的构架可以从业务场景和技术维度两个方面来看。业务场景主要涉及生产和管理，而技术维度则基于云、边、端的架构，实现数据的感知、计算以及智能化工作。

在智慧矿山决策系统运行中，高效决策需要通过数据融合来实现。数据融合是一种关键技术，它帮助提高决策的质量和速度。数据融合主要分为三个层次：数据级融合、特征级融合和决策级融合。

4.3.2.1　数据级融合

数据级融合通常指的是直接在原始数据层面进行合并处理。数据级融合是智慧矿山智能决策系统中一项基础而关键的技术，它直接作用于收集到的原始数据，通过整合和合并来自矿山不同数据源的信息，为后续的特征提取、数据分析和决策制定提供更全面、更一致的数据。数据级融合的目的是利用多个数据源的互补性，增强系统对矿山环境和操作状况的感知能力，从而提高决策的准确性和效率。在矿山智能决策系统中，数据级融合可以通过整合来自不同传感器、监控系统的原始数据来提供一个更全面的数据视图。数据级融合示意图如图 4-15 所示。

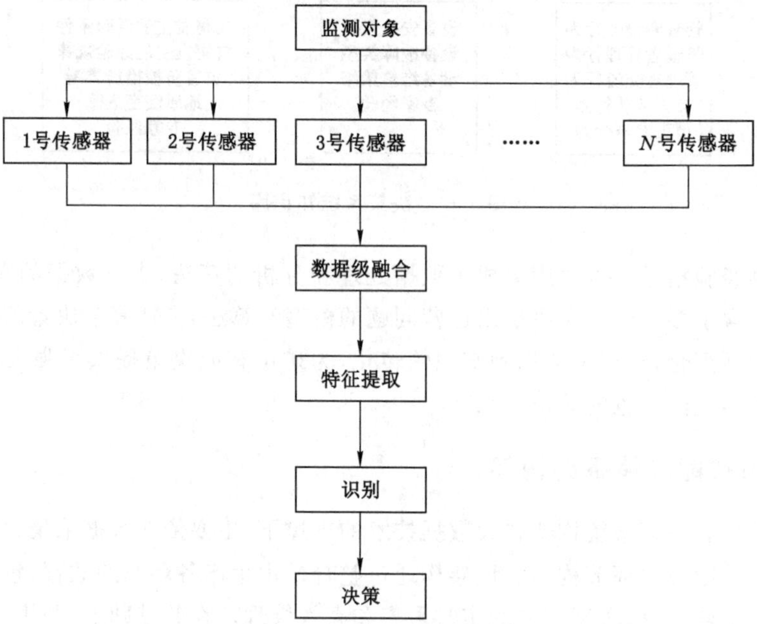

图 4-15　数据级融合示意图

(1) 应用场景

在智慧矿山环境下，数据级融合的应用场景包括但不限于以下几方面。

① 环境监测：通过融合地表和地下的监测数据，比如气象数据、地质数据、水文数据等，可以全面评估矿区环境状态，为生态保护和灾害预防提供数据支持。

② 设备监控：整合来自传感器、监控摄像头、自动化设备的实时数据，可以全面掌握设备运行状态，提前发现潜在的设备故障或安全隐患。

③ 生产管理：融合生产现场的各种数据，如采矿、运输、加工等环节的数据，有助于优化生产流程，提升生产效率。

(2) 技术方法

实现数据级融合通常涉及以下技术方法。

① 数据预处理：包括数据清洗、数据标准化等，目的是消除数据中的噪声和异常值，统一不同数据源的格式和度量单位，为数据融合创造条件。

② 数据同步：在多源数据集成过程中，确保数据的时序一致和空间一致是关键，这要求系统能够处理和同步来自不同传感器和设备的数据流。

③ 数据匹配与整合：通过数据匹配技术识别不同数据源中相同或相关的信息，然后采用适当的数据融合算法(如加权平均、最小二乘法等)进行整合，生成综合数据集。

(3) 关键问题

① 数据异构性：不同数据源可能采用不同的数据格式和标准，如何有效地解决数据异构性问题是数据融合中的一大挑战。

② 数据质量不一：原始数据可能存在质量差异，如精度、更新频率、可靠性等方面的差异，需要在数据融合过程中进行适当的权重分配和质量控制。

③ 实时性要求：对于某些需要快速响应的应用场景，如矿山安全监控，数据融合需要满足较高的实时性要求。

在煤矿中，数据级融合主要指的是对从多个传感器收集的原始数据进行融合处理，以提高数据的准确性和完整性。例如，一个煤矿部署了温度传感器、瓦斯浓度传感器、湿度传感器和尘埃浓度传感器来监控矿井环境。由于传感器分布在不同的地点，数据级融合可以通过一种集中式或分布式系统实现，以整合所有传感器数据，消除噪声，校正误差，提高数据质量。这一过程可能涉及时间同步、数据格式统一等。融合后的数据为后续的特征提取和决策分析提供了更准确、可靠的基础。

通过有效的数据级融合，智慧矿山智能决策系统能够获得更准确、更全面的数据视图，为矿山的安全生产、资源管理和环境保护提供强有力的数据支撑。

4.3.2.2　特征级融合

特征级融合指的是在特征层面对来自不同数据源或不同感知器的特征信息进行整合。与数据级融合直接在原始数据上进行操作不同，特征级融合更加关注数据的高级表示，即在进行融合之前首先从原始数据中提取有意义的特征信息。这种融合方式能够有效提升信息的可用性和决策的准确度，尤其在处理复杂和高维度数据时显示出其优越性。

特征级融合则是在数据被转换为特征之后进行的融合，即在数据预处理和特征提取之后，将不同来源或不同类型数据的特征集合在一起进行分析和处理。这种融合方式能够提高决策系统的分析能力，因为它允许系统综合考虑多维度的特征信息，从而做出更加精确的决策。特征级融合示意图如图 4-16 所示。

(1) 应用场景

在智慧矿山中，特征级融合广泛应用于多种场景，包括但不限于以下几方面。

① 安全监测：通过融合自不同传感器(如气体传感器、温湿度传感器、声音传感器等)提取的特征，全面地监控矿山安全状况。

② 设备状态诊断：将从不同角度测量的设备运行状态(如振动分析、声音分析等)中所提取的特征进行融合，以提高故障诊断的准确性。

③ 环境评估：结合地理信息系统、遥感数据等来源提取的环境特征，对矿区环境进行综合评估。

(2) 技术方法

实现特征级融合通常涉及以下技术方法。

① 特征提取：从每个数据源中提取有用的特征。这些特征可以是基于物理意义的测量值，也可以是通过统计分析、机器学习等方法自动识别的特征。

② 特征选择：在提取的特征中选择有代表性和区分度的特征进行融合，以减少冗余信息和避免维度灾难。

③ 特征融合：将选定的特征进行合并，融合方法可以是简单的特征拼接，也可以是基于

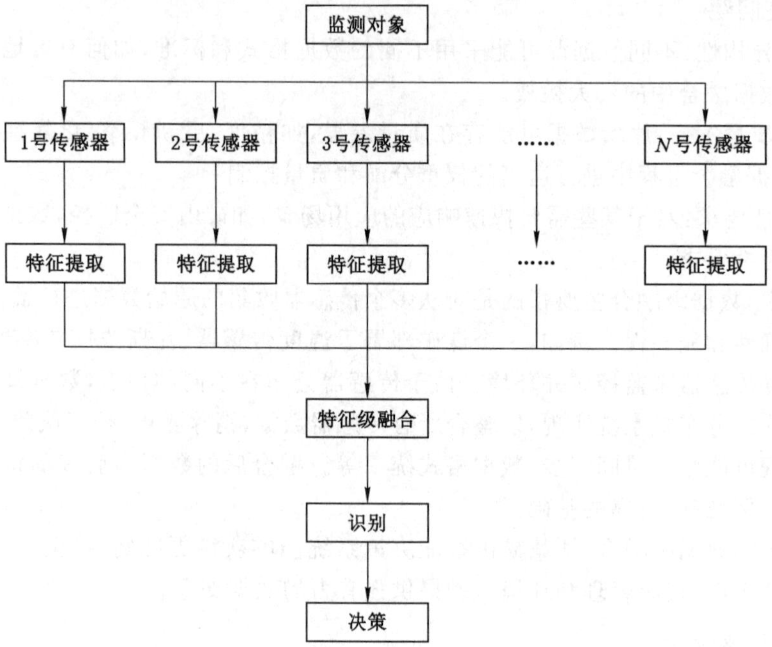

图 4-16　特征级融合示意图

模型的融合策略，如使用主成分分析、典型相关分析等降维方法，或者通过深度学习模型学习特征的联合表示。

(3) 关键问题

① 特征不一致性：不同数据源提取的特征可能具有不同的物理意义和量纲，需要通过标准化或归一化等预处理步骤来解决。

② 特征维度过高：特征融合可能导致特征空间维度的急剧增加，增加了模型训练的难度和计算成本。

③ 信息丢失：在特征提取和选择过程中可能会丢失部分有用信息，需要通过精心设计的融合策略来最小化信息损失。

在特征级融合中，煤矿会对经过数据级融合后的数据进行特征提取，然后将不同来源的特征信息进行融合，以便于进行更深入的数据分析和挖掘。以瓦斯爆炸预测为例，除了直接使用温度、瓦斯浓度等参数外，还可以通过数据分析提取如瓦斯浓度变化率、温度上升趋势等更具预测价值的特征。特征级融合将这些不同维度的特征结合起来，形成一个综合的特征集，用于训练机器学习模型。这样不仅提高了预测模型的准确性，还增强了模型对复杂环境变化的适应能力。

特征级融合通过在特征层面整合多源信息，可以有效提高矿山智能决策系统的信息利用率和决策质量，尤其适用于需要综合多方面信息进行决策的复杂场景。通过精细的特征工程和合理的融合策略，可以在保证决策精确度的同时，提高系统的运行效率。

4.3.2.3　决策级融合

决策级融合是智慧矿山智能决策系统中的高级阶段，它指的是在决策层面将来自不同数据源或不同算法的决策结果进行综合，以形成最终的决策输出。这种融合方法是在已有的预测、分类或者评估结果基础上进行的，目标是利用不同模型、算法或系统的互补优势，提高整体决策的准确性和可靠性。决策级融合示意图如图 4-17 所示。

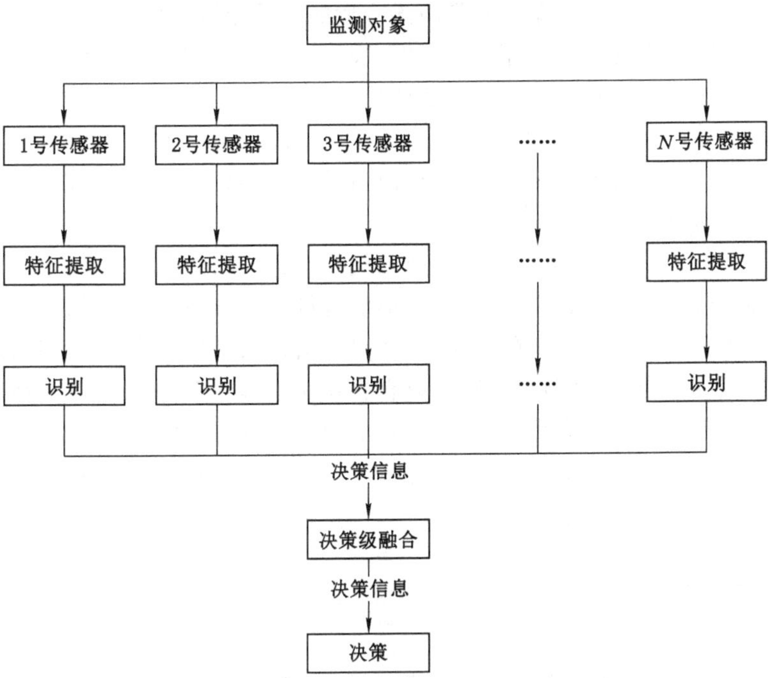

图 4-17　决策级融合示意图

(1) 应用场景

① 风险评估：结合不同预测模型对矿山潜在安全风险的评估结果，做出更准确的风险控制决策。

② 生产调度：将来自不同生产区域或不同工作班次的生产调度建议进行融合，形成全矿范围内的最优生产计划。

③ 设备维护：基于来自不同检测和诊断系统的维护建议，做出最佳的设备维护决策。

(2) 技术方法

① 投票机制：对于分类问题，最简单的决策级融合方法是采用多数投票法，即选择得票数最多的类别作为最终决策。加权投票法则根据不同模型的可靠性赋予不同的权重。

② 决策融合模型：对于复杂的决策问题，可以构建专门的决策融合模型，如使用逻辑回归、神经网络等，将不同来源的决策结果作为输入，训练模型来输出最终的决策。

③ 专家系统：利用专家知识来融合不同的决策结果。通过建立规则库，根据不同情况下各个决策结果的可靠性和重要性，应用专家规则进行综合判断。

(3) 关键问题

① 一致性问题：不同决策可能基于不同标准或模型，保证它们之间的一致性是一个挑战。

② 冲突解决：不同决策系统可能会给出相互矛盾的建议，如何有效解决这些冲突是决策级融合需要考虑的问题。

③ 性能评估：评估不同决策系统的性能并据此进行合理的权重分配，是实现有效融合的关键。

在决策级融合阶段，煤矿将基于特征级融合后的数据分析结果，从多个决策模型中综合得出最终决策。比如，在面对瓦斯超限风险时，决策系统可能需要综合考虑来自瓦斯浓度预测模型的建议、历史事故数据分析以及当前的矿井通风条件等信息。通过决策级融合，可以考虑各个模型的信任度、重要性和紧急性，采取最合适的安全措施，如增加通风、撤离作业人员等。在实际操作中，这可能涉及专家系统、决策规则库，甚至人工干预以解决模型间的冲突，保证决策的一致性和有效性。

决策级融合通过综合考虑多个决策系统的输出，可以有效提升智慧矿山决策系统的整体性能，尤其在处理不确定性较大的问题时，能够提供更加稳健和可靠的决策支持。正确实施决策级融合，不仅可以提高决策的准确率，还可以增强系统的鲁棒性和适应性。

总的来说，数据融合、特征融合和决策融合在矿山智能决策系统中相互补充，共同作用于不同阶段，以提高系统的信息处理能力、分析能力和决策有效性。通过这种层次化的融合处理，智能决策系统能够更有效地处理复杂的矿山生产和管理问题，实现资源的高效利用和生产的安全优化。

4.4 本章小结

随着移动通信技术和智能终端设备的快速发展，全球数据通信量迅速增长。这一增长主要由两个因素推动：首先，自动化生产设备和传感器的广泛使用提升了数据的产生速度；其次，人类日常生活中对数据的依赖性增强，特别是通过智能移动设备和5G通信技术，在社交平台、生活应用以及娱乐购物等方面产生的大量数据成为重要的数据来源。大数据的发展经历了从起源、发展到成熟的过程，其核心特征包括海量数据规模、快速的数据流转、多样的数据类型和价值密度低。大数据技术的应用已遍及科研、医疗卫生、银行业和互联网行业等多个领域，同时，机器学习与深度学习作为数据处理的重要技术手段，在处理大量数据、识别复杂模式和做出智能决策方面发挥着重要作用。

矿山大数据技术关键在于矿山数据的采集、处理和应用，通过高度自动化和智能化的方式进行。这涉及多种传感器、监控系统和自动化设备，例如无线传感网络、RFID和视频监控系统等。通过物联网技术，矿山数据采集的自动化程度将进一步提升，有效支持矿山的智能化管理。矿山数据的预处理包括清洗、整合和转换，以确保数据的高质量和适用性，为后续的数据融合、特征提取和决策支持提供可靠基础。

矿山决策支持系统是一个综合性信息系统，致力于通过集成各类传感器收集的矿山信息，结合物联网技术，实现矿区地面和井下环境的全面数字化和可视化。该系统不仅涵盖地理、地质数据的收集与分析，还对矿山生产、安全管理及产品运销等进行全面的数字管理，从而推动矿山向智能化方向发展。系统本身由数据库、模型库、方法库和知识库四大部分构成，这些组件共同支撑起复杂的决策过程，如资源分配优化、生产计划制订以及安全风险的评估与预警，确保矿山的高效、安全及环境友好型开采，从而促进矿山经济的持续增长。

课后习题

1. 描述矿山中数据收集的重要性，并列举至少三种矿山中常用的数据收集设备或传感器。

2. 阐述数据预处理的步骤，并说明为何在数据分析前进行数据清洗和标准化是必要的。

3. 选择一种数据分析方法（如聚类分析、回归分析或主成分分析），阐述该方法在矿山数据分析中的应用。

4. 阐述如何将数据分析结果应用于矿山安全监控。

5. 阐述矿山大数据处理的重要性，并解释数据级融合、特征级融合和决策级融合的区别及各自的应用场景。

6. 探讨智能决策系统在矿山安全管理中的应用，包括如何利用决策支持系统预防常见的矿山事故。

7. 分析矿山大数据处理和智能决策在环境保护和可持续开采中的潜在贡献。

8. 探讨在开发和实施矿山智能决策系统时，如何处理数据的隐私和安全问题。

9. 讨论智能化矿山技术的社会、经济和环境影响，特别是它们如何影响矿区社区和工人。

第5章　矿山智能感知技术

学习目标

(1) 能在明确矿山大数据预处理和融合处理方法基础上，准确说出智慧矿山智能决策系统的组成，并能结合井下需求初步设计一项智能决策系统。

(2) 能在明确井下采煤、掘进、运输、通风等常用设备的基础上，准确说出井下各类设备的感知原理，并能初步设计一套与生产相关的感知系统。

(3) 能在理解矿山人员定位发展历程和掌握智慧矿山人员感知系统组成的基础上，应用"源""流""岛"的人员感知模型初步设计一套井下人员安全感知系统。

智慧矿山感知系统的核心目标是实现对矿山整体及相关现象的数字化、虚拟化、智慧化处理，以动态、详细地描述并控制矿山安全生产与运营的全过程。这种系统利用物联网技术构建一个泛在的网络平台，通过有线或无线方式接入以 MEMS 传感器为核心的智能传感器，并辅以大数据存储与云计算技术，来实现三个主要目标：感知人员安全环境、感知设备健康状态、感知煤矿灾害状况。

前面详细介绍过智慧矿山的物联网系统体系分为三层：感知层、传输层和应用层。感知层负责收集矿山内部及周边的各类数据，如温度、湿度、瓦斯浓度等信息；传输层负责将感知层收集到的数据通过网络传输到数据处理中心；应用层则利用这些数据进行深度分析和处理，以支持决策制定和实时监控。感知矿山系统就是利用各种感知、信息传输与处理技术，对矿山开采系统中的人员、设备和环境等信息进行全面的感知和监测。它通过建立复杂的智能系统，利用大量布置在井下各个位置的传感器(如瓦斯、矿震、粉尘、温度等传感器)进行信息收集和传递，最终实现矿山安全生产的目的。

此外，智慧矿山感知系统通过构建"三个感知"信息处理平台，即感知人员安全环境、感知设备健康状态、感知煤矿灾害状况，实现对真实矿山整体及相关现象的可视化、数字化及智能化处理。这种系统的建立不仅可以动态描述并控制矿山安全生产与运营的全过程，还可以有效提高矿山的安全生产水平，减少事故发生的风险，从而保障矿山经济的可持续增长及矿山自然环境的生态稳定。

5.1　智慧矿山灾害感知技术

矿山灾害感知技术涉及使用各种传感器和监控系统来预警和响应可能的矿山灾害。灾害感知技术主要针对矿山潜在的自然与技术灾害进行实时监测和预警，包括地质灾害、瓦斯爆炸、火灾和水害等。该技术通过部署地质雷达、气体检测传感器、温湿度传感器、压力传感器等设备，收集关键数据并进行分析，以预测和预警可能的灾害风险。例如，瓦斯检测传感器可以实时监测井下瓦斯浓度，通过数据分析对潜在的瓦斯爆炸危险进行预警。

5.1.1　矿山灾害预警发展历程

智慧矿山灾害感知系统的发展历程是随着信息技术、物联网技术、人工智能技术的进步和矿山安全需求的提升而逐步演化的。

5.1.1.1　初始阶段

在早期，矿山灾害监测主要依赖人工巡查和简单的机械或电子设备，在这一阶段，矿山灾害预警主要依赖矿工的经验和直观判断，以及基本的手工监测工具，如简易的气体检测仪器和声音警报系统。安全措施和预警主要是反应式的，即在灾害发生后才采取行动。该阶段的监测手段不仅效率低下，而且难以覆盖广阔和复杂的矿山环境，导致许多潜在的灾害难以被及时发现和处理。这一阶段的主要特征包括以下几个方面。

(1) 人工观察与经验判断

在这个阶段，矿山安全依赖矿工和工程师的个人经验。矿工通过日常观察如声音变化、地面移动、空气流动性变化等自然现象来感知潜在的灾害风险。例如，矿工可能通过听到的不寻常的声响来预判矿山顶板可能发生坍塌。

(2) 简单机械设备的使用

在这一时期，用于监测的设备非常简单，例如，使用手动的气体检测仪来监测井下瓦斯或其他有害气体的浓度。这些设备通常需要矿工亲自到现场进行读数，设备的自动化和数据记录能力非常有限。

(3) 反应式安全措施

由于缺乏先进的监测和预警技术，矿山安全措施通常是反应式的，即在灾害发生后才采取行动。这种方式无法有效预防灾害的发生，只能在灾害发生后尽力减少损失和伤害。

(4) 安全管理和培训

安全培训主要依赖传统的口头教学和现场示范，缺乏系统化和科学化的培训体系。安全规章制度可能已经形成，但执行力度和覆盖面不足，难以全面保障矿工安全。

(5) 记录和报告

灾害的记录和报告主要依赖纸质文档，缺乏有效的数据存储和分析手段。这限制了从历史数据中学习和改进的能力，也难以进行长远的安全规划和管理。

5.1.1.2　自动化监测阶段

随着传感器技术和计算机技术的发展，矿山开始引入自动化监测设备，如瓦斯传感器、温度传感器和视频监控设备等，实现了对矿山关键环境参数的实时监测。这些自动化监测设备能够提供比人工巡查更准确、更全面的数据，提高了灾害预警的能力和效率。

(1) 传感器技术

气体传感器可用于检测矿井内部的气体成分，如甲烷、二氧化碳等，这些气体浓度的异常往往预示着潜在的爆炸或窒息风险；温湿度传感器可监控井下的温湿度条件，异常的温度升高或湿度变化可能是火灾或水害的前兆；振动传感器可用于检测矿山机械和地质结构的振动，可以对机械故障或地质活动导致的危险进行预警。

(2) 数据采集系统

自动化监测系统中的数据采集设备负责从各种传感器收集数据，并将数据传输到中央监控系统。这些数据通常需要实时传输，以便快速响应潜在的安全问题。

(3) 实时监控和警报系统

随着数据采集技术的成熟，矿山可以实现对关键参数的实时监控。一旦检测到异常数据，系统可以自动触发警报，通知矿山管理者和工作人员采取必要的预防措施或紧急响应。

(4) 集中控制室

矿山通常设有集中控制室，工作人员可以在此监控所有的自动化设备和传感器数据。控制室内配备先进的显示和分析工具，可帮助操作员理解监控数据，并基于这些数据做出快速决策。

在该阶段，灾害预警也存在问题和挑战，如系统集成方面，随着各种监测设备和技术的引入，如何有效地整合这些系统，确保数据的一致性和可靠性，是自动化监测阶段面临的一个主要挑战；数据处理与分析方面，收集的数据量通常很大，处理这些大数据，并从中提取有用的信息，是提高预警系统效率的关键；维护与可靠性方面，自动化系统需要高度地维护保障其可靠性，任何传感器或系统的故障都可能导致监测盲点，增加安全风险。

5.1.1.3 信息化管理阶段

进入 21 世纪，随着信息技术的发展，矿山安全管理开始向信息化、数字化转变。矿山企业开始构建基于计算机网络的监控系统，集成多种监测设备和传感器，通过中央控制室集中监控矿山的安全状况。此外，信息化管理系统还具有数据存储、分析和报告功能，能够对收集到的大量数据进行深入分析，从而实现更加精准的灾害预测和决策。

信息化管理阶段是智慧矿山灾害预警系统发展过程中的一个关键阶段，标志着矿山安全管理从依赖基础自动化设备向高级的信息处理和决策支持系统的转变。在这一阶段，矿山引入了先进的信息技术和软件解决方案，以更有效地处理、分析和利用数据，以提升灾害预警的能力和效率。以下是该阶段信息化管理系统的几个主要组成部分和特点。

(1) 数据管理系统

矿山开始部署专门的数据管理系统，如数据库和数据仓库，用于存储和管理从自动化监测设备收集的大量数据。这些系统支持高效的数据收集、存储、检索和备份，可确保数据的安全性和完整性。通过集中管理数据，矿山可以更容易地进行历史数据分析和趋势预测。

(2) 数据分析和处理

利用各种统计和分析工具，矿山管理者能够对收集的数据进行深入分析，识别潜在的安全风险和异常，包括使用时间序列分析、回归模型、聚类分析等方法来预测和识别灾害发生的可能性和条件。

(3) 决策支持系统

在该阶段，矿山安全管理系统通常集成了决策支持功能，这些系统基于数据分析结果提供操作建议和安全预警信息。决策支持系统可能包括专家系统、规则引擎和模拟工具，帮助管理者制定基于数据的决策。

(4) 信息共享与通信

信息化管理还涉及建立有效的通信网络，确保信息在矿山内部及时传递。通过内部网、无线通信技术和移动设备，现场数据能够快速传输至管理中心，同时管理决策和预警信息也能迅速下发至相关人员。

(5) 监控与可视化

使用地理信息系统、实时监控界面和其他可视化工具,可将复杂的数据和分析结果转化为直观的图形和报告,使得管理人员可以直观地看到矿区的安全状态和关键监测指标。这不仅提高了数据的可用性,还增强了对矿山运营的直观了解。

(6) 安全培训与知识管理

信息化管理阶段还重视安全知识的管理和传播。通过在线培训系统和知识管理平台,矿山员工可以接受最新的安全培训,增强安全意识和应对灾害的能力。

信息化管理阶段为智慧矿山的发展奠定了坚实的基础,利用高效的数据管理和分析能力,显著提升了矿山的安全管理水平和灾害预防能力。

5.1.1.4 智能化与集成化阶段

随着物联网、大数据、云计算和人工智能技术的快速发展,矿山灾害感知系统进入了智能化与集成化的阶段。这一阶段的系统不仅能够实时收集和监测数据,还能够利用先进的数据分析和机器学习算法,对潜在的灾害进行预测和预警。同时,系统还实现了与矿山生产管理系统的深度集成,形成了一个覆盖矿山生产全过程的智能安全监控体系。这使得矿山安全管理不仅限于事后响应,而且能够实现灾害的早期发现、预防和控制。

智能化与集成化阶段是智慧矿山灾害预警系统发展中的最先进阶段,体现了信息技术和智能化技术在矿山安全管理中的深度融合和应用。以下是该阶段的主要特点和组成部分。

(1) 集成化数据平台

在智能化与集成化阶段,矿山系统通过集成多源数据平台,整合了来自地面和井下的各种监测设备和传感器数据,包括气体浓度、温度、湿度、粉尘浓度、地质移动、机械设备状态等。这些数据被统一收集和处理,提供了全面的数据视图,增强了对矿山环境和操作状态的实时感知能力。

(2) 高级数据分析和机器学习

利用大数据技术和机器学习算法,系统能够对收集到的数据进行深入分析,识别潜在的风险模式和异常行为。例如,通过分析历史数据,机器学习模型可以预测地质移动趋势,提前识别可能的坍塌或滑坡风险。同样,瓦斯爆炸和火灾的风险也可以通过分析瓦斯浓度变化和温度异常来预测。

(3) 实时监控和预警系统

集成化系统支持实时数据处理和即时反馈机制。通过实时监控数据流,系统可以立即识别出超出阈值的参数,并自动触发预警信号,快速启动应急响应程序。这不仅仅是本地警报,还包括通过移动设备和中心控制室实时通知相关人员,确保快速反应。

(4) 智能决策支持

智能化阶段的优势之一是能够提供基于数据驱动的智能决策支持。系统不仅可以预测灾害的可能性,还能提供处理建议和优化策略。这涉及复杂的算法,如优化算法和人工智能模型,它们能够综合考虑多种因素,如生产效率、安全需求和资源配置,制订最佳的操作和维护计划。

(5) 系统集成与操作界面

智能化与集成化系统通过高级用户界面(如图形界面和仪表板)将复杂的数据和分析结

果以直观的方式呈现给操作员和管理者。这些界面通常支持定制和用户特定的配置,使得用户可以根据需要访问重要信息。

(6) 自适应和学习能力

随着时间的推移,智能系统能够从新数据和交互中学习,不断优化其预测模型和决策算法。这种自适应学习能力能够确保系统应对矿场条件的变化和未知的挑战。

智能化与集成化阶段代表了矿山安全管理技术的前沿,不仅显著提高了灾害管理的效率和效果,还为矿山工作人员提供了更高层次的安全保障。

5.1.1.5 *未来发展趋势*

未来的智慧矿山灾害感知系统将更加注重技术的融合与创新,包括物联网技术的深入应用、云计算和边缘计算的结合、人工智能算法的优化等。同时,系统的用户体验和人机交互也将成为重点发展方向,以实现更高效、更智能、更人性化的矿山安全管理。此外,随着可持续发展理念的深入人心,未来的系统还将更加重视环境保护和绿色矿山建设的需求。

(1) 集成化智能感知系统

未来的矿山灾害预测系统将更加集成化,能够综合地面和井下的各种感测数据。通过部署更多类型的传感器,系统能够实时监测矿山内部的多种物理和化学变量,提供更全面的数据支持。这些感测数据将通过高速的通信网络实时传输,为灾害预测提供精确的实时数据基础。

(2) 大数据与机器学习的应用扩展

利用大数据分析和机器学习技术对收集到的海量数据进行深入分析将成为常态。通过构建复杂的数据模型,机器学习算法可以从历史数据中学习灾害发生的模式和前兆,实现更准确的灾害预测。此外,深度学习技术将可能用于图像和声音数据的分析,从而能够识别微小的异常变化,对潜在的灾害风险进行预警。

(3) 自动化与智能化决策支持

随着技术的进步,未来的灾害预测系统将不仅仅是发出警报,还将能够提供决策支持,甚至自动执行某些安全措施。例如,系统自动调整通风系统的参数,或者在检测到高风险时自动启动紧急撤离程序。这种自动化的操作将基于先进的算法和实时数据,确保快速有效的响应。

(4) 人机协同

尽管自动化程度将显著提高,人机协同仍然是未来灾害预测系统的重要组成部分。系统将提供直观的用户界面,使得工程师和决策者可以容易地解读预测结果和系统建议,同时能够手动调整或干预自动决策过程。

(5) 可持续性与环境监控的融合

随着全球对可持续发展的重视,未来的矿山灾害预测系统将更加注重环境保护。系统将不仅仅监控可能导致人员伤亡的灾害,还将监测可能对环境产生长期负面影响的因素,如地下水污染和生态破坏。通过集成环境监测数据,系统能够帮助矿山实现更环保的开采方式。

5.1.2 矿井灾害的特点及影响因素

5.1.2.1 *矿井灾害的特点*

矿井灾害的复杂性体现在其动态性、随机性、模糊性、相关性、常规性和偶然性等多个特点上。这些特性使得矿井灾害的预测和管理极具挑战性，但同时也指明了智慧矿山安全管理和技术开发的方向。

（1）动态性

矿井灾害的动态性表现为灾害因素及其相互关系随时间不断变化。动态性表明矿井的物理和化学条件，如温度、湿度、瓦斯浓度、岩石应力等，随时间和开采深度的变化而变化。这种变化是连续的，并且经常是非线性的。这要求矿山安全系统能够实时监控这些变化，并迅速做出调整以适应新的矿井状态。在实际应用方面，可实施实时监控，使用传感器网络持续收集数据，以便动态跟踪环境变化，利用数据分析和模型预测工具来预测潜在的风险和变化趋势，确保能够及时响应突发状况。

（2）随机性

随机性意味着许多灾害事件的发生，尽管有一定的前提条件，但其具体发生时间和地点可能无法预测，例如瓦斯突出或水害。这种随机性来源于矿井环境的复杂性和外部影响因素的不确定性。灾害预测模型需要整合大量历史和实时数据，利用概率统计和机器学习技术来评估灾害发生的概率，并据此制定预防措施；采用统计学和机器学习方法分析历史数据，建立风险评估模型，识别可能的灾害发生模式和潜在的高风险区域。

（3）模糊性

矿井环境和潜在灾害因素的不确定性带来模糊性，使得灾害的预测和控制复杂化。例如，瓦斯浓度的临界值可能因地质条件和通风效果的不同而有所不同。解决这种模糊性的方法之一是采用模糊逻辑和其他决策支持工具来帮助分析和解释模糊数据。通过构建模糊规则和算法，使决策过程能够处理含糊的数据，从而在信息不完全的情况下做出最优决策。

（4）相关性

矿井灾害间的相关性表现为一种灾害的发生可能触发或加剧其他灾害。矿井中不同类型的灾害之间可能存在因果关系或触发关系，如火灾可能导致瓦斯爆炸。智慧矿山系统需具备跨灾种监测与分析能力，能够识别和评估这种灾害链的潜在风险。要开发综合监控系统，使之能够跨灾种监测和分析灾害之间的相关性。可使用图论和网络分析方法来探索和可视化不同灾害因素之间的关系。

（5）常规性

尽管灾害的具体时间和地点可能随机，某些条件（如瓦斯积聚）可能显示出一定的周期性或趋势性。通过长期监控这些指标的变化，可以建立预测模型，从而在灾害发生前采取预防措施。可利用时间序列分析和趋势预测技术来追踪这些周期性变化，实时监控关键指标的波动，以预测和防控潜在的危险。

（6）偶然性

某些灾害如顶板冒落、瓦斯突出等具有明显的偶然性，其发生往往与特定的局部条件有关，难以通过常规监测手段进行预测。对这类灾害的应对策略更多依赖矿井的整体设计、严格的安全规程和应急预案。可部署高级感知技术，如光纤传感和地质雷达，来提高对异常矿井行为的感知能力。此外，可采用机器人或自动化技术来处理不可预见的状况。

智慧矿山的建设必须围绕这些灾害特点设计更为高效和智能的监测、预警和响应系统，包括实时数据采集系统、高度可靠的数据分析平台以及自动化的决策支持系统。通过这些系统的集成应用，智慧矿山能够在确保安全的同时，提高矿产资源的开采效率和可持续性。

5.1.2.2 矿井灾害的影响因素

根据《煤矿重大事故隐患判定标准》，制约安全生产的井下重大隐患主要包括十五方面的内容：超能力、超强度或超定员组织生产；瓦斯超限作业；煤与瓦斯突出矿井，未依照规定实施防突出措施；高瓦斯矿井未建瓦斯抽采系统和监控系统，或者不能正常运行；通风系统不完善、不可靠；有严重水患，未采取有效措施；超层越界开采；有冲击地压危险，未采取有效措施；自然发火严重，未采取有效措施；使用明令禁止使用或者淘汰的设备、工艺；煤矿没有双回路供电系统；新建煤矿边建设边生产，煤矿改扩建期间在改扩建的区域生产，或者在其他区域的生产超出安全设计规定的范围和规模；煤矿实行整体承包生产经营后，未重新取得或者及时变更安全生产许可证而从事生产，或者承包方再次转包，以及将井下采掘工作面和井巷维修作业进行劳务承包；煤矿改制期间，未明确安全生产责任人和安全管理机构，或者在完成改制后，未重新取得或者变更采矿许可证、安全生产许可证和营业执照；其他重大事故隐患。总体来讲，可概括为地质因素、灾害自身因素、生产影响因素和环境条件几个方面。

(1) 地质因素

影响矿井灾害的地质因素主要包括以下几个方面：

① 地质构造。断层、褶皱等地质构造可能导致煤层不连续，增加采矿过程中的困难和危险性，如煤层厚度突变可能导致采掘机械负荷不稳定，增加设备故障和事故风险。

② 煤层赋存条件。煤层的倾角、厚度、赋存深度等都会影响采矿方法的选择和开采难度，倾斜或不规则煤层更容易引发顶板坍塌或滑移。煤层厚度的不均匀可以导致采掘难度增加，特别是在煤层较薄或变化较大的区域，更容易发生顶板事故。煤层的倾斜度影响开采方法和安全措施的选择，采掘倾斜度较大的煤层风险相对较高，容易导致设备滑移和顶板破碎。煤的硬度、韧性和结构不仅影响开采效率，还可能影响瓦斯的释放和积累，软质煤层可能更容易产生煤与瓦斯突出现象。

③ 顶底板情况。顶板和底板的岩性、稳定性直接影响矿井的安全。较软的顶板容易发生冒落，硬顶板若断裂则可能造成突然坍塌，导致重大事故。顶底板的岩石类型(如砂岩、泥岩、石灰岩等)直接影响其稳定性。硬岩顶底板通常较稳定，而软岩或层理发育的岩层容易发生松动或垮塌。薄弱的顶板或由多层不同硬度岩石组成的复合顶板更容易在开采过程中造成冒顶或岩层下沉。地下水的存在和流动性能增加矿井水害的风险，特别是在含水层与矿层接触较多的地区，地下水的侵入可能导致突水事故。

地质因素对于矿山设计、开采计划制订以及灾害预防措施的实施至关重要。地质勘探和监测是提前识别潜在地质危险的关键手段，而现代地质勘探技术如地震反射法、钻孔成像等可以帮助工程师更准确地了解地下条件，从而设计出更安全的开采方案。

(2) 灾害自身因素

影响矿井灾害的灾害自身因素涉及矿井环境中存在的各种潜在危险物质和状况，这些因素本身具有一定的危险特性，能够在特定条件下触发灾害。主要包括以下几个方面：

① 瓦斯。瓦斯是矿井中常见的一种灾害因素，主要由甲烷组成，其浓度达到一定程度时极易发生爆炸。瓦斯的积聚可能由于地质裂缝、采空区积气或者煤层本身瓦斯含量高等因素造成。

② 火灾。矿井火灾分为内因和外因两大类。煤的自燃倾向、电气设备使用不当等均可成为火灾的诱因。矿井火灾可以由电气故障、设备摩擦、操作不当或其他火源引起。一旦火

灾发生,很容易导致大面积的烟雾和有毒气体产生,严重威胁矿工的生命安全。

③ 水害。地下水位的异常升高或采掘活动触及潜在的水源,都可能导致水害。矿井水害包括地下水突涌、积水等,水突然进入矿井可能导致设备损坏、影响生产安全,严重时甚至可能导致矿井内部结构崩塌。

④ 顶板事故。顶板的不稳定导致的事故,通常是因为支护不当或地质条件复杂。顶板自身岩性和离层等不稳定因素可能导致顶板突然冒落,对井下从事生产活动的工作人员造成致命威胁。顶板冒落通常由地质条件、采掘方法和支护效果等因素决定。

⑤ 煤尘。煤尘在空气中达到一定浓度并遇到点火源时,有可能引发煤尘爆炸。煤尘的危险性受到粒径大小、浓度以及空间分布等多种因素的影响。

⑥ 机电设备。机电设备故障包括电气故障和机械故障,这些故障可能直接或间接触发矿井内的其他灾害,例如电气火灾、电气爆炸等。随着智能化进程的加速,井下大型设备日益增多,会对工作人员安全造成隐患,可能发生各类安全事故。

灾害自身因素的管理和控制是矿井安全生产中至关重要的部分。有效的控制措施包括:提高监测技术,确保及时检测到瓦斯、煤尘、水害等潜在危险;采用智能化的通风和排水系统,有效控制矿井内部环境;加强矿工培训,提升对灾害应对的意识和能力;持续优化采矿技术和设备,减少由设备故障引发的灾害风险。

(3) 生产影响因素

影响矿井灾害的生产影响因素主要涉及矿山开采、掘进和其他生产活动对矿井安全环境的影响。

① 采煤方法:不同的采煤方法可能会对顶板稳定性和瓦斯释放量造成不同的影响。使用过时的采煤技术不仅效率低,还可能增加灾害发生的风险,如煤尘和瓦斯超标。

② 掘进方式:掘进速度过快可能导致安全措施跟不上,增加灾害发生的风险。掘进时技术方案执行不当(如错误的支护方式和时间)可能导致顶板垮塌或其他地压问题。

③ 产量波动:生产量的急剧增减可能对矿井内部的压力和瓦斯积聚产生影响,尤其在突然增加开采量时,瓦斯释放量可能突然增大。在某些区域或层面过度开采,可能破坏矿井的自然平衡,增加地压活动和顶板事故的风险。

④ 安全管理:对安全规程执行不严格,如忽视风险评估和安全训练,容易在生产过程中遇到未预见的风险。

⑤ 技术水平:采矿技术的先进性以及现场管理的有效性直接影响生产安全。

矿井生产中的许多方面都可能直接或间接地影响矿井的安全状况。优化矿井生产管理和操作,实施严格的安全规程和持续的设备维护,是确保矿井安全的关键措施。

(4) 环境条件

影响矿井灾害的环境条件主要涉及井下的物理和化学环境,这些环境条件可以分为以下几个主要方面。

① 温度和湿度:井下深部工作面温度可能非常高,导致设备故障增加,同时也影响工人的健康和工作效率。过高的温度还可能加速化学反应,增加火灾和瓦斯爆炸的风险。高湿环境会影响电气设备的运行,容易引起短路和腐蚀,增加设备故障的风险。同时,湿度还会影响瓦斯扩散,可能导致瓦斯浓度异常。

② 通风条件:矿井通风不良容易造成有害气体积聚,危害作业人员的生命安全。通风

系统能力不足或设计不当会导致瓦斯积聚、煤尘浓度增高及热害问题，严重威胁矿工的健康和安全。

③ 噪声与振动：在矿井中由机械设备、爆破等操作产生的噪声可能会影响工人的听力健康。过度的振动可能导致结构损伤和设备故障，还可能触发滑坡或岩爆等地质灾害。

④ 光照条件：井下作业需要足够的照明，不良的照明条件不仅影响作业效率，还可能增加发生事故的概率。良好的照明环境可为井下视频、图像识别等智能化设备的工作保驾护航。

管理这些环境条件的措施包括但不限于增强通风系统能力、使用现代化的气体检测和监控系统、提高照明质量、实施有效的防尘和防水措施以及加强对工人的健康监测。通过这些方法，可以显著降低由环境条件引发的矿井灾害风险。

5.1.3 智慧矿山安全系统模型

智慧矿山的矿井安全系统模型是一个综合性的技术框架，旨在通过最新的信息技术和自动化技术来加强矿井安全监控、预警、响应和管理。这个模型融合了物联网、大数据分析、人工智能和机器学习等技术，形成一个全方位、多层次的安全保障体系。

5.1.3.1 智慧矿山安全系统模型的建模步骤

智慧矿山安全系统模型的建模是一个系统化的过程，它包含了从数据收集和处理到模型建立和验证。这些步骤确保了模型能够有效地预测和管理矿山的安全风险。

(1) 对问题和数据的分析，确定影响因素

① 明确目标：首先需要明确建立模型的目的，例如预测瓦斯爆炸、顶板坍塌等特定类型的矿山事故。

② 问题界定：定义模型需要解决的具体问题，如事故预警、风险评估或者事故原因分析。

③ 数据收集：搜集相关的历史数据和实时数据，包括矿山的生产数据、监测数据(如瓦斯浓度、温度、湿度等)、事故记录和环境监测数据。

④ 影响因素识别：分析数据，确定可能影响矿山安全的关键因素，如地质条件、采矿方法、作业条件等。

⑤ 数据预处理：对收集的数据进行清洗和处理，包括填补缺失值、异常值处理和数据归一化等。

(2) 根据经验知识和数据信息确定模型类型结构和参数

① 选择模型类型：根据问题的性质选择合适的模型类型。常用的模型包括逻辑回归、决策树、随机森林、支持向量机、神经网络等。

② 确定模型结构：如确定神经网络的层数和节点数、决策树的深度等。

③ 特征选择：基于影响因素的分析选择用于模型训练的特征，可能包括对原始特征的转换或新特征的创建。

④ 参数优化：利用技术如网格搜索(grid search)和交叉验证(cross-validation)优化模型参数，以提高模型的预测准确性和泛化能力。

⑤ 模型训练：使用选定的特征和参数在训练集上训练模型。

(3) 利用另一部分标记数据测试模型的可行性和真实性

① 性能评估：利用测试集评估模型的性能，主要指标包括准确率、召回率、F1 指数等。

② 验证有效性：通过实际案例测试模型的预测结果，验证模型在实际操作中的有效性和可靠性。

③ 模型调整：根据测试结果调整模型参数或结构，解决过拟合或欠拟合的问题。

④ 持续更新：随着新数据的积累和新技术的出现，不断更新模型以适应矿山环境的变化。

⑤ 系统集成：将模型集成到矿山安全监控系统中，实时预测并响应潜在的安全风险。

⑥ 操作培训：训练操作人员理解和正确使用模型输出，确保模型在日常运营中的有效性。

通过这一系列步骤，可以建立一个强大且可靠的智慧矿山安全系统模型，有效预防和管理矿山事故和灾害。

5.1.3.2　智慧矿山矿井安全系统的组成

(1) 数据采集与传输层

这一层主要包括各种传感器和数据采集设备，如瓦斯传感器、温湿度传感器、粉尘浓度传感器、顶板位移传感器等，以及用于数据传输的网络设备。这些设备负责收集关于矿井环境和操作状况的实时数据，并通过有线或无线网络发送到数据中心。

(2) 数据处理与分析层

收集到的数据传输到后端服务器或云平台进行处理和存储。在这一层中，数据预处理、清洗和整合是关键，它们确保数据质量并为分析提供准备。接着，利用大数据分析技术和机器学习模型对数据进行深入分析，以识别潜在的安全风险和异常状态。

(3) 预警和决策支持层

基于数据分析结果，系统能够自动生成安全预警，并将警报信息实时传送给相关人员。此外，决策支持系统会提供基于数据驱动的操作建议和安全措施，帮助管理层做出快速而准确的决策。这一层的关键在于将复杂的数据转化为直观的指令和信息，确保快速响应。

(4) 控制和执行层

在确认安全风险后，系统会自动或半自动地启动预设的应急响应措施。例如，当检测到瓦斯浓度高时，系统可以自动启动通风设备，或在极端情况下，启动撤离程序。构建此层的目的是通过物理或逻辑控制措施，最小化事故发生的风险和带来的影响。

(5) 安全监控与管理层

这一层涉及对整个安全系统的监控和维护，包括但不限于系统性能监控、安全审计、设备维护和更新。利用智能仪表板和报告工具，管理人员可以获取系统运行状态、安全事件记录和性能分析结果，这有助于持续改进安全措施和技术方案。

智慧矿山安全系统的持续运行和创新依赖最新的技术发展，如物联网技术用于更广泛的数据采集，人工智能和机器学习用于更精确的数据分析和预测，以及云计算提供强大的数据处理能力和可扩展性。

5.1.3.3　智慧矿山安全系统模型的建立

基于大数据驱动的矿井安全感知系统模型是一种利用大量数据进行安全监控和风险评估的系统。这种模型整合了各种传感器数据、历史安全记录和环境监测数据，通过高级数据分析和机器学习技术，提供实时预警和决策支持。可用如下数学式(5-1)来表达。

$$y = f(x_1, x_2, \cdots, x_n) \tag{5-1}$$

式中 $x_1, x_2, \cdots, x_n$——影响因素，构成模型的自变量；

y——拟构建的目标，为模型的因变量；

f——影响因素和构建目标之间的映射关系，可为具体的数学表达，如线形模型或非线性模型等，也可能是一个模型，如神经网络、支持向量机等。

第一步：问题和数据分析。在这一步，首先要定义需要解决的具体问题，比如瓦斯浓度预测、顶板垮塌风险评估或机械故障预测等。接着进行数据分析，包括数据的收集、理解和初步处理。需要识别哪些因素可能影响矿井安全，并对这些因素进行归类。例如，对于瓦斯浓度预测，相关因素可能包括煤层厚度、矿井深度、历史瓦斯爆炸记录、通风情况等。

第二步：确定模型结构。基于对问题的理解和可用数据的分析，选择合适的模型结构。可能涉及统计方法、机器学习算法或深度学习框架。例如，如果任务是预测，可以选择回归模型、支持向量机或神经网络等。根据具有标记信息的样本数据，通过算法来训练模型，涉及参数的选择和调整。在这一过程中，经验知识起到重要作用，可以帮助预先定义一些模型参数或选择特定的特征，使模型更加精确。

第三步：模型验证。在模型的结构和参数被初步确定后，需要进行验证，以测试其对未知数据的预测能力。通常通过使用独立的测试集来完成，测试集包括未参与模型训练的标记数据。评估模型的表现不仅要看其精度，还要分析其稳定性和可靠性。对于矿井安全这类关键应用，还需要特别关注模型在极端条件下的表现，确保它在所有情况下都能提供准确的预警。

第四步：模型优化。根据测试结果，优化模型。可能包括调整参数、添加更复杂的特征或是尝试不同的模型架构。还可以使用诸如交叉验证来优化模型的泛化能力。优化的目标是提高模型的准确性、响应速度和鲁棒性，以适应矿井环境的复杂多变性。

第五步：持续监控和更新。一旦模型被部署为实际应用，持续的监控变得至关重要。应定期评估模型运行的效果，并且根据新收集的数据或变化的矿井条件进行必要的调整和更新。这可确保模型随着时间推移维持高效和相关性。

通过上述步骤，可以构建一个强大且可靠的矿井安全感知系统，有效预测和防范潜在的矿井灾害，保护矿工的安全和矿井的持续运作。矿山安全感知系统的具体完整实现流程如下。

(1) 设计数据采集系统

首先，需要部署各种类型的传感器，如瓦斯浓度传感器、温湿度传感器、煤尘监测器、顶板位移监测器等，以及必要的视频监控设备。这些设备将不断收集矿井内的各种实时数据。此外，也需要整合现有的历史数据和环境监测数据，形成一个全面的数据资源库。

(2) 数据传输与集成

收集到的数据需要通过一个可靠的通信网络传输到数据处理中心。数据集成是关键步骤，需要确保不同来源的数据可以被统一格式处理，并进行同步更新，保证数据的时效性和准确性。

(3) 数据处理与存储

在数据中心，首先进行数据预处理，包括数据清洗(去除错误和无关数据)、数据转换(标准化数据格式)和数据融合(整合来自不同源的数据)。然后,数据被存储在数据库中,供进一步的分析和访问。

(4) 数据分析与模型建立

利用大数据分析和机器学习技术,对收集的数据进行深入分析。包括建立预测模型,如利用时间序列分析预测瓦斯浓度的变化趋势,或使用分类算法识别潜在的安全隐患。模型训练需使用历史数据,并定期用新数据重新训练和优化,以提高模型的准确性和适应性。

(5) 实时监控与预警系统

基于训练好的模型,系统能实时分析入流的数据,并根据预定的规则生成预警。预警信息将通过用户界面向相关人员发送,以便及时采取应对措施。此外,系统还应提供动态的数据可视化功能,帮助用户直观了解当前的安全状况。

(6) 决策支持与应急响应

系统不仅提供预警,还应配备决策支持工具,帮助管理人员制定应急措施和长期的安全改进策略。可能包括自动化的应急响应流程,例如在检测到高瓦斯浓度时自动启动通风系统。

(7) 系统评估与迭代改进

建立定期的系统评估机制,监控系统性能,评估预警的准确率和响应的有效性。基于评估结果,系统需要不断进行技术升级和功能优化,以适应矿井环境和操作需求的变化。

通过这样一个详细的建立流程,基于大数据驱动的矿井安全感知系统能够有效提高矿井的安全管理水平,减少事故的发生,保护矿工的生命安全及企业的资产安全。

5.1.3.4 智慧矿山井下瓦斯感知系统

煤矿井下瓦斯涌出量的准确预测对于煤矿安全生产至关重要。利用神经网络构建智慧矿山瓦斯感知系统可以有效地提高瓦斯管理的精确度和响应速度。以下以神经网络模型为例,来详细介绍瓦斯感知系统的构建过程。

(1) 数据收集和预处理

收集与瓦斯涌出量相关的数据,包括:① 煤层厚度和倾角,它直接影响瓦斯的生成和聚集;② 历史瓦斯涌出量记录,提供时间序列数据以便进行趋势分析;③ 井下通风量,影响瓦斯稀释和排放;④ 工作面推进速度,工作面推进速度加快,瓦斯涌出量可能增加;⑤ 大气压力和温度。数据预处理包括去噪声、填补缺失值、数据归一化等,以确保数据质量符合模型训练要求。

(2) 神经网络模型设计

选择适合的神经网络架构来预测瓦斯涌出量。常用的方法是使用前馈神经网络(FNN)或递归神经网络(RNN),后者特别适合处理时间序列数据。

① 网络结构

输入层:对应各种输入特征,如煤层参数、历史瓦斯数据等。

隐藏层:可以设定多个隐藏层,利用激活函数(如 ReLU 或 Sigmoid)来增加网络的非线性。

输出层:单个节点,输出瓦斯涌出量的预测值。

② 训练模型

使用历史数据来训练神经网络,其中 70%的数据用于训练,20%用于验证,剩下 10%作为测试集。采用反向传播算法和优化器(如 Adam 或 SGD)来调整网络权重,以最小化预测值和实际值之间的误差(如均方误差 MSE)。

(3) 模型验证与测试

使用验证集来调整模型参数,防止过拟合。一旦模型在验证集上表现良好,再使用独立的测试集来评估模型的准确性和泛化能力。

(4) 部署与实时监控

将训练好的模型部署到实际的瓦斯监控系统中,实现实时瓦斯涌出量的预测。系统可以集成到矿山的中央控制室,通过实时数据不断更新预测结果,快速响应瓦斯浓度的变化,及时采取措施。

(5) 模型更新与维护

随着时间的推移,矿井条件的变化可能会影响模型的效果。要定期评估模型的性能,并根据最新的数据和反馈调整模型参数,确保系统的准确性和可靠性。

5.1.3.5 智慧矿山井下火灾感知系统

智慧矿山井下火灾感知系统是为了及时探测和响应矿井内可能发生的火灾而设计的高级安全系统。该系统利用先进的传感技术、数据分析和智能算法,提高火灾检测的准确性和反应速度,从而保障井下作业的安全。

(1) 系统组成

井下火灾感知系统主要由以下几部分组成。

① 传感器网络:包括烟雾传感器、温度传感器、CO 及其他有害气体检测传感器。这些传感器被安装在矿井的关键位置,如通风巷道、电气设备附近和主要作业区域。

② 数据收集单元:负责从各传感器接收数据,并将数据传输到中央监控系统。

③ 中央监控系统:核心计算单元,用于分析传感器数据、识别火灾标志、评估火灾风险,并启动应急响应。

④ 通信系统:确保所有系统组件之间的实时数据交流,包括有线和无线系统。

⑤ 用户界面:允许操作人员监视系统状态,接收警报,查看数据分析结果,并手动干预或调整系统设置。

(2) 系统原理

井下火灾感知系统的工作原理和步骤包括以下几项。

① 数据采集:传感器持续监测各种参数,如温度、烟雾浓度和有害气体水平,并将这些数据实时发送到中央监控系统。

② 数据融合和分析:中央监控系统采用数据融合技术整合来自不同传感器的数据,使用机器学习和模式识别算法分析这些数据,以识别火灾的早期迹象。

③ 火灾检测与警报:系统利用预设的阈值和算法模型判断火灾的可能性。一旦检测到火灾风险超标,系统将自动触发警报并通知地面控制中心和相关人员。

④ 应急响应启动:系统集成应急响应措施,如启动自动灭火系统、关闭通风系统中的特定部分,以控制火势和烟雾扩散。

以放顶煤采空区自燃智能预警系统为例,该系统的原理体现在以下几个方面:

① 数据收集与预处理

首先,系统需要收集与采空区自燃相关的各种数据,包括但不限于煤层的物理化学性质，采空区内的氧气浓度、温度、湿度，煤层自然发火期等数据。这些数据来源可以是历史记录、实时传感器监测以及地质勘探结果。收集到的数据需要通过预处理阶段，包括清洗（去除错误和重复记录）、标准化（统一数据格式和量纲）、处理缺失值（插补缺失数据）等，以确保数据质量符合机器学习模型的输入要求。

② 特征工程

特征工程是机器学习中的关键步骤，涉及从原始数据中提取有用的信息，转化为机器学习算法可以直接利用的特征。例如，可以从时间序列数据中提取温度上升速率、氧气浓度变化趋势等特征。还需选择对预测自燃具有高价值的特征，以提高模型的准确度和效率。

③ 模型开发

基于收集的特征，选择适当的机器学习模型进行训练。常用的模型包括决策树、随机森林、支持向量机、神经网络等。模型的选择通常基于问题的性质、数据的特点以及预测精度的要求。模型训练过程中，使用标记的数据集（已知自燃与否的数据）来训练算法，使其能够识别导致自燃的模式和关联。为了确保模型的泛化能力，使用交叉验证技术评估模型的性能。此外，可能需要调整模型参数（如学习率、树的数量、隐藏层节点数等），通过优化算法调整这些参数，以达到最佳的预测效果。

④ 预测与决策

模型训练完成后，可以输入实时监测的新数据，模型根据学习到的特征和模式输出自燃的概率或风险级别。根据这些预测结果，矿山管理者可以评估自燃的潜在风险，并制定相应的预防措施。将机器学习模型集成到智慧矿山安全监控系统中，使其能够实时监控采空区的自燃风险，并通过用户界面向操作人员提供直观的风险评估结果。系统还应能够根据实际情况的反馈不断调整和优化，以提高预测的准确性和实用性。

(3) 系统功能

① 实时监测与警报：连续监控环境参数，快速识别火灾发生的潜在风险，并实时发出警报。

② 数据可视化：通过图形用户界面展示关键监控数据，使操作人员可以直观地看到井下环境的状态。

③ 历史数据分析：存储历史监测数据，供事后分析使用，帮助识别火灾发生的原因，优化预防措施。

④ 应急预案管理：根据不同级别的火灾风险自动选择和执行相应的应急预案。

5.1.3.6　智慧矿山工作面顶板压力感知系统

矿山压力感知是智慧矿山关键的技术领域之一，涉及多种方法和技术，用于实时监测和预测煤岩体的变形、压力和动态破裂情况。

(1) 矿山压力感知方法

① 煤岩体变形感知方法

主要采用顶板离层监测。这种方法用于检测煤岩体在矿井作业区域内的变形和移动。顶板离层监测通过安装在顶板上的传感器来测量顶板与煤层之间的空隙变化。监测数据可以帮助预测顶板垮塌的可能性和时机，从而可以及时采取预防措施。

② 煤岩体压力感知方法

应力在线实时监测：将压力传感器（如应变计）直接安装在矿井中的关键位置，实时监测煤层及其周围岩石的应力变化。这些数据对于了解煤层的结构稳定性和预测可能的压力集中区域至关重要。

弹性波CT层析成像探测:这是一种先进的地质勘查技术,通过分析通过岩石传播的弹性波来评估岩石的内部结构。该技术可以揭示煤岩体内部的裂缝和弱点,对于预防灾害性事件如岩爆等具有重要价值。

③ 煤岩体动态破裂监测方法

电磁辐射监测法:岩石在受到压力时会产生电磁辐射,监测这些辐射可以帮助预测岩石的破裂和变形。该方法对于早期监测岩层失稳和矿山安全管理非常有效。

声发射监测法:利用传感器捕捉岩石破裂时产生的声波,声发射参数的变化往往预示着岩石接近破裂状态。

微震监测法:通过部署地震传感网络监测由岩石断裂引起的微震活动。微震数据分析有助于评估煤岩体的动态状况和预测大规模地压事件。

④ 冲击地压感知

微震监测法特别适用于冲击地压感知。冲击地压是突然释放的岩石能量导致的破坏性事件,通常在深部高应力矿井中发生。通过分析微震事件的频率、强度和分布,可以预测冲击地压的可能发生地点和时间,从而可以采取相应的预防措施。

每一种监测方法都为矿山安全提供了独特的视角和数据,通过这些技术的综合应用,可以有效提高矿井安全监测的准确性和及时性,减少事故发生的风险,保护矿工的生命安全及矿山设施的完整性。智慧矿山工作面顶板压力感知系统是一个关键的安全监控系统,旨在实时监测工作面顶板的压力变化,以预防顶板坍塌和其他相关事故。

(2) 系统组成

智慧矿山工作面顶板压力感知系统主要由以下几部分构成。

传感器装置:包括压力传感器、位移传感器和振动传感器等,安装在矿井工作面的顶板和支架上。这些传感器能够感知顶板的压力变化、位移情况和振动水平。

数据采集单元:负责收集各传感器的数据,并将数据转换为适合传输的格式。

通信系统:无线或有线传输系统,确保地下与地面之间的数据传输稳定可靠。

数据处理中心:接收来自工作面的原始数据,进行数据整合、分析和处理。

监控和预警系统:在地面控制中心,通过图形界面显示实时数据,并基于分析结果生成预警信息。

电源系统:确保系统稳定运行的独立电源供应系统,通常包括电池组和/或地面电源。

(3) 系统原理

智慧矿山工作面顶板压力感知系统基于以下技术和方法。

① 压力和位移监测:通过安装在顶板和支架上的传感器,实时监测顶板的压力和位移变化。压力传感器通常基于应变片或压电材料,能够感应和转换压力变化为电信号。

② 数据融合和分析:利用高级数据处理技术,如数据融合算法,整合来自不同传感器的数据,提高监测数据的准确性和可靠性。

③ 预警算法:应用机器学习或统计模型,分析顶板数据的历史趋势和实时变化,预测潜在的危险和事故。

(4) 系统功能

智慧矿山工作面顶板压力感知系统的主要功能如下。

① 实时监测:连续监测顶板的压力和位移情况,提供实时数据供矿山工作人员和管理者参考。

② 趋势分析:通过分析顶板压力和位移的变化趋势,评估顶板稳定性和安全状况。

③ 自动预警:当监测数据超出安全阈值时,系统会自动发出预警信号,通知矿山操作人员和管理者采取必要的安全措施。

④ 数据记录和回溯:记录所有监测数据和事件日志,便于事故分析和未来改进。

⑤ 远程控制和访问:使地面管理人员能够远程访问顶板压力数据和系统状态,实现远程控制和决策。

5.1.3.7　智慧矿山井下突水感知系统

智慧矿山突水感知系统用于实时监测和预警矿山可能发生的突水灾害。

(1) 系统组成

① 感知元件:包括各种水文地质传感器,如流量计、压力传感器和水位传感器,用于实时监测地下水的动态变化。

② 数据传输系统:利用光纤网络或无线通信技术,将监测数据实时传输到地面数据中心。

③ 数据处理和分析中心:集成数据存储、处理和分析软件,对收集的数据进行分析,以识别潜在的突水风险。

(2) 系统原理

① 突水机理感知:通过分析地质构造、断层分布及水文地质条件,预测可能的突水通道和突水源。

② 突水地带特征感知:运用地质雷达或电阻率成像技术,感知突水地带的地质结构特征,如裂隙发育情况、含水层厚度等。

③ 突水预警:结合实时监测数据和突水风险模型,实现对突水危险的预警,从而可以采取相应的防范措施。

(3) 系统功能

① 实时监测与预警:系统能够持续监测矿井水文地质条件的变化,当检测到潜在突水风险时,能够自动发出预警信号,以便及时采取措施防止灾害发生。

② 数据分析与决策支持:系统收集的数据被用来分析矿井的安全状况,为矿山管理者提供科学的决策支持,优化矿井的排水系统和安全措施。

③ 历史数据管理:系统存储的历史监测数据可以用于研究矿区的水文地质变化趋势,改进突水预测模型的准确性。

5.2　智慧矿山生产装备感知技术

智慧矿山生产装备感知系统是实现矿山设备智能化管理和维护的重要技术支撑。该系统通过集成先进的传感器、物联网技术、大数据分析和人工智能算法,对矿山设备的工作状态进行实时监控、健康评估和故障预警,从而提高设备的可靠性和使用寿命,降低维护成本,保障矿山生产的高效运行。

设备健康管理技术是一种基于设备运行状态的智能管理技术，旨在提高设备运行的稳定性、可靠性和生产效率，从而减少设备故障率，延长使用寿命并降低维修成本。该技术主要依靠传感器采集设备的各种状态参数，通过数据处理和分析，实现对设备健康状态的实时监测、预测和诊断，并提供相应的维护决策和优化建议。

智慧矿山井下生产设备感知主要包括以下几个方面：一是巷道掘进设备感知，包括开拓、准备和回采等各类巷道和硐室的掘进装备，如小型盾构机、综合机械化掘进机等；二是煤炭回采装备，主要是综采装备，如采煤机、刮板输送机、液压支架等；三是矿井运输装备，包括立井提升设备、带式输送机等；四是井下供电装备，如各类电缆、中央变电所、采区变电所和移动变电站的各类开关等；五是通风排水装备，包括主要通风机和局部通风机、水泵等。

智慧矿山井下生产设备感知系统基于的是先进的信息技术和自动化技术，用于实时监测和管理矿山中的各类生产设备。

5.2.1 巷道掘进设备感知系统

5.2.1.1 巷道掘进设备感知系统构建

(1) 涵盖设备：包括小型盾构机、综合机械化掘进机等。

(2) 传感器部署：在这些设备上部署振动传感器、位置传感器和力传感器，用来监测设备的运行状态、位置信息和机械负载。

(3) 数据功能：通过收集设备的运行数据，系统可以预测设备故障、调整作业参数和优化设备布局，从而提高掘进效率和设备利用率。

5.2.1.2 巷道掘进设备感知系统的功能

巷道掘进设备感知系统主要针对井下掘进机，通过集成多种传感技术，实现对掘进机工作状态的全面监控，具体包括以下几个方面。

(1) 钻进状态感知

通过在升降液压缸和水平回转液压缸中设置位移传感器和流量传感器，实现对掘进机截割臂在垂直面和水平面内的摆动控制。通过程序控制液压缸的启停顺序和阀口流量，确保截割头按设计路径准确截割，从而获得规整的断面。

(2) 动力状态感知

在掘进机截割巷道时，通过调控截割部回转液压缸和升降液压缸的伸缩速度，控制截割臂的摆动速度，从而实现动力状态的精确感知。

(3) 作业姿态感知

通过在掘进机两侧加装倾角传感器，实时感知机身的俯仰、滚动等位姿信息。掘进机依靠履带着地力推进，侧向反作用力可能导致机身姿态偏移，因此实时监测至关重要。

(4) 环境视频感知

利用矿用本安型摄像仪和视频光端机，结合网络视频服务器和无线交换机，构建视频监控系统。这套系统能够监控掘进机周围的工作环境，确保操作的安全性。

(5) 故障预警感知

当掘进机的运行参数如油温、电动机电流超出正常范围时，感知系统会自动停机并报警。系统还整合了专家系统，提供可能出现的故障类型和解决方案，以加强预防和及时响应。

这些感知系统的综合应用，不仅提高了巷道掘进的效率和安全性，还为井下作业提供了强大的技术支持，实现了高精度定向、自适应截割及掘进环境可视化，极大地改善了工作环境并降低了劳动强度。

5.2.2　煤炭回采装备感知系统

5.2.2.1　煤炭回采装备感知系统的构建

(1) 涵盖设备：涵盖采煤机、刮板输送机和液压支架等。

(2) 智能监控：在这些设备上安装力学性能传感器、压力传感器和位移传感器，实时监控设备的工作状态和环境压力。

(3) 系统应用：分析数据来指导作业过程中的设备调整，确保设备在安全的工作范围内运行，同时通过故障早期识别来减少停机时间。

5.2.2.2　煤炭回采装备感知系统的功能

井下采煤工作面设备智能感知系统涵盖了多种感知功能，包括以下几种。

(1) 采煤机姿态感知：这一功能涉及对采煤机的具体操作位置和角度的实时监测，有助于优化采煤机的工作效率，并确保其在煤层中正确地进行截割作业。

(2) 振动信号感知：通过分析采煤机的振动数据，可以预测设备的运行状况和潜在故障，以便及时进行维护和调整。

(3) 运行参数感知：监测采煤机的关键运行参数，如速度、负载等，这些参数对于评估设备性能和操作效率至关重要。

(4) 截割状态感知：实时监控采煤过程中的截割质量和进度，确保煤炭的有效和安全回采。

(5) 牵引状态感知：监测采煤机牵引系统的工作状态，保证设备在煤层中平稳移动和精确操作。

(6) 滚筒调高感知：通过感知滚筒的位置和调整高度，优化截割操作，减少煤炭损失和提高回采率。

(7) 运行状态监控：综合监测采煤机的所有感知数据，实时评估设备的运行状态，预测潜在的操作问题或故障。

(8) 液压支架监控：监控支架的压力和位置，确保其在工作面的稳定性和安全。

(9) 液压泵站监控：感知泵站的压力、油箱液位、油温等关键参数，这些参数对于维持支架系统的正常运行至关重要。

这些智能感知系统通过提供实时数据和预警，能显著提高矿井安全和效率，减少设备故障和停机时间，从而优化煤矿的生产性能和安全性。滚筒采煤机感知系统部件如图5-1所示。

5.2.3　矿井运输装备感知系统

5.2.3.1　矿井运输装备感知系统的构建

(1) 涵盖设备：主要包括立井提升设备(罐笼和箕斗)、带式输送机和刮板输送机。

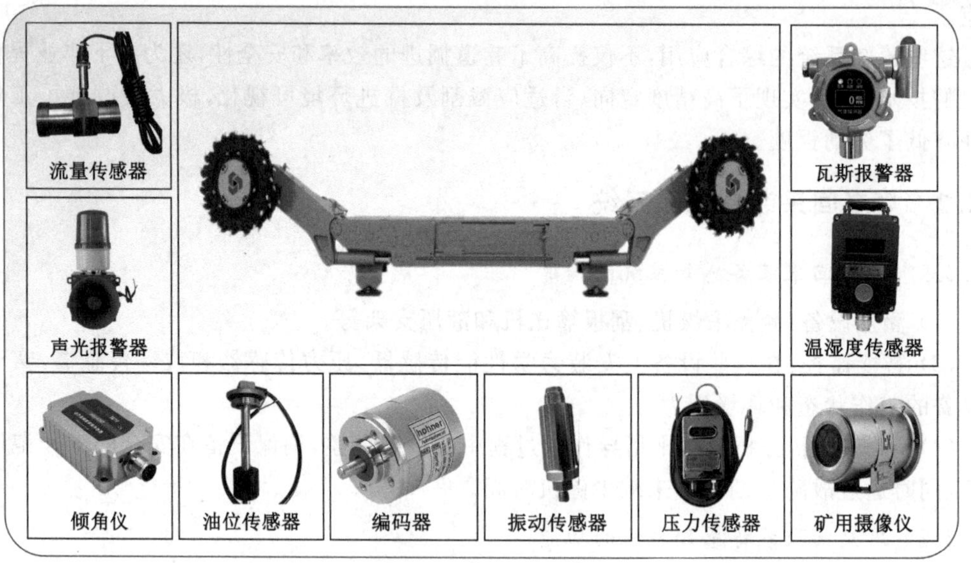

图 5-1　滚筒采煤机感知系统部件

(2) 传感器应用：部署速度传感器和位置传感器以监控设备的运行速度和位置，确保运输过程的平稳和高效。

(3) 数据分析：对实时数据的分析可帮助调整运输计划和路径，优化运输效率，减少能耗和操作成本。

5.2.3.2　*矿井运输装备感知系统的功能*

井下运输装备的智能感知系统通过集成先进的传感技术和监测手段，实现对设备的实时状态监控和故障预警。刮板机、转载机和胶带机三类主要井下运输设备的智能感知系统的功能表现在以下几个方面。

(1) 刮板机状态感知

刮板机在矿井中的运行状态直接关系生产效率和安全性。刮板机状态感知系统重点监控以下几方面。

① 减速器和电动机监控：通过在减速器和电动机上安装温度和振动传感器，监控设备运行中可能出现的异常热量和振动，预防过载和机械故障。

② 冷却水流和压力监控：确保冷却系统正常工作，防止电动机过热，通过流量计和压力传感器实时监控冷却水的流量和压力。

③ 电动机定子和转子温度监控：安装温度传感器，连续监控定子和转子的温度，以预防电动机因过热而导致的损害。

④ 轴承温度监控：轴承是机械运行的关键部件，通过温度传感器实时监测轴承的温度，以及时发现轴承过热问题。

(2) 转载机状态感知

转载机作为将煤炭从一个运输系统转移到另一个运输系统的关键设备，其稳定运行至关重要。转载机状态感知系统主要监控以下方面。

① 轴承温度、油温和油位监控：安装在链轮组件轴承处的温度传感器可以实时监测轴

承的工作温度，油温和油位传感器帮助监控润滑系统的状态，确保机械部件良好润滑，减少磨损。

② 自移装置电液控制监控：通过电液控制系统的传感器监测其性能和运行状态，确保机械操作的精确性和响应速度。

(3) 胶带机状态感知

胶带机状态感知系统主要监控以下几个方面。

① 电动机监控：包括电动机的启停状态、转速、电流、温度、电压、功率、转矩、频率等，通过监测这些参数，可以全面了解电动机的运行状况。

② 运行时间和环境温度：记录设备的总运行时间，帮助预测维护周期和更换时机；环境温度传感器帮助评估设备所处环境对其性能的影响。

③ 控制状态监控：监控设备的近控/远控状态，确保操作模式切换的正确性，增强操作的灵活性和安全性。

5.2.4　井下供电装备感知系统

5.2.4.1　井下供电装备感知系统的构建

(1) 涵盖设备：包括电缆、中央变电所和移动变电站的开关设备。

(2) 监控技术：利用电流和电压传感器监控电力负荷和电网状态，实时检测和预警电力系统的异常。

(3) 系统管理：智能电网管理系统可以实现能源的优化分配和故障快速定位，提升供电系统的可靠性和安全性。

5.2.4.2　井下供电装备感知系统的功能

井下供电装备智能感知系统旨在实现对电气设备和电缆的实时监控和管理。

(1) 中央变电所和采区变电所

中央变电所和采区变电所是矿山电力系统的重要组成部分，负责电力的分配和管理。它们的智能感知系统功能包括以下几方面。

① 电气参数监测：实时监控电压、电流、功率、功率因数和电网频率等关键电气参数，确保电力系统的稳定运行。

② 设备状态监测：通过安装在变压器、断路器、继电器和其他关键设备上的传感器，监控其工作状态和性能。这些传感器可以检测到过载、短路、温度异常和设备老化等问题。

③ 故障诊断与预警：利用数据分析技术，对收集到的监测数据进行深入分析，实时识别潜在的故障和异常。系统能自动发出预警，帮助技术人员及时响应，减少故障停机时间。

④ 能效管理：监控能源消耗，分析能效，优化电力分配，提高能源使用效率，减少能源浪费。

(2) 移动变电站

移动变电站因其灵活性在现代矿山井下应用广泛，尤其是在远离中央电源的采掘区。其智能感知系统的功能包括以下几方面。

① 位置监测：通过井下物联网定位技术监测移动变电站的位置，确保其按需移动到指定位置，提供必要的电力支持。

② 连接与保护监测：监控移动变电站与主电网的连接状态，包括馈电开关和电缆的连接质量。同时，检测保护系统的完整性，如接地、短路和过载保护装置的状态。

③ 环境适应性监测：移动变电站需要在不同的采矿环境中工作，系统还需要监控环境因素，如温度、湿度和灰尘，确保设备在各种环境下都能稳定运行。

(3) 电缆监测

电缆是连接各种供电设施和电气设备的重要介质，井下供电装备智能感知系统涉及电缆如下几方面状态监测。

① 电缆温度监测：电缆在运行中可能因电流过大或外部环境影响而发热，温度传感器能够实时监测电缆温度，预防过热造成的损害。

② 绝缘监测：监测电缆的绝缘状态，及时发现绝缘层老化或损坏的问题，预防电缆短路或漏电。

③ 物理损伤监测：使用视觉或声波传感器监测电缆是否有物理损伤，如被割断、压扁或磨损，确保电缆的完整性和安全。

5.2.5 通风排水装备感知系统

5.2.5.1 通风排水装备感知系统的构建

(1) 主要设备：通风机(主要通风机和局部通风机)和水泵。

(2) 传感器配置：在通风和排水系统中部署流量传感器、压力传感器和温度传感器，监测空气流动和水流状态。

(3) 功能实现：系统可以根据矿井内部的实时需求自动调节通风量和排水速度，优化环境条件，保障矿工的健康和生产安全。

5.2.5.2 通风排水装备感知系统装置的功能

通风和排水装备感知系统的主要功能表现在以下几个方面。

(1) 通风装备感知系统

① 系统装置

振动传感器：安装在主通风机的旋转部件上，用于监测设备的振动状态。振动过大表明设备可能存在机械故障或平衡问题。

风压及风量传感器：实时监测通风系统中的风压和风量，这些数据通过 PLC 处理后显示，确保风量和风压维持在安全和效率的最佳范围内。

② 主要功能

流量监测：跟踪和记录通风系统的空气流量，确保矿井内有足够的新鲜空气供应。

风压监测：确保通风管道中的风压符合安全标准，避免风速过高或过低影响矿工的安全和舒适。

电气设备运行状态监测：监测通风系统中所有电气设备的运行状态，及时发现和报告故障或性能下降。

温度监测：监控通风设备及其周围环境的温度，高温可能预示着设备过载或周围环境存在火险。

振动监测：振动水平的异常可能是设备故障的前兆，及时监测和分析振动数据可以预防严重的机械故障。

(2) 排水装备感知系统

主排水泵的自动化系统通常设置在中央水泵房，使用本安型可编程控制器作为主控装置。

排水装备感知系统主要功能如下。

控制功能：自动控制排水泵的启动、停止和运行速度，根据矿井内水位变化自动调整，确保效率和响应速度。

自动化功能：系统可以自动调节运行参数，如流量和压力，以适应不同的操作条件和需求。

系统保护功能：包括过载保护、短路保护和干运行保护，确保设备和矿工的安全。此外，系统还可以监测水泵的电气参数（如电流和电压）和机械状况（如轴承温度和振动），防止出现设备故障。

5.3　智慧矿山人员感知技术

智慧矿山人员感知系统利用现代信息技术，如物联网、大数据和智能化技术，来实现对矿山工作人员位置、健康状况以及周围环境的实时监测和管理。构建这种系统的主要目标是提高矿山安全管理水平，确保工作人员的安全和健康。智慧矿山人员感知系统是智慧矿山感知系统的重要组成部分，用于对矿山工作人员的安全与位置进行实时监控和管理，以提高矿山安全生产水平和工作效率。这一系统通过在矿山工作人员身上装配智能传感设备，如可穿戴设备和个人定位器，结合物联网技术和大数据分析，实现对矿山内部人员分布、活动轨迹和健康状态的全面感知和实时监控。井下人员感知定位系统结构如图 5-2 所示。

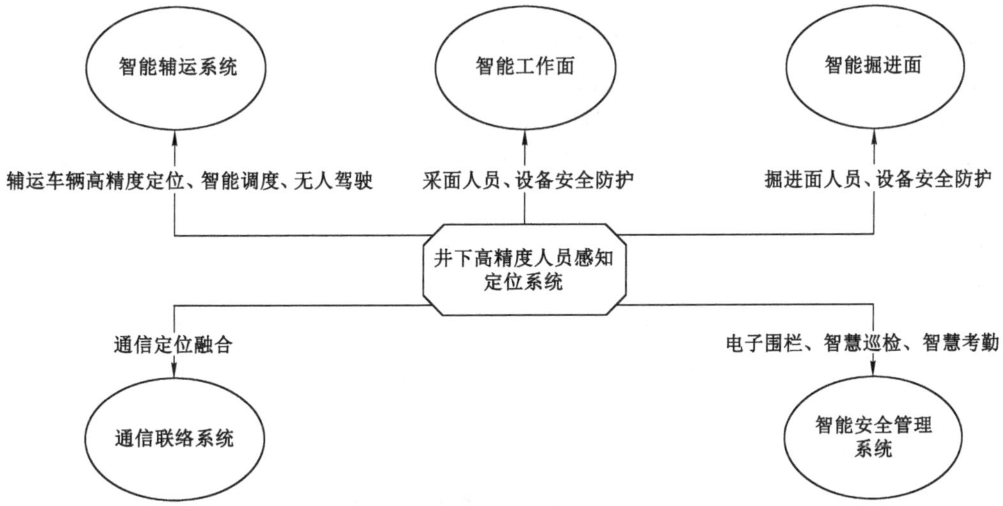

图 5-2　井下人员感知定位系统结构

5.3.1 智慧矿山人员定位感知发展历程

(1) 初始阶段:以传统方法开展人员定位。在智慧矿山概念提出之前,矿山人员定位主要依赖传统的管理方法,如签到、口头报告等,这些方法依赖人工操作,不仅效率低下,而且准确性差,无法满足矿山安全生产的需求。

(2) 技术引入阶段:RFID 技术引入矿山管理。随着 RFID 技术的出现,矿山开始尝试利用 RFID 标签和读取器进行人员定位。工作人员佩戴装有 RFID 标签的安全帽或者卡片,通过在矿井入口和重要位置安装读取器,实现人员进出和特定位置的监控。这一阶段大大提高了人员定位的准确性和效率。

(3) 技术深化阶段:矿山人员定位系统开始引入 WiFi 技术,通过矿井内安装的 WiFi 基站,利用工作人员携带的移动设备(如智能手机或特制的定位设备)进行定位。WiFi 定位技术相比 RFID 技术具有更大的覆盖范围和更高的定位精度,但在复杂的矿山环境中,信号干扰和设备耗电量仍是挑战。

(4) 技术融合阶段:多技术集成。为了进一步提高定位系统的准确性和可靠性,矿山人员定位系统开始融合多种技术,如将 RFID、WiFi、BLE、UWB 等技术结合使用。这种多技术集成的方法可以在不同的应用场景中选择最适合的技术,优化定位性能。

(5) 智能化发展阶段:大数据与人工智能。最新的发展趋势是利用大数据分析和人工智能技术来优化人员定位系统。通过分析定位数据,系统不仅可以实现实时定位,还可以对人员行为进行分析,预测潜在的安全风险,从而提前采取预防措施。同时,通过人工智能技术,可以实现对矿井环境的智能识别和分析,进一步提高安全管理的水平。

5.3.2 智慧矿山人员感知系统组成与功能

智慧矿山人员感知系统包括:① 个人终端(如智能矿灯),其主要功能是为井下作业人员提供可携带设备,通过内置传感器实现对个人周围安全环境的监测(如瓦斯浓度、温度、各类气体浓度等),同时实现人员精确定位与动态跟踪;② 有线与无线通信网络,主要功能是确保个人终端与管理平台之间的数据传输;③ 应用管理平台,集中处理和分析从个人终端收集到的数据,提供实时监控、报警、信息显示等功能。

智慧矿山人员感知系统实现的功能主要包括人员定位与跟踪、人员健康状态监测、行为分析与安全预警等。

(1) 实时定位与跟踪

通过在工作人员身上佩戴的 RFID 标签、无线射频识别设备或其他定位技术装置,实现对人员在矿山内部的实时定位与跟踪。这不仅有助于快速了解人员的实时位置,以便在紧急情况下进行有效的救援操作,也能够监控人员是否进入限制区域,从而避免安全事故的发生。

(2) 人员健康状态监测

通过佩戴的智能可穿戴设备,如智能手表或健康监测手环,监测工作人员的健康状况,包括心率、血压等生命体征。这些数据可以实时传输到监控中心,一旦发现异常,系统即时报警,确保在紧急情况下迅速响应,及时救助。

(3) 行为分析与安全预警

利用收集到的数据进行深入分析，识别工作人员的行为模式，比如疲劳程度、非正常行为等，通过分析这些行为模式，系统能够预测潜在的安全风险，并及时发出预警，减少事故发生的可能性。

(4) 紧急通信与撤离支持

在紧急情况下，如出现瓦斯灾害、火灾或水害等突发事件，人员感知系统可以快速确定受影响区域内的所有人员，通过系统自动或手动发送警报信息，指导工作人员安全撤离，并实时调整最佳撤离路径，确保人员安全。

(5) 人员管理与调度

基于人员的实时位置和状态信息，智慧矿山管理者可以有效地进行人员调度和任务分配，优化资源配置，提高工作效率和生产力。

5.3.3　智慧矿山井下人员感知模型

智慧矿山人员定位感知模型涉及复杂的技术系统，这些系统通过整合不同的传感技术、定位算法和通信协议，实现对井下工作人员的实时、精准定位。关键技术包括射频识别、无线传感网、超宽带技术和地磁定位等。这些技术各有优势与局限，而在实际应用中常常需要融合多种技术以达到最优的定位效果。

智慧矿山井下人员感知模型采用了“源、流、岛”的模式，这是一种将人员环境感知系统的结构细化和功能化的方法。

(1) 源(sensors)

在智慧矿山中，人员环境感知系统的“源”主要指各种传感器，这些传感器大多数是广义的，包括矿工携带的或安装在矿区内的设备。这些传感器可能包括定位传感器、气体浓度检测器、温度感应器、振动传感器等。这些传感器的主要功能是实时收集矿井内的各种环境数据和人员状态信息，如空气质量、人员位置、环境温度等，确保这些数据的精确性和实时性是人员安全管理的基础。

(2) 流(flow)

“流”在智慧矿山人员环境感知系统中指的是数据流动和信息流动的整合体，它是物理传感数据和信息处理相结合的产物。数据流包括从传感器到数据处理中心的数据传输，以及从数据中心到终端用户的信息传递。收集到的原始数据通过通信网络传输至中央处理系统，在那里数据会被分析和处理，包括数据的清洗、整合、存储以及进一步的分析，以生成对矿工更有用的信息。

(3) 岛(islands)

“岛”在人员环境感知系统中指的是分散的、特定功能的软件模块，这些模块用于处理与矿工安全直接相关的任务，例如，应急响应模块、矿工健康监控模块、环境监控模块等。每一个“岛”都是独立的功能区域，它们负责处理特定类型的数据，并提供针对性的解决方案和预警。这样的模块化设计使得整个系统能够灵活响应各种情况，及时调整策略以应对突发事件。

这种“源、流、岛”的模式为智慧矿山提供了一个高效、可扩展的框架，使得井下环境和人员安全监控更加精确和实时。通过这种模式的实施，智慧矿山能够有效提升矿工的工作安全和生产效率，同时减少事故发生的风险。

5.4 本章小结

智慧矿山井下灾害感知技术通过高度集成的传感器网络、实时数据处理与智能分析平台，能够有效实现矿山环境的全面监测与灾害预警。这些技术涵盖地质雷达探测、压力与应力监测、瓦斯与水文地质监测等多种手段，能够动态捕捉井下的各种潜在风险因素。通过数据的实时收集与分析，智慧矿山系统能够及时对如瓦斯超标、顶板冒落等多种灾害进行预警，大大提升矿山的安全管理水平，保障矿工安全与生产效率。

智慧矿山井下生产设备感知系统涵盖了巷道掘进设备、煤炭回采装备、矿井运输设备、井下供电装备以及通风排水装备。通过在各种关键设备上部署智能传感器，能够实时监控设备的工作状态、环境条件以及潜在的故障，从而优化设备运行效率、提高作业安全性，并通过数据分析来调整作业参数和优化设备布局。这一集成先进信息技术和自动化技术的应用，不仅显著提升了生产效率，还确保了矿工的安全和生产过程的高效管理。

通过智慧矿山人员感知系统，矿山管理者能够实时了解井下人员的分布和环境状况，及时发现和响应潜在的安全隐患，显著提升矿山的安全生产能力。智慧矿山人员感知系统利用高度的信息化和智能化技术，实现对矿山工作人员的全方位保护，是现代矿山安全管理不可或缺的一部分。

课后习题

1. 构建智慧矿山感知系统的核心目标是什么？

2. 叙述矿井灾害的特点及影响因素。

3. 井下引起火灾的因素有哪些？常用的火灾感知方法有哪些？

4. 描述智慧矿山中巷道掘进设备感知系统的主要组成部分和功能。

5. 说明矿山井下运输装备智能感知系统的重要性及对矿山安全的贡献。

6. 讨论井下供电装备智能感知系统如何通过监控和预警提高矿山的运行效率。

7. 分析“源、流、岛”模式在矿山智能感知技术中的应用及对矿山安全管理的影响。

8. 讨论煤炭回采装备感知系统中，采煤机姿态感知和振动信号感知如何协同工作以提高作业安全性。

9. 分析通风排水装备感知系统在环境监控中的关键功能，并说明其对矿井安全的影响。

10. 设计一个基于“源、流、岛”模式的矿工安全监控系统，包括所需的传感器、数据传输方法和安全功能模块。

第6章　矿山云平台技术与边缘计算

学习目标

(1) 能在理解云计算概念的基础上，准确说出云计算的三种服务模式及特点，并能详细描述云计算和大数据的关系。

(2) 能在已有云计算通用知识背景下，准确将通用云计算知识迁移到矿山云平台中，并能画出智能矿山云平台用户和专家提供服务的路线图，能设计一套基本的云服务软件。

(3) 能在理解边缘计算通识知识的基础上，准确说出智慧矿山边缘计算的意义并能区分边缘计算相较于中心化计算的优势及未来在智慧矿山中的重要作用。

矿山云平台技术与边缘计算结合了云计算的强大数据处理能力和边缘计算的实时本地执行优势，为矿山运营提供了一个高效、可扩展的技术架构。通过矿山云平台，可以集中管理数据和应用，优化资源分配和数据分析；而边缘计算则在接近数据源的地方进行数据处理，减少延迟，提高响应速度和系统可靠性。这种结合方式不仅提升了矿山智能化和自动化水平，也增强了对复杂场景的监控和管理能力，有效提高了矿山安全生产的效率和质量。

6.1　云计算基础知识

云计算是一个涵盖广泛的技术概念，它通过互联网提供按需的计算资源和服务，不需用户直接管理物理硬件。这种计算模式使个人和企业能够通过网络访问服务器、数据库和一系列应用程序。

6.1.1　云计算的概念及特点

云计算是一种在互联网上提供和获取信息技术服务的方式，如存储、数据库、网络、软件等。用户可以根据需求在线获取这些服务，并根据实际使用量付费，这样可以大大降低企业的运营成本和复杂性。根据美国国家标准与技术研究院的定义，云计算是一种按用量收费的商业服务模式，这种模式通过提供可靠的、方便的、按需使用的网络访问，存取可配置的各种计算资源池(包括 CPU、内存、外存、网络、软件等)，这些资源可被按需快速提供，用户只需投入很少的运维工作。我国的刘鹏教授给出了关于云计算更通俗的解释：云计算将数据和计算分布在大量普通电脑构成的云资源池上，使各种终端系统能够按需获取各种计算或存储服务。

云计算具有以下几个显著特点，这些特点共同构成了其作为一种强大的信息技术服务模式的基础：

(1) 大规模。云计算平台通常建立在大型的数据中心，这些数据中心拥有大量的服务器资源和存储设备，能够支持大量用户同时使用。这种规模效应使得云服务能够提供几乎无限制的计算资源，满足各种规模企业的需求。

（2）虚拟化。云计算平台广泛采用虚拟化技术，使得物理服务器可以分割成多个虚拟机。每个虚拟机可以运行在独立的操作系统上，这样多个用户和应用可以在同一台物理机上同时运行而互不影响，极大地提高了资源的利用率。

（3）高可靠性。云计算提供高度可靠的服务，通过多个备份和数据冗余策略，确保数据的安全和服务的持续可用。即使单个物理设备失败，云平台也能自动将任务迁移到其他设备上继续运行，保证服务的连续性。

（4）高通用性。云计算平台支持各种操作系统和应用程序，用户无须更改已有的软件资产即可迁移到云平台。这种高度的兼容性使得云计算可以服务于广泛的行业和应用。

（5）高可扩展性。云服务具有出色的可扩展性，用户可以根据需要随时增加或减少资源，例如处理能力、存储空间等。这种灵活性是传统本地部署所无法比拟的。

（6）按需服务。云计算遵循“按需付费”的模式，用户根据实际使用的服务量支付费用，不需为未使用的资源付费。这种模式降低了企业的运营成本。

（7）成本极低。与传统的 IT 基础设施相比，云计算降低了企业的硬件投资和维护成本。企业无须购买昂贵的服务器和网络设备，也不需要维护大型的数据中心。

（8）效率极高。云计算提高了企业的运营效率。通过集中管理和自动化工具，企业可以快速部署新的应用，灵活应对市场变化。同时，云平台的高度优化确保了资源的高效使用。

这些特点使得云计算成为企业尤其是需要快速扩展和高度可靠性服务企业的理想选择。

6.1.2　云计算应用模式

云计算服务模型为用户提供不同级别的管理和自定义能力，具体包括基础设施即服务（IaaS）、平台即服务（PaaS）和软件即服务（SaaS）。这些模型分别针对不同的业务需求和技术要求，允许用户根据自己的具体需求选择合适的服务层次。云计算的应用模式如图 6-1 所示；其中基于分布式存储的云数据库模型如图 6-2 所示。

6.1.2.1　软件即服务（SaaS）

软件即服务（software as a service，SaaS）是云计算的一种形式，通过在服务集群上统一安装对外服务的应用软件，用户利用网络向服务提供商订购所需的应用软件服务，服务提供商通过 Web 向用户提供应用软件租用服务，并根据用户租用软件的种类、多少、时长等收取费用。其优势主要体现为软件提供商全面负责软件服务的质量，包括开发、安装、部署、维护、升级等，软件使用者只需要通过浏览器接入网络，支付少量费用即可方便地享用所需软件服务，而不用关注软件从部署到维护的整个过程，可大大节省成本。

（1）SaaS 的主要特征

① 订阅模式：SaaS 通常采用基于订阅的付费模式，用户根据使用的服务时间或功能付费。

② 不需安装和维护：由于软件托管在云端，用户不需安装任何软件，也不需要担心维护或更新软件。

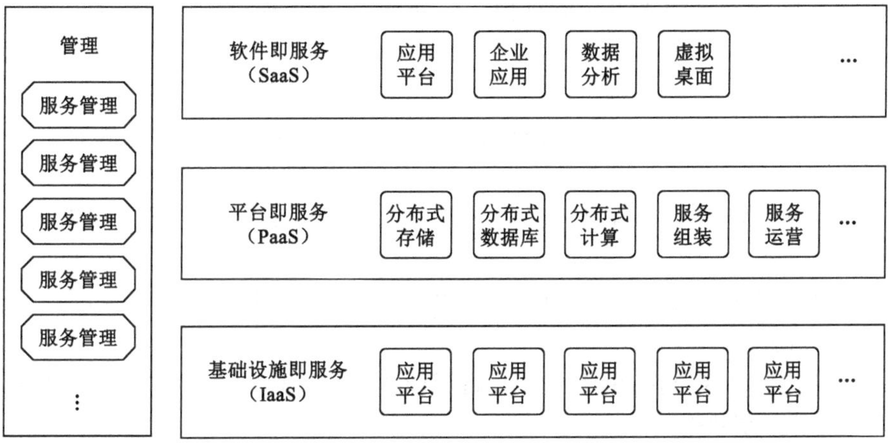

图 6-1　云计算的应用模式

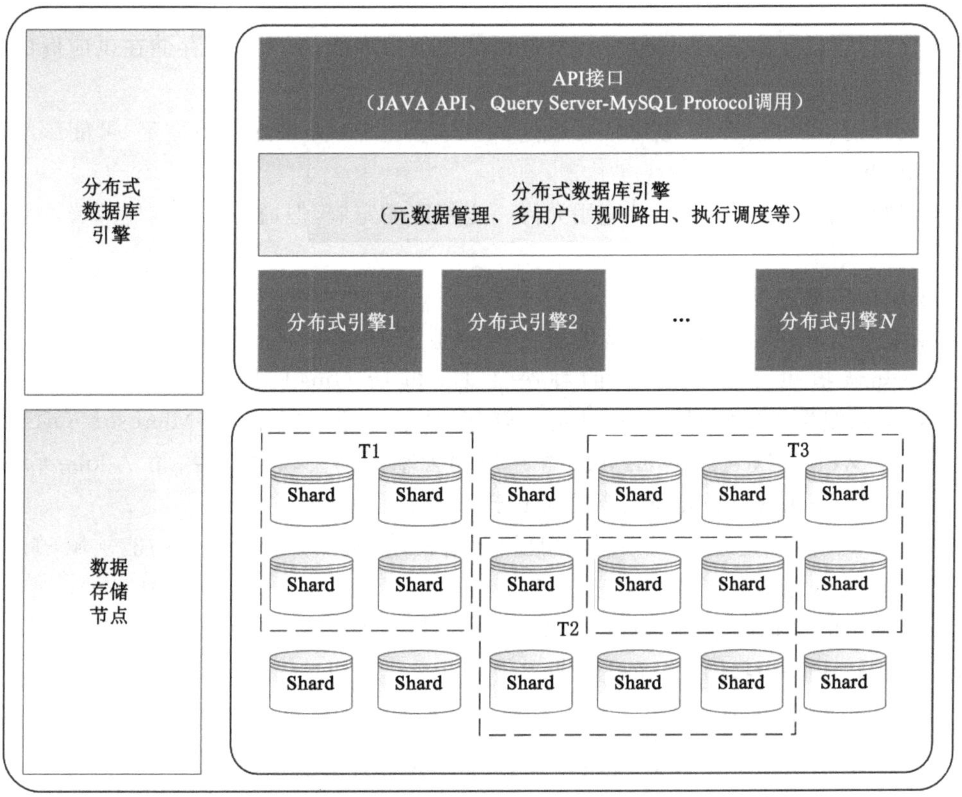

图 6-2　基于分布式存储的云数据库模型

③ 即开即用：SaaS 应用通常提供即开即用的功能，用户只需登录即可开始使用，不需复杂的配置。

④ 可访问性：SaaS 应用可通过任何具有网络连接的设备访问，大多数应用通过网页浏览器访问，确保用户无论身在何处都能访问应用程序。

⑤ 自动更新：软件更新和补丁管理由供应商负责，确保所有用户使用的都是最新版本的软件。

(2) SaaS 的优缺点

① 成本：SaaS 免除了企业购买、安装、维护和升级软硬件的支出，从而大幅降低了成本。

② 启动时间：由于软件即服务不需要传统软件的安装和配置，企业可以迅速启动和扩展其应用程序。

③ 灵活性和可扩展性：SaaS 解决方案提供了出色的灵活性和可扩展性，用户可以根据需要订阅或取消服务。

④ 集中化的管理和协作：SaaS 应用促进了团队协作，因为所有团队成员都可以访问相同的应用版本和共享数据。

⑤ 高级安全性：虽然数据存储在云端可能让一些用户担忧数据安全，但 SaaS 提供商通常能提供高级的安全措施，包括数据加密和多级认证，这些措施往往超出单个企业能力范围。

⑥ 数据控制：使用 SaaS 可能导致对数据的控制权降低，因为数据存储在供应商的服务器上。

⑦ 依赖网络连接：SaaS 应用依赖稳定的互联网连接，如果连接不稳定，可能影响应用的访问和性能。

⑧ 定制限制：虽然许多 SaaS 应用允许一定程度的定制，但通常没有本地部署的软件那样灵活。

(3) 应用实例

国际上常见的以 SaaS 模式提供服务的企业及平台有：① Google Workspace(前称 Google Apps) 提供了一套集成的办公工具，包括 Gmail、Docs、Drive 和 Calendar；② Salesforce，提供广泛的 CRM(客户关系管理)功能和业务应用；③ Microsoft Office 365 提供了包括 Word、Excel、PowerPoint 等在内的云基础办公软件套件；④ Adobe Creative Cloud 提供 Photoshop、Illustrator 等专业设计软件的云版本。

国内 SaaS 的应用已经非常广泛，并且快速增长，覆盖了多个行业和功能领域，如钉钉、企业微信、网易云课堂等。

SaaS 模型的这些特性使其成为现代企业尤其是中小企业的理想选择，能够以较低的初始投入迅速实现业务自动化和在线协作。

6.1.2.2 平台即服务(PaaS)

平台即服务(platform as a service，PaaS)是一种云计算服务模型，为开发者提供一个完整的、集成的软件开发环境，还包括开发工具、数据库管理系统、中间件等的集成平台，允许开发者在云中创建、运行和管理应用程序而无须建设和维护通常与此过程相关的复杂基础设施。它利用云计算构架，把软件开发环境作为一种增值服务提供给研发人员。用户通过登录 PaaS 平台，便可在其上开发软件，并在该平台上部署和分布，继而 PaaS 平台便可将用户研发的软件通过网络分享给其他相关用户。其优势明显体现为软件开发者不需要再关心硬件平台、软件开发环境等，这些复杂且专业的软件开发支撑平台的搭建与维护全部交由 PaaS 服务商提供和负责，而用户只需专注于自己的软件开发逻辑即可。

(1) PaaS 的主要特点

① 集成开发环境：PaaS 提供了一套工具，支持开发、测试和部署应用程序。这些工具通常包括编程语言的运行环境、数据库、中间件、集成开发环境（IDE）、版本管理和编译服务。

② 自动化管理：PaaS 自动管理硬件和网络基础设施，以及操作系统、中间件和运行环境的安装、配置和升级。

③ 可扩展性：PaaS 提供弹性扩展功能，允许应用根据需求自动增加或减少资源。

④ 多租户架构：PaaS 环境通常设计为多租户模式，即一个单一的硬件和软件实例可由多个用户共享，但保持各自数据的隔离和安全。

⑤ 集成服务：很多 PaaS 提供商提供额外的服务，如队列、工作流、数据分析、用户身份管理和访问控制等，这些服务可以帮助开发者增强应用功能且易于整合。

(2) PaaS 的使用场景

PaaS 适用于多种开发需求和场景，包括以下几个方面。

① 快速应用开发：企业快速开发和部署应用以响应市场变化。

② 开发新应用：新的创业公司或项目组希望专注于产品开发而不是基础设施建设。

③ 应用现代化：将传统应用迁移到现代架构，利用云端服务改善性能和可扩展性。

④ 测试和部署自动化：自动化测试流程和部署过程，以缩短开发周期，提高软件质量。

(3) PaaS 主要优势与挑战

① 成本效益：减少了硬件投资和运维成本，用户只需支付所使用资源的费用。

② 开发效率：集成的开发工具和自动化的管理功能减少了配置和维护的工作，使开发团队能更快地交付软件。

③ 易于协作：云基础上的开发环境支持团队成员在不同地点协同工作。

④ 依赖特定供应商：使用 PaaS 可能会导致对特定云供应商的依赖，增加迁移至其他平台的难度。

⑤ 数据安全和隐私：应用和数据托管在第三方服务器上，需确保供应商的安全性和合规性符合企业需求。

6.1.2.3　基础设施即服务(IaaS)

基础设施即服务（infrastructure as a service，IaaS）利用云计算技术实现了一种崭新的硬件基础设施资源使用模式，它使用虚拟化技术将 CPU、内存、外部存储、网络、输入和输出等硬件资源集成整合成虚拟资源池，再通过互联网为用户提供所需硬件设施资源服务。其最大优势在于用户不再需要支出大量费用去采购部署自己的硬件资源，而只需要通过互联网登录 IaaS 平台，在 Web 页面上以“点菜”的方式选择自己当下所需的硬件单元。

(1) 定义与特点

IaaS 允许用户在云服务提供商管理的数据中心内租用虚拟化的计算资源。用户不需要购买和维护物理服务器和其他基础设施，只需通过网络连接到这些资源，并按实际使用付费。这种模式的主要特点如下。

① 可扩展性：用户可以根据需求增减资源，实现业务的灵活扩展。

② 成本：减少了前期资本投入和持续的物理硬件维护费用。

③ 灵活性：用户可以选择操作系统和应用程序，完全控制配置。

④ 即时可用：资源可以迅速部署和释放，提高了响应速度。

(2) IaaS的核心组件

IaaS的核心组件通常包括以下几类。

① 计算资源：包括虚拟机(VMS)和相关的处理能力。用户可以选择不同的CPU和内存配置，以满足不同的处理需求。

② 存储资源：提供各种类型的存储选项，如块存储、文件存储和对象存储，以支持不同的数据存储需求。

③ 网络资源：包括虚拟网络接口、负载均衡器、IP地址、VPN(虚拟专用网络)等，支持复杂的网络架构和扩展。

(3) IaaS的应用场景

IaaS适用于多种场景，特别是对于以下应用场合。

① 开发和测试：提供一个成本效果高且可按需配置的环境，用于开发、测试和部署应用程序。

② 网站托管：适用于托管高可用性、可扩展性和安全性的大型网站或应用。

③ 虚拟数据中心：对于需要虚拟化数据中心服务的大型企业，IaaS提供一种可替代的解决方案，以减少物理数据中心的需要。

④ 灾难恢复：利用IaaS可实现数据备份和灾难恢复，提高业务连续性。

(4) 优势与挑战

① 资源配置：用户可以根据实际需求调整资源配置，不受物理硬件的限制。

② 成本：降低了物理基础设施的维护和升级成本。

③ 可用性：云服务提供商通常可以提供比传统数据中心更高的可用性和业务连续性。

④ 安全性问题：虽然云服务提供商确保了高级别的安全措施，但数据在传输和存储过程中仍可能面临安全风险。

⑤ 依赖性问题：对云服务提供商的高度依赖可能导致控制力下降。

⑥ 技术兼容性：迁移到云环境可能需要解决现有应用和系统的兼容性问题。

6.1.3 云计算与大数据

云计算和大数据是两种技术，它们相互促进且互为依存，共同推动了当代信息技术和商业智能的迅速发展。云计算和大数据的关系如下。

6.1.3.1 云计算提供基础架构

云计算提供了弹性、可扩展和按需配置的计算资源，这对于处理大数据是至关重要的。大数据应用常常需要大量的计算力和存储空间来处理和分析海量数据集。云平台如Amazon Web Services(AWS)、Microsoft Azure和Google Cloud Platform提供了虚拟化的资源，使得企业能够轻松扩展或缩减资源以适应大数据处理需求，而不需前期大量投资于硬件。

(1) 弹性计算资源

弹性扩展主要体现在横向和纵向两个层面，具体来说，横向扩展包括云计算允许通过添加更多的虚拟机或容器来增加计算能力，适用于需要处理大量并发任务的大数据应用，如批处理和实时数据分析；纵向扩展主要是云计算支持增加单个虚拟机的CPU、内存等资源，适合需要高性能计算资源的应用，如数据挖掘和复杂数据分析。

企业也可以根据实际需求动态调整计算资源，避免资源浪费，同时确保在高峰期有足够的计算能力。用自动化工具和服务，如 AWS Auto Scaling，确保在负载增加时自动增加资源，在负载减少时减少资源，从而优化成本和性能。

(2) 灵活的数据存储解决方案

对象存储重点解决高扩展性、数据冗余和持久性问题。高可扩展性方面，Amazon S3 和 Google Cloud Storage 支持大规模数据存储，适合存储非结构化数据，如日志文件、媒体文件等。数据冗余和持久性则是提供多区域复制和持久存储功能，确保数据的高可用性和持久性。

文件存储方面，Amazon EFS 和 Azure Files 提供跨多个实例共享文件数据存储能力，适合大数据分析中的数据共享需求。

块存储主要针对高性能存储需求，如 Amazon EBS 和 Google Persistent Disks，提供低延迟、高吞吐的存储，适合数据库应用。

(3) 强大的数据处理能力

云平台支持 Hadoop、Spark 等大数据处理框架，能有效分配计算任务到多个节点，处理大规模数据集。托管服务方面，如 AWS EMR、Azure HDInsight，简化了大数据处理的部署和管理。专用 HPC 实例，如 AWS 的 HPC 实例，提供高性能的计算能力和网络带宽，适合科学计算和复杂数据分析。

(4) 广泛的网络和内容分发

云平台提供虚拟私有云(VPC)服务，如 AWS VPC 和 Azure Virtual Network，确保数据传输的安全和网络的隔离性。同时也提供负载均衡服务，如 AWS ELB 和 Azure Load Balancer，分发流量以优化资源使用和性能。全球分发方面，如 Amazon CloudFront 和 Azure CDN，能确保数据和应用内容的快速、低延迟传输，提升全球用户访问速度。

(5) 高可用性和容灾能力

通过多区域部署，确保即使在一个区域出现故障时，数据和应用仍然可用，增强灾难恢复能力。云平台提供自动备份功能，如 AWS Backup，数据能定期备份，简化恢复流程。

(6) 安全性和合规性

采用细粒度权限控制，如 AWS IAM 和 Azure Active Directory，提供对资源访问的精细控制，确保数据安全。支持数据传输和存储的加密，保护敏感数据。提供合规工具，如 AWS Artifact，帮助企业行为符合各种数据保护法规。

(7) 成本效益

用户只需为实际使用的资源付费，无须投资昂贵的硬件设施。云平台提供成本监控和优化工具，如 AWS Cost Explorer，帮助企业有效管理和优化云资源成本。

(8) 开发和运维支持

集成开发环境(IDE)和工具方面，如 AWS CodePipeline 和 Azure DevOps，支持持续集成和持续交付(CI/CD)，加速应用开发和部署。实时监控方面，如 AWS CloudWatch 和 Azure Monitor，提供对应用和基础设施的实时监控和日志管理，提升运维效率。

通过上述这些功能和优势，云计算为大数据处理提供了强大的基础设施支持，使得企业能够高效、灵活地处理和分析海量数据，推动业务智能化和数据驱动决策。

6.1.3.2 大数据驱动云计算创新

大数据的需求推动了云计算平台的创新和发展。大数据驱动云计算创新体现在多个方面，主要包括基础设施优化、数据处理框架拓展、存储技术改进、实时处理能力增强、成本效益优化以及安全性和合规性提升等。

(1) 基础设施优化

① 弹性计算资源：大数据处理需要高度可扩展的计算资源。云计算平台为此提供了弹性计算服务，如 AWS EC2、Azure VM 等，允许动态调整资源以满足数据处理需求。

② 分布式架构：为了支持大数据处理，云计算引入了分布式计算架构，如 Apache Hadoop、Apache Spark，这些架构在云平台上得到了优化和广泛应用。

③ 容器化和微服务：云计算平台通过容器化(如 Docker)和微服务架构，提升了大数据应用的部署和管理效率。

(2) 数据处理框架拓展

① 托管大数据服务：云服务提供商开发了多种托管大数据服务，如 AWS EMR、Google Dataproc，简化了 Hadoop、Spark 等大数据处理框架的使用。

② 无服务器计算：云平台引入了无服务器计算(serverless computing)模式，如 AWS Lambda、Azure Functions，使得大数据处理更加灵活，无须管理底层服务器。

(3) 存储技术改进

① 分布式存储系统：云计算平台优化了分布式存储系统，如 Amazon S3、Google Cloud Storage，支持海量数据的高效存储和访问。

② 多层存储架构：云服务提供商提供多层存储解决方案，如热存储、冷存储，满足大数据应用的不同存储需求，优化了成本和性能。

(4) 实时处理能力增强

① 流处理框架：云计算平台开发和集成了实时数据处理框架，如 Apache Kafka、AWS Kinesis、Google Cloud Dataflow，提升了实时数据处理能力。

② 事件驱动架构：云平台支持事件驱动架构，允许大数据应用实时响应数据变化和用户请求，增强了数据处理的实时性。

(5) 成本效益优化

① 按需计费模式：云计算提供按需计费模式，用户只需为实际使用的资源付费，降低了大数据处理的成本。

② 自动化资源管理：云平台通过自动扩展和负载均衡，优化资源利用率，降低了大数据处理的成本。

(6) 安全性和合规性提升

① 数据加密和访问控制：云平台提供了全面的数据加密和访问控制措施，确保大数据处理的安全性。

② 合规性工具和服务：云服务提供商提供多种合规性工具和服务，帮助企业行为符合数据保护法规，确保大数据处理的合规性。

大数据的广泛应用和复杂需求推动了云计算技术的持续创新。云平台通过不断优化基础设施、增强数据处理能力、改进存储技术、提升实时处理能力和优化成本效益，满足了大数据处理的多样化需求，同时在安全性和合规性方面提供了更强的保障。这些创新不仅提升了大数据处理的效率和性能，也推动了云计算技术的全面发展。

6.2　矿山云平台

智慧矿山云平台基于云计算和大数据处理技术，主要服务于矿山灾害信息预警和安全生产。该平台旨在解决矿山生产中的数据存储、安全预警、监视与控制等问题，通过搭建感知矿山云服务平台，为安全生产提供技术支持。

6.2.1　矿山云平台概述

智慧矿山云平台以云计算和大数据处理技术为基础，核心目标是通过集成先进的云存储、并行处理和弹性资源部署技术，为矿山的物联网平台、大数据处理和信息管理提供强有力的技术支撑。感知矿山云平台整体架构如图 6-3 所示。

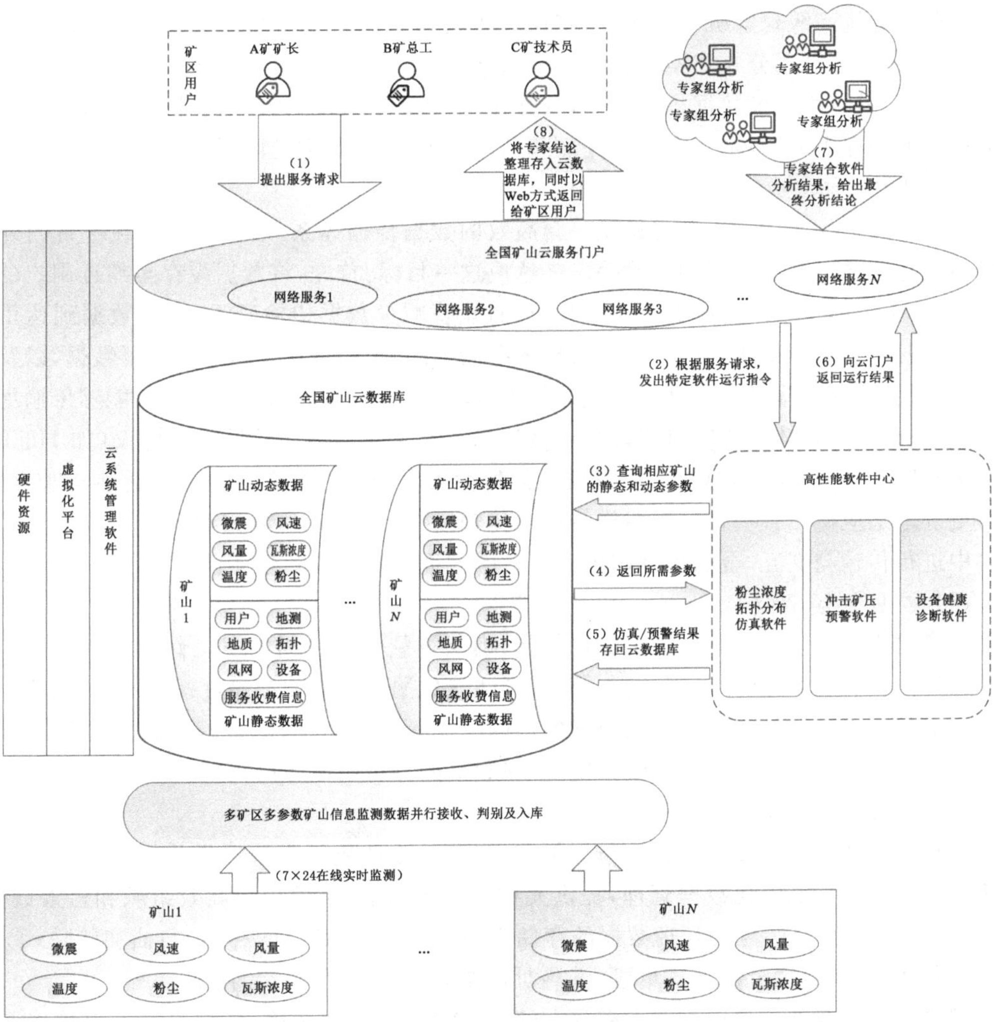

图 6-3　感知矿山云平台整体架构

6.2.1.1 矿山云储存

(1) 海量存储

智慧矿山云存储是智能矿山基础设施的重要组成部分，负责大规模数据的存储、管理和高效访问。云存储技术的应用确保了矿山物联网平台生成的大量数据能够被可靠地存储、快速检索和高效传输，从而支持矿山的智能化管理和安全运营。云存储提供了一个分布式的存储架构，能够存储和管理智慧矿山生成的海量数据，包括井下各类传感器数据、视频监控数据、设备运行数据等。

海量存储具有以下特点：一是云存储系统具有动态扩展的能力，可以根据数据量的增长自动增加存储节点，确保存储容量的灵活扩展；二是数据被分散存储在多个节点上，提升了系统的可靠性和数据冗余度，即使部分节点发生故障，数据仍能被安全访问；三是利用自动化管理工具，简化存储资源的分配和管理过程，提高运维效率。

(2) 快速检索

云存储通过高级检索机制和索引，实现对大数据的快速查询和访问。其具有以下三方面的优势：一是能利用分布式索引和缓存技术，建立高效的数据检索结构，提高查询速度和响应时间；二是将大规模数据集分成小块(分片)存储，支持并行访问，提升数据读取效率；三是通过智能缓存策略，将常用数据预先加载到缓存中，减少数据访问延迟。

(3) 高效传输

云存储技术为矿山云平台构建了一套高效的数据传输体系，以保障数据在平台内外的流畅与快速传输。其通过多种技术手段来达成这一目标：首先，将数据缓存至靠近用户的边缘节点，这样能够极大缩短数据传输路径，从而显著减少数据传输延迟，加快数据到达用户的速度；其次，运用数据压缩技术减少数据的存储空间，采用去重技术消除重复数据，以及进行流量优化，这些措施有效提升了带宽的利用效率，使得在有限的带宽条件下能够传输更多的数据，进而减少整体的传输时间；此外，该技术还具备支持多种数据传输协议(如 HTTP、HTTPS、FTP 等)的能力，这种多协议支持的特性大大增强了数据传输的灵活性与兼容性，能够更好地适应矿山云平台复杂多样的数据传输需求，确保各类数据都能以高效的方式在平台中进行传输与交互，全面提升矿山云平台的数据流转效率和整体性能。

(4) 数据安全与保护

云存储提供了全面的数据安全保护机制，确保智慧矿山数据的安全性和机密性。井下各类数据需要高度可靠，在使用过程中要特别注意数据在传输和存储过程中的加密，防止出现数据泄露和未授权访问。提供细粒度的访问控制策略，确保只有授权用户才能访问特定数据。支持自动化数据备份和灾难恢复，确保数据的高可用性和持久性。

(5) 数据管理与分析

云存储支持大规模数据的管理与分析，为智慧矿山的决策支持提供数据基础。具体表现为以下几个方面：① 元数据管理，提供元数据管理功能，帮助用户高效组织和检索数据；② 数据生命周期管理，自动管理数据的存储生命周期，包括数据的存储、归档和删除；③ 数据分析集成，与大数据分析工具集成，支持对存储数据的深度分析和挖掘。

智慧矿山云存储技术通过提供海量存储、快速检索、高效传输、数据安全与保护以及数据管理与分析功能，为矿山的智能化管理和安全运营提供了强有力的支持。这些技术不仅提升了数据管理的效率和灵活性，还增强了数据安全性和可用性，助力智慧矿山实现高效、安全和智能化的运营。

6.2.1.2　矿山云计算并行处理

智慧矿山云计算并行处理是一种利用云计算资源进行大规模数据处理和计算的技术，旨在提高矿山安全性和生产效率。该技术通过协调大量的计算资源，采用高效的计算模式，实现井下状态模拟、安全预警等复杂任务的快速处理。

(1) 高效计算资源协调

高效计算资源协调是智慧矿山云计算并行处理技术的核心，通过虚拟化、容器化以及智能任务调度与资源管理技术，实现计算资源的高效利用和灵活分配。虚拟化技术提供资源隔离和灵活性，容器化技术保证应用的一致性和快速部署，而任务调度与资源管理通过智能算法优化系统性能，确保负载均衡和资源的高效利用。这些技术共同提升了矿山大规模计算任务的处理能力和系统的整体效率。

(2) 大数据计算模式

智慧矿山大数据计算模式通过整合批处理、流处理和图计算等技术，实现了大规模数据的高效处理和分析。批处理模式适用于非实时的历史数据分析，提供高吞吐量和容错性；流处理模式则用于实时数据的快速响应，支持持续处理和低延迟分析；图计算模式用于处理复杂的节点关系，适用于社交网络分析和路径优化等任务。通过这些计算模式，智慧矿山系统能够高效地模拟井下状态和进行安全预警分析，显著提升矿山数据处理的效率和准确性，为矿山安全生产提供强有力的支持。

(3) 井下状态模拟与安全预警

智慧矿山井下状态模拟与安全预警技术通过高性能计算和大数据分析，实现对矿山井下复杂环境的精确模拟和实时监控。利用先进的仿真软件对井下环境和操作进行高精度模拟，预测潜在风险；结合大数据和人工智能技术，对实时监测数据进行智能分析和预警，提供快速、准确的安全隐患预测和应急响应支持。这些技术可大幅提升矿山安全管理的水平，保障矿山的高效和安全运行。

6.2.1.3　矿山云计算软硬件资源部署

智慧矿山云计算软硬件资源部署是实现矿山智能化和自动化的关键技术手段。它结合先进的云计算技术，提供灵活、快速、高效的资源配置和管理解决方案，能满足矿山对高性能计算和大规模数据处理的需求。智慧矿山云计算软硬件资源部署涵盖了从硬件基础设施到软件平台的全方位部署，确保云计算资源能够高效支持矿山的各种业务需求。

(1) 硬件基础设施

智慧矿山云平台硬件基础设施部署涉及高性能服务器、存储设备和网络设备，形成了坚实的物理基础。高性能服务器具备多核处理、大容量内存和高吞吐存储等特点，能确保计算任务的高效执行。分布式存储设备提供了可靠的海量数据存储和快速访问能力，而高速交换机、防火墙、路由器等网络设备则保障了数据传输的高效性和系统的安全性，从而为智慧矿山提供了稳定、高效的计算和存储支持。

(2) 虚拟化技术

智慧矿山云平台的虚拟化技术通过将物理资源抽象为虚拟资源，实现了资源的高效利用和动态管理。它主要利用虚拟机管理软件如 VMware、Hyper-V 等，提供多操作系统支持、资源隔离和统一管理。虚拟化技术的应用不仅提高了资源的利用率和系统的灵活性，还支持虚拟机的实时监控、动态调度和高可用性，确保矿山云平台的稳定运行和高效管理。

(3) 容器化技术

智慧矿山云平台的容器化技术通过应用 Docker 和 Kubernetes 等开源平台，实现应用程序的快速部署、灵活管理和高效扩展。容器技术提供了轻量级的虚拟化环境，使得应用程序可以在不同的计算环境中保持一致性和可移植性。Kubernetes 通过自动化的编排和管理，支持应用的自动部署、扩展、服务发现和负载均衡，确保系统的高可用性和稳定性。这些技术大大提高了矿山云平台的敏捷性和资源利用效率。

(4) 自动化运维

智慧矿山云平台的自动化运维部分通过集成配置管理工具、实时监控系统、日志管理平台等，实现矿山云平台的高效、自动化运维管理。它利用 Ansible、Chef 等工具进行统一配置管理，确保系统的一致性和快速部署；通过 Prometheus、Grafana 等监控工具实现实时性能监控和自动报警；结合 ELK 等日志管理系统进行日志集中管理和分析，迅速定位和解决问题；通过 CI/CD 等，优化开发和运维流程，提高软件交付速度和质量，确保矿山云平台的稳定、高效运行。

6.2.2 矿山云系统管理软件

6.2.2.1 计算资源管理

智慧矿山云系统计算资源管理的目标是实现对矿山计算资源的高效、灵活管理，确保不同类型和用途的设备得到优化配置和使用。可通过以下方式来实现。

(1) 分区管理

智慧矿山云系统的分区管理通过将计算资源划分为不同区域来优化设备的配置和使用，每个分区专注于特定类型或用途的资源管理，如实时监控数据或历史数据存储。通过核心层的虚拟化技术和中间件，分区管理有效地屏蔽了计算和存储资源的异构性和动态变化，提供统一的系统抽象和标准化的调用接口，从而能实现灵活的按需服务模式，提高资源利用率和系统运行效率。

(2) 屏蔽异构性和动态性

在智慧矿山云系统资源管理中，屏蔽异构性和动态性通过虚拟化技术和中间件实现，将不同品牌、规格和配置的计算与存储设备统一管理，形成一个抽象的资源池。此方法不仅掩盖了底层硬件的多样性和复杂性，还能动态调整资源分配，以适应不断变化的工作负载需求，从而提供一致的系统接口和服务，确保资源的灵活高效利用。

(3) 系统抽象和调用接口

智慧矿山云系统的系统抽象和调用接口将复杂的硬件资源抽象为统一的资源池，提供标准化的系统视图，并开发标准化的 API 接口。这种抽象和接口设计简化了资源管理，屏蔽了底层资源的异构性和动态性，使得上层应用能够方便地调用和利用计算资源，实现按需服务和动态分配，从而提高系统的灵活性和资源利用效率。

(4) 按需服务模式

智慧矿山云系统资源管理的按需服务模式，通过动态分配计算、存储和网络资源，提供灵活、可扩展的服务。此模式根据用户需求自动调整资源配置，实现高效的资源利用和灵活的服务交付,能显著降低运营成本,同时提高系统的响应能力和服务质量,确保矿山生产的安全高效运行。

6.2.2.2 数据资源管理

数据资源管理的目标是建立统一的数据管理体系,增强数据的互操作性和存储效率。具体可通过以下手段来实现。

(1) 统一数据规范

智慧矿山云系统的数据资源管理通过建立统一的矿山安全数据规范,实现数据格式和访问接口的标准化。此规范增强了不同系统和设备间的数据互操作性,确保数据的高效并发存储和访问,为矿山安全监测和决策提供可靠、及时的数据支持,提升整体数据管理和利用效率。

(2) 标准接口开发

智慧矿山云系统的数据资源管理中的标准接口开发,旨在建立统一的矿山安全数据规范,开发标准化的数据访问接口,以增强不同数据间的互操作性。通过高效并发存储组件的开发,确保数据的快速访问和可靠性,实现数据资源的无缝整合和高效管理,为矿山安全监测和管理提供坚实的数据支撑。

(3) 高效并发存储组件

智慧矿山云系统的数据资源管理中的高效并发存储组件,通过先进的并发控制和优化算法,实现对大量矿山安全数据的快速、可靠存储与访问。此组件增强了不同数据间的互操作性,确保在高并发条件下依然能够保持数据访问的稳定性和效率,有效支持矿山安全监控和决策分析的实时需求。

6.2.2.3 网络资源管理

网络资源管理的目标是优化矿山信息传输网络,确保数据传输的高效性和可靠性。智慧矿山云平台对于网络资源管理需要高带宽、低延迟和高可靠性的网络环境支持,具体体现在以下几个方面。

(1) 数据安全

通过部署先进的网络安全协议和加密技术,确保数据在采集、传输和存储过程中的安全可靠。系统采用多层次的安全策略,包括防火墙、入侵检测和数据加密等措施,来防范潜在的网络攻击和数据泄漏,保障矿山信息的完整性和机密性,实现数据传输的高安全性和稳定性。

(2) 网络带宽

智慧矿山云系统的网络资源管理部分中的网络带宽质量管理,旨在优化矿山信息传输的效率和可靠性。通过智能化的网络带宽分配和流量控制策略,确保在高数据负载和复杂矿山环境下,数据传输依然通畅、安全,满足实时数据采集和监控的需求,保障矿山安全和生产的持续性。

(3) 数据传输

在智慧矿山云系统的网络资源管理中,数据传输部分通过优化网络带宽分配和提高数据传输协议的效率,确保矿山信息在采集、传输和处理过程中的安全性和可靠性。通过合理管理网络资源,系统能够有效地减少传输延迟和数据丢包率,保障矿山安全数据的快速、稳定传输,为实时监控和应急响应提供坚实的基础。

智慧矿山云系统管理软件通过优化计算资源、数据资源和网络资源的管理,提供高效的应用服务方式，全面提升了矿山云平台的运行效率和安全性，为矿山安全生产提供了强有力的技术支持。

6.2.3 智慧矿山云服务

6.2.3.1 智慧矿山云门户软件

智慧矿山云门户软件是智慧矿山云平台的关键组成部分，旨在通过 Web Service 技术为全国矿山用户提供高效、统一的服务接口，同时充当整个云平台系统的交换枢纽。

(1) Web Service 技术

智慧矿山云门户软件的 Web Service 技术，通过标准化协议如 HTTP、SOAP 和 REST，实现了不同系统之间的互操作性，提供统一的服务接口，支持数据交换和功能集成，使得全国矿山用户可以通过集成化的服务门户便捷地访问和调用各种矿山应用服务，提升了矿山管理的智能化和自动化水平。

(2) 全国矿山用户服务接口

智慧矿山云门户软件通过 Web Service 技术为全国矿山用户提供一个统一的服务接口，使用户可以访问并使用各种矿山应用和服务。该接口支持多层次服务，从基础数据查询到高级数据分析，以满足不同用户需求。此外，它还允许用户自定义服务，通过灵活的接口调用，提升了服务的可访问性和适应性，从而有效地增强了各类矿山应用的整合和使用效率，能进一步推动矿山管理的智能化和自动化进程。

(3) 云平台系统交换枢纽

智慧矿山云平台系统的交换枢纽部分通过协调云数据库与感知矿山软件群，确保数据和服务的高效、无缝交换。它整合不同矿山应用软件，利用统一的服务接口，为用户提供连续、稳定的应用服务，同时智能调度云资源和负载均衡，以确保系统高效运行和安全性，从而提升矿山管理的智能化水平。

(4) 云数据库与感知矿山软件群

智慧矿山云门户软件通过整合云数据库和感知矿山软件群，实现数据的集中管理与高效分析。云数据库负责存储所有矿山相关数据，提供强大的数据管理和查询能力，并通过严格的权限控制确保数据安全；感知矿山软件群实时监测矿山环境和设备状态，进行数据分析和预警，支持智能决策，提高矿山管理的智能化和自动化水平。这一集成系统确保了数据的一致性和完整性，为用户提供连续的应用服务。

智慧矿山云门户软件通过先进的 Web Service 技术，提供了一个面向全国矿山用户的高效、统一的服务接口。作为整个云平台系统的交换枢纽，它不仅协调了云数据库和感知矿山软件群的高效数据交换和服务提供，还确保了系统的安全性和可靠性，大大提高了矿山管理的智能化和自动化水平。通过此平台，矿山用户能够方便地访问各种应用服务，实现矿山管理的数字化和智能化升级。

6.2.3.2 智慧矿山云应用

智慧矿山云应用是围绕云计算的三种基本服务模式——软件即服务(SaaS)、平台即服务(PaaS)和基础设施即服务(IaaS)进行开发的，具体包括智慧矿山 Web 平台、云计算与分析平台和智慧矿山云中心三大部分。

(1) 智慧矿山 Web 平台

智慧矿山 Web 平台基于 SaaS 模式，提供了一系列专业的分析软件和工具，供企业用户和专家通过互联网在线使用。该平台支持实时协同，促进用户与专家之间的互动和知识共享，以实现矿山灾害的监测、分析和预警。通过专家系统和大数据分析技术，平台生成准确的专家意见、分析报告及预警和防治对策，确保信息及时传达和响应，提升矿山安全管理的智能化水平。

(2) 智慧矿山云计算与分析平台

智慧矿山云计算与分析平台基于 PaaS 模式，通过弹性化虚拟资源分配、整合多源数据、实现并行数据处理，并结合专家诊断与预警系统，提供高效、专业的矿山灾害监测和分析服务，能显著提高资源利用率和灾害预警的准确性。

(3) 智慧矿山云中心

智慧矿山云中心基于 IaaS 模式，通过提供虚拟化计算、存储和网络资源，能实现矿山巷道、地质参数、通风等实际数据的高效存储与管理，并利用云计算的强大并行处理能力，支持复杂地质模型和灾害模拟的快速计算，从而可以大幅提升矿山数据的管理效率和分析能力，保障矿山安全生产的持续性和高效性。

智慧矿山云平台通过整合 SaaS、PaaS 和 IaaS 三种服务模式，构建了一个全面、高效的矿山灾害监测与分析系统。平台利用云计算和大数据技术，实现矿山数据的集中管理、实时分析和智能预警，为矿山安全生产提供强有力的技术支撑，最大限度地保障社会生命财产的安全。

6.2.3.3　智慧矿山云服务

基于云计算模式的全国矿山云服务平台，集成了多种智能感知技术和大数据分析能力，提供全国范围内矿山各类需求的监测与预警。

第一步，矿山用户提出需求：矿山用户通过云门户提交监测需求，如地震、瓦斯、顶板压力等。系统自动接收和分类需求，将其分配到相应的监测模块。

第二步，数据采集与分析：传感器网络实时采集矿井内的各类环境数据。数据通过云平台上传到中央数据库，进行预处理和存储。

第三步，专家用户提供预警服务：专家系统利用预设模型和算法，对收集的数据进行分析和仿真，生成灾害预测和预警信息，并通过云平台发布。

第四步，矿山用户查看结果：用户通过 Web 界面查看实时预警信息、专家建议和灾害防治对策。系统支持生成详细的分析报告，供用户下载和参考。

具体流程见图 6-4、图 6-5 和图 6-6。

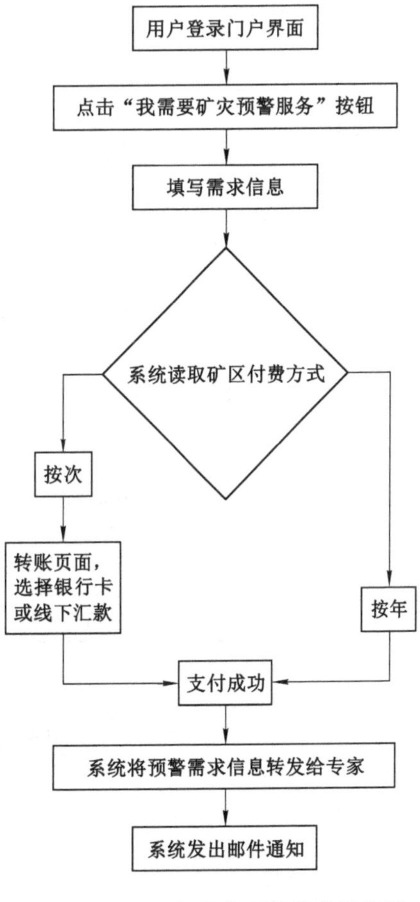

图 6-4　矿山用户提出预警需求流程图

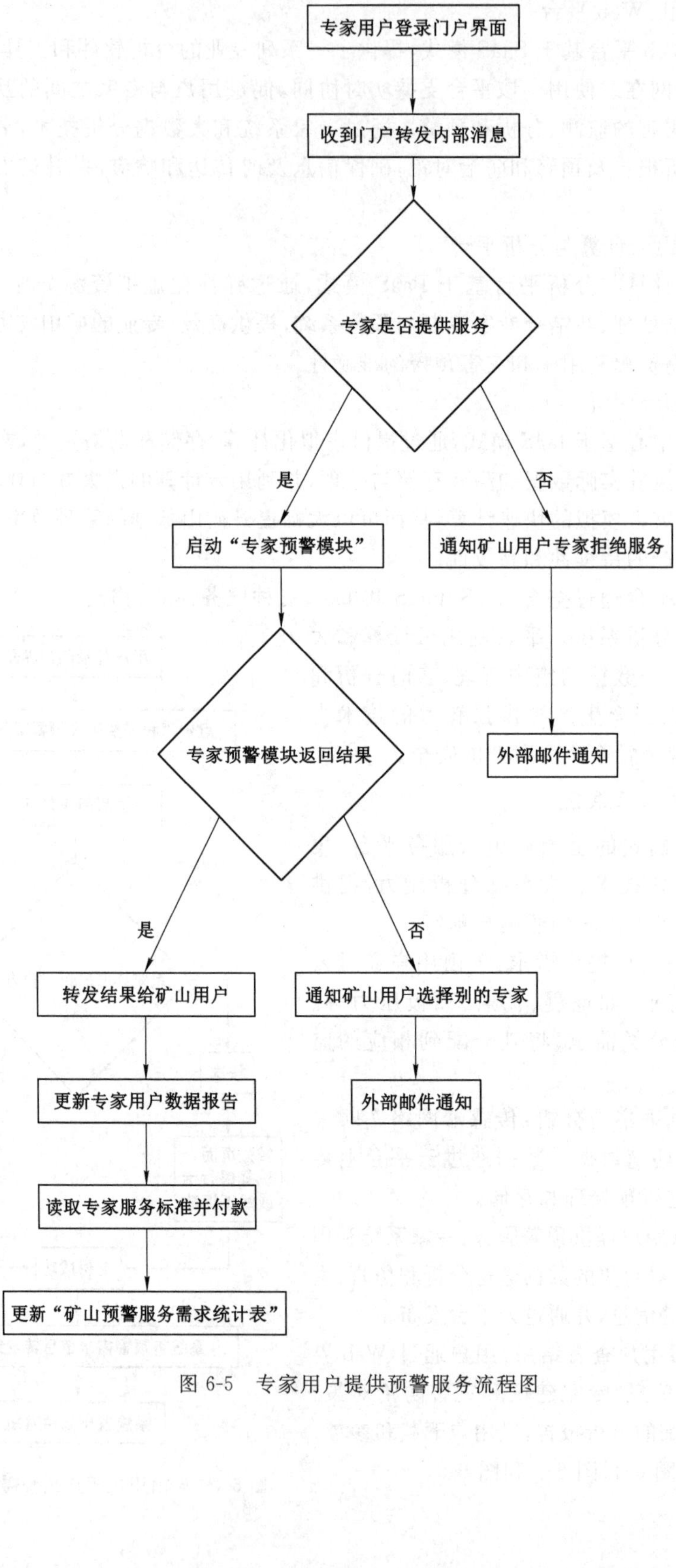

图 6-5　专家用户提供预警服务流程图

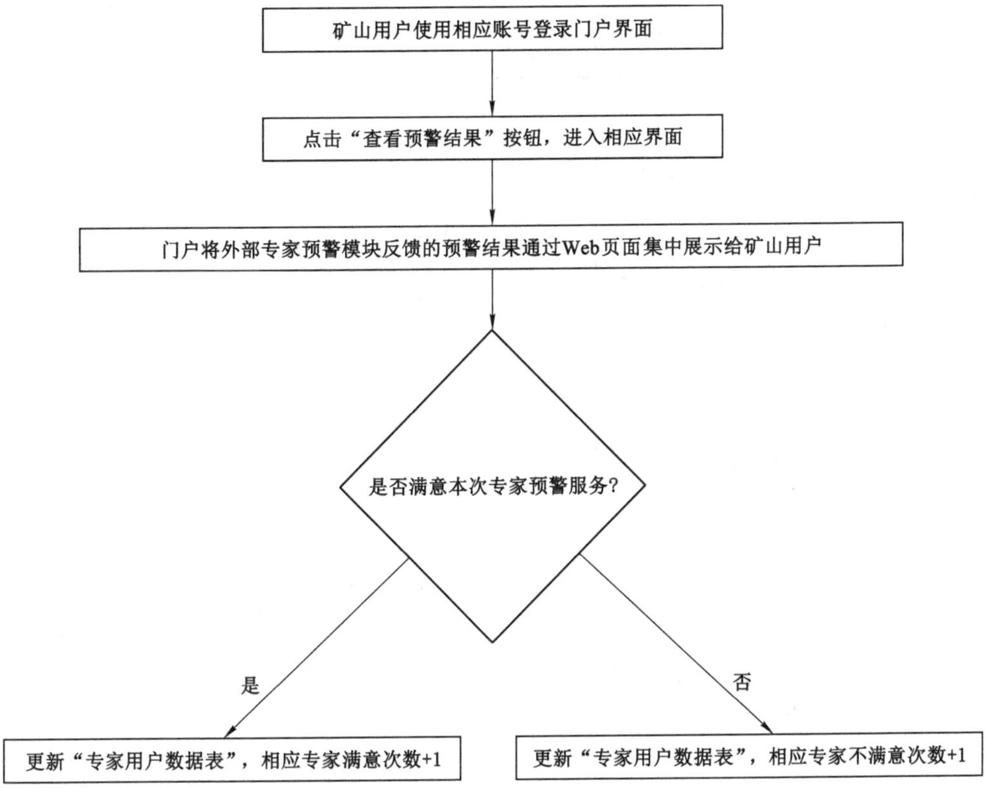

图 6-6　矿山用户查看预警结果

通过以上技术手段,有望实现智慧矿山类云服务应用开发,如表 6-1 所列。

表 6-1　智慧矿山常用云服务应用

平台名称	内容	云模式	商业模式	风险	解决方案
全国矿山灾害远程预警平台	运用多物理场耦合理论与计算软件,对采动影响下的围岩和煤体的变形与破坏失稳进行仿真及反演,建立矿井灾害发生的灾变准则。监测灾害包括煤与瓦斯突出、煤矿突水、冲击地压等	IaaS,SaaS	底层系统集成、云服务、专家服务	网络化监测技术成熟度	持续升级监测技术,提升数据采集和传输的稳定性和准确性
煤矿大型设备诊断云平台	建立多矿区煤矿大型设备的信息采集与集中存储云中心;开发初步分析软件对现场设备运行情况进行计算分析;与设备厂家联合进行大型设备专家分析;为现场提供分析报告及维修维护建议	IaaS,SaaS	底层系统集成、云服务、专家服务	网络化监测技术成熟度;设备厂家竞争	与灾害监测共用平台;与设备厂家合作

表 6-1(续)

平台名称	内容	云模式	商业模式	风险	解决方案
矿井风网优化云平台	运用CFD(计算流体动力学)技术对矿井井巷进行三维建模,计算井巷风流各种物理量的大小和变化规律,为矿井瓦斯与粉尘控制、热害防治提供决策依据;结合物理网技术、传感技术和高性能计算技术,对实测数据与设计数据进行分析处理;达到通风优化的效果,节能、安全	IaaS,SaaS	底层系统集成、云端风网解算服务、专家分析服务	网络化监测技术成熟度;结合实测参数的风网解算模型成熟度	持续优化风网解算模型,结合更多实测数据提高模型的准确性和可靠性
灾害仿真与反演	运用多物理场耦合理论与计算软件,对采动影响下的围岩和煤体的变形和破坏失稳进行仿真及反演。矿山一旦发生灾害,可根据模型和灾害发生的具体情况快速展开反演,预测灾害影响区域及程度,为抢险救灾提供依据并进行辅助决策	IaaS	云端解算服务、专家分析服务	网络化监测技术成熟度;结合实测参数的风网解算模型成熟度;突发性需求	采用弹性计算资源分配策略,确保在高峰需求时提供足够的计算能力,保障仿真与反演任务的及时完成

6.3 边缘计算及其应用

边缘计算是一种在数据源或网络边缘近处处理数据的计算范式,它旨在使计算和数据存储远离传统的集中数据中心,而在靠近数据产生的地方进行处理。这种分布式计算架构能够提供快速的数据处理服务,减少传输延迟,同时降低对中心服务器的数据传输需求。边缘计算在智慧矿山中尤其重要,因为它支持实时决策和处理,提高了运营效率和安全性。

6.3.1 边缘计算概述

6.3.1.1 边缘计算的概念

边缘计算是一种区别于传统集中式计算模式的分布式计算方式,它将计算、数据存储和网络服务部署在靠近数据源或终端用户的位置,减少了数据传输的延迟,提升了系统的响应速度和可靠性。边缘计算可以满足5G、物联网等业务场景的需求,适应智能终端设备数量快速增长的趋势。通过将数据处理下沉到边缘,边缘计算提高了响应速度,减轻了中心计算压力,广泛应用于汽车、运输和能源等行业,可以实现更高效的本地处理和实时决策。

(1) 数据接近性

边缘计算的核心优势之一是数据接近性。通过在数据产生地(如矿山设备、传感器等)附近进行数据处理,可以显著减少数据传输时间,从而提供更快的响应速度来处理关键操作和安全问题。

(2) 带宽优化

在数据密集型的环境中，将数据处理任务从远程云转移到本地边缘设备，可以减少大量的数据流量需求。这不仅减轻了网络负担，还减少了数据传输成本，尤其是在带宽成本较高的远程矿区。

(3) 实时数据处理

边缘计算通过在数据产生点进行即时处理，使得智慧矿山能够快速反应于环境变化或潜在的安全风险，如自动调节通风系统、监控瓦斯浓度等，实时数据处理对于保障矿工安全和优化生产过程至关重要。

6.3.1.2 边缘计算的构架组成

(1) 边缘设备

这些设备通常包括但不限于路由器、网关、交换机以及直接连接到生产设备的控制单元。它们具备初步数据处理、收集和分析的能力，能够快速响应局部事件。

(2) 边缘节点

边缘节点是部署在矿山现场或靠近现场的物理或虚拟设备，具有较强的计算和存储能力，可以处理来自边缘设备的数据。这些节点能够运行复杂的分析模型，支持高级决策和智能优化。

(3) 云服务集成

尽管边缘计算侧重于本地处理，但与云基础设施的集成仍然重要。云服务提供了额外的资源来支持更广泛的数据分析、长期存储，以及高级计算任务，为矿山操作提供深度洞察和优化策略。边缘计算结构与流程如图 6-7 所示。

6.3.1.3 边缘计算的挑战

尽管边缘计算带来了许多好处，但在实施时也面临一些挑战。

(1) 安全性问题：边缘设备多且分散，可能增加安全风险，需要强化设备和数据的安全措施。

(2) 管理复杂性：分散的设备和计算节点需要有效的管理和维护，确保系统的稳定性和可靠性。

(3) 技术集成：将新的边缘计算解决方案与现有的 IT 和运营技术集成可能需要应对兼容性和配置挑战。

6.3.2 智慧矿山边缘计算技术

矿井条件复杂，实时数据处理需求极高，边缘计算可以在不依赖远程云服务器的情况下，处理和分析大量数据。这种方式不仅减少了对中心化数据中心的依赖，还提高了数据处理速度，降低了延迟。例如，矿山可以部署边缘服务器来实时处理井下的视频监控数据，用于实时视频分析，检测安全隐患或异常行为，从而迅速采取措施保障矿工安全。在智慧矿山中，边缘计算技术的应用是实现数据快速处理、决策支持和增强矿山安全管理的关键。以下是边缘计算技术在智慧矿山中应用的几个关键方面的介绍。

(1) 实时数据处理

智慧矿山环境复杂且多变，传感器和监控设备产生的数据量巨大。边缘计算通过在数

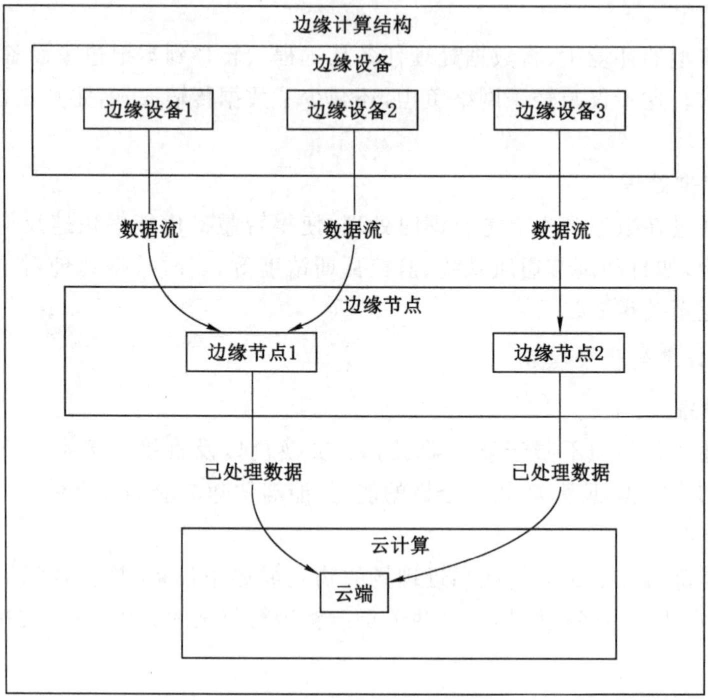

图 6-7　边缘计算结构与流程

据产生的地点(即矿场)近距离处理数据,大大减少了数据传输时间和延迟。例如,矿山安装的传感器可以监测空气质量、温度、湿度、振动等指标,这些数据可由边缘计算设备实时分析,以便立即发现问题并做出响应。通过本地化处理,系统能够在几毫秒内做出反应,远快于数据发送到远程服务器处理的方式。

(2) 增强决策支持

边缘计算技术支持智慧矿山实现更加智能的决策支持系统。通过分析收集的数据,边缘设备可以即时为矿山操作提供科学的建议,如调整矿井通风、优化设备使用计划等。此外,边缘计算还可以利用人工智能和机器学习模型,对矿场运营数据进行深入分析,预测设备故障和维护需求,减少非计划的停机时间,提高生产效率。

(3) 安全监控与预警

在安全管理方面,边缘计算可以提升矿山的实时监控和预警能力。井下环境监控系统与边缘计算节点结合,能够实时处理监控数据,当检测到潜在的安全风险时,如瓦斯浓度超标或地质动态变化,系统可以立即发出警报,并启动应急响应措施。此外,边缘计算还可以实现视频监控数据的实时分析,通过识别视频中的异常行为或潜在危险,提高矿工的安全保障。

(4) 优化矿场物流

边缘计算技术还可以优化矿山的物流和运输系统。通过实时处理来自运输车辆和设备的位置和状态数据,边缘计算系统能够动态调整运输调度计划,优化车辆路线,减少等待和空驶时间,提高能效和资源利用率。这种优化不仅限于地面运输,也适用于井下的物流系统,如带式输送系统的实时监控和控制。

(5) 能源管理

通过对矿山能源使用的实时监控和分析，边缘计算有助于更有效地管理能源消耗。例如，边缘设备可以根据实时数据调整电力使用，优化高能耗设备的运行时间，实现能源消耗最优化，降低运营成本。

6.3.3　智慧矿山边缘计算应用举例

某大型煤矿为提高矿山安全生产水平和效率，决定引入边缘计算技术。该矿山面临的主要挑战包括井下环境监测数据实时处理的需求，以及需要优化矿场物流与能源管理。为此，矿山管理层部署了一个边缘计算平台，旨在实现数据的即时分析和处理，从而快速响应各种操作需求和潜在危机。

6.3.3.1　技术实施

(1) 边缘设备部署：在关键位置如通风系统、主要输送带节点和工作面附近部署边缘计算节点。这些节点装备有高性能处理器和足够的存储，以实时处理和分析从传感器收集到的大量数据。

(2) 传感器集成：安装各种类型的传感器，包括瓦斯浓度、温度、湿度、振动等，直接连接到最近的边缘计算节点。这些传感器每几秒钟收集一次数据，实时传输到边缘节点进行处理。

(3) 实时数据分析：边缘节点使用预先配置的机器学习模型对数据进行分析，以识别潜在的安全风险或设备性能下降的迹象。例如，通过分析振动数据，系统可以预测设备故障，从而提前进行维修。

(4) 动态响应与警报：在检测到危险瓦斯浓度或异常温度时，边缘节点立即向控制中心发出警报，并可以自动调整通风系统或启动其他安全措施，以防止事故发生。

(5) 物流优化：边缘计算节点分析来自运输车辆的位置数据和传感器数据，优化车辆调度和路线规划，减少空驶和等待时间，提高运输效率。

6.3.3.2　成效分析

(1) 提高安全水平：实时监测和响应机制显著提高了矿山的安全管理能力，减少了监控数据延迟导致的事故。

(2) 提升运营效率：通过实时数据分析、矿山操作优化、设备故障预测和维护计划，生产中断时间显著减少。

(3) 能源与成本节约：优化能源使用和物流管理，减少不必要的能耗和运输成本，提高了整体经济效益。

6.3.3.3　技术难点与解决方案

(1) 数据同步问题：为确保边缘节点与中心服务器的数据一致性，采用高效的数据同步机制，确保所有决策基于最新信息。

(2) 网络可靠性：提高井下网络的稳定性和抗干扰能力，保证实时数据的准确传输。

通过这个案例，我们可以看到边缘计算技术在智慧矿山中实施的具体步骤和带来的多方面好处，以及解决实施中遇到的技术难题的策略。这为其他矿山提供了一个可行性高且效果显著的技术实施蓝图。

6.4 本章小结

云计算是一种通过互联网提供计算资源和服务的技术，允许用户访问和使用远程服务器、存储和调用各种应用程序。这种服务模式主要特征包括大规模、虚拟化和高可靠性，能够提供按需服务，极大地降低了企业的运营成本和复杂性。用户按实际用量支付费用，不需管理物理硬件，这使得云计算成为支持现代业务灵活性和扩展性的理想选择。云计算的服务模型包括基础设施即服务(IaaS)、平台即服务(PaaS)和软件即服务(SaaS)，这些模型提供从底层硬件到完整应用程序不同层级的云服务，满足不同用户的需求。

智慧矿山云平台技术基于云计算和大数据处理，致力于矿山灾害信息的预警和安全生产管理。这一平台通过集成云存储、并行处理和弹性资源部署技术，提供了一个能够处理海量数据、支持快速检索与高效传输的服务系统。它不仅优化了矿山的数据管理和分析流程，还通过高度自动化的运维管理，提高了矿山操作的安全性和效率，实现了矿山环境的实时监控与智能预警，有效保护了社会生命财产安全。

边缘计算是一种在数据源近处或网络边缘进行数据处理的计算范式，它通过将计算任务从中心化数据中心转移到数据产生的地点，减少了数据传输延迟，提高了处理速度，降低了对中央服务器的依赖。在智慧矿山应用中，边缘计算通过实时处理传感器数据，支持快速决策和操作，增强了矿山的运营效率和安全性，使得矿山管理更为高效和自动化，同时解决了带宽优化、数据安全和实时数据处理等关键问题，为矿山智能化和安全生产提供了重要技术支持。

课后习题

1. 什么是智慧矿山云平台技术？它的主要作用是什么？
2. 边缘计算在智慧矿山中的作用是什么？请简要说明其两个核心优势。
3. 描述智慧矿山中云存储技术的三个主要特点。
4. 解释智慧矿山云平台如何通过并行处理技术提高矿山安全和生产效率。
5. 请描述支护矿山云平台矿山用户和专家用系统的使用流程。
6. 讨论在实现智慧矿山边缘计算时可能遇到的安全性问题及其潜在解决策略。
7. 如何通过边缘计算技术优化矿山的物流和运输系统？
8. 分析边缘计算与中心云计算在智慧矿山中的互补作用。
9. 在智慧矿山应用中，边缘计算如何实现实时数据处理？提供一个具体的应用示例。
10. 讨论智慧矿山云平台技术在未来矿业发展中可能面临的挑战以及预期的技术进步。

第 7 章　智慧矿山与智能采矿技术工程实践

学习目标

能在矿山物联网、大数据和云平台及边缘计算的理论下，根据具体案例，准确描述智慧矿山的内涵及建设路径，能为未来进入矿山行业和相关研究领域储备基础知识。

7.1　智慧矿山信息基础设施建设案例

7.1.1　老石旦煤矿 5G 系统与 AI 分析平台

7.1.1.1　主要建设内容

(1) 矿井概况

老石旦煤矿位于内蒙古自治区桌子山煤田西翼的老石旦矿区，隶属国家能源集团乌海能源有限责任公司，行政区划归于乌海市海南区。矿区走向长 7.12 km，宽 1.7 km，面积为 9.776 6 km^2。

老石旦矿为低瓦斯矿井，核定生产能力为 1.50 Mt/a，可采储量为 21.63 Mt，水文地质类型为中等。开拓方式为斜立井混合式开拓，采用单一水平开采，布置 1 个综放工作面和 2 个综掘工作面，是乌海市首家推广应用 5G 无线通信网络的智能化矿井。

(2) 建设现状

乌海能源公司老石旦煤矿从 2020 年开始 5G 无线调度通信系统服务项目建设，项目建设单位为中国移动通信集团内蒙古有限公司乌海分公司，建设规划为：中国移动提供 5G 核心网网络，通过 PTN(分组传送网)连接到矿上，矿上部署 MEC＋UPF(移动边缘计算＋用户面协议)，BBU(基带处理单元)通过光缆和 RRU(射频拉远单元)连接，井下还可以提供具有煤安证的 CPE(一种无线终端设备)、5G 手机、4K 高清摄像仪等终端。

根据老石旦煤矿现状及要求，基于 5G 调度通信系统部署井下无线信号，其组网架构如图 7-1 所示。

井下已安装 5G 基站 40 套，矿井地面和井下已实现 5G 信号全覆盖。基于 5G 网络，已构建井上下视频通话、AI 智能分析系统、全景工作面、智能矿灯等应用。

(3) 煤矿 AI 智能分析平台

AI 核心技术首次融入煤矿安全生产，是应用在该矿的主运输系统及智能检身系统中，与主运输相关设备实现互联互通，实时将识别信息以预警、报警的方式上传到调度大厅，为值守人员提供决策依据。

利用布置在带式输送机沿线的摄像机实时监测，煤矿 AI 核心平台采用机器视觉技术、边缘计算技术，对运行过程中空载、大块煤、异物、堆煤、跑偏、煤流量不均、煤重心不稳、人员

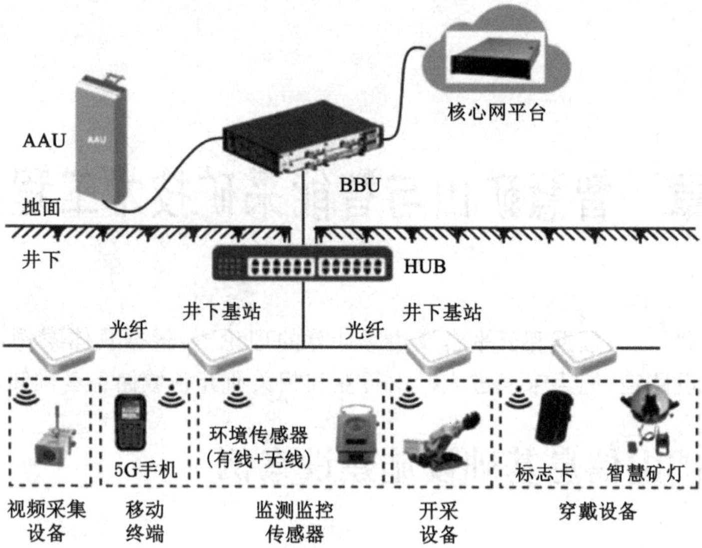

图 7-1　5G 调度通信系统组网架构

违规穿越胶带、胶带坐人等进行智能识别，并及时进行告警及提醒。智能 AI 系统可以监控煤流量，可以有效监控、分析胶带运行情况，后续可以通过智能变频实时调速以降低能耗。

(4) 全景工作面

老石旦煤矿将 4K 高清视频与 5G 技术结合应用到实际生产过程中，实现采煤工作面的高清视频监控、远程现场实时展示；在采煤工作面安装了 45 台 5G 高清网络摄像机，利用图像拼接技术将采煤工作面生成 360°全景图像。

(5) 智能矿灯

智能矿灯是基于 5G 网络的综合应用设备，将照明、精确定位、语音调度、拍照、对讲、灯光报警、视频调度、本地记录、蓝牙连接等功能融为一体。通过智能矿灯，可以有效提升安全生产效率，为井下工作人员安全管理提供有力的帮助。依托智能矿灯的视频通话、实时对讲等功能，该矿也将智能矿灯应用到了设备检修工作上，检修人员在井下利用矿灯与井上的专家进行实时连线，由专家指导检修人员进行设备维修。由于矿灯是直接佩戴在安全帽上的，因此检修人员解放了双手，可以一边连线，一边维修，极大提升了检修效率。

(6) 井上下视频通话

该矿为安全管理人员、岗位操作人员配备 5G 防爆手机 200 部，通过井下 5G 网络，实现视频连线、语音通话、视频会议、隐患治理等功能，进一步提升矿井安全生产、隐患治理、智能办公的高效性、安全性。

7.1.1.2　技术特点及先进性

5G 矿井无线通信网络可实现与万兆工业环网的无缝对接，全矿地面和井下实现 5G 信号全覆盖，适用于多种应用场景，将开启煤炭行业的物联网时代，并渗透进矿井各个智能化系统。依托 5G 网络高速率、低延时、广覆盖的优势，可实现井下采煤机的远程控制。同时，5G 网络的海量连接能力支持更多终端设备的接入，从而为矿井作业的智能化发展拓展了更多应用场景。

基于 5G 高速率，低延时，广连接的特点，老石旦煤矿已开发 5G＋智能化应用场景有：(1) 智能矿灯，实现照明、人员定位、语音调度、短信收发、拍照、对讲、灯光报警、视频调度、本地记录、蓝牙连接等功能。(2) 全景工作面，采用无线传感器、无线摄像仪，借助 5G 网络的高带宽、高可靠性实现所有传感数据、视频信息、参数控制信号的高速传输，同时将其作为有线控制总线的冗余网络，可以有效保证总线正常运转，最终实现在顺槽集控中心，甚至地面调度中心，完成对采煤机、液压支架、运输“三机”，泵站系统的远程自动控制，实现真正的远程集中监控。(3) AI 智能分析平台，基于 5G＋MEC 平台构建 AI 智能分析平台，通过搭建煤矿-前端两级架构，实现对井下人员的不安全行为、设备的不安全状态以及环境隐患等的智能分析与预警。平台进一步集成业务应用功能，支持隐患报警处理、分析与上报，形成完整的业务闭环。通过辅助监管人员工作，该平台可有效提升监管效率，显著降低煤矿井下事故的发生概率。(4) 智能移动终端，现已实现井上下 5G 信号全覆盖，并发放手持移动智能动终端 200 部，可实现井上下实时视频通话，减少了事故处置时间，为安全生产搭建了一条高速信息通道。(5) 设备监测与报警系统，井下重要设备安装温度、振动传感器，通过 CPE 与 5G 基站对接，上传数据到中央数据库，实现在线监测与智能分析，形成诊断报告。(6) 智能供水系统，应用 5G 高速率实时传输供水水量、水位、流量等数据，通过一体化管控平台进行换算，实现智能供水，无人值守作业。

7.1.1.3　智能化建设成效

(1) 安全风险进一步降低

智能化煤矿建设，改变了煤炭生产组织方式，提高了矿井自动化、信息化、智能化水平，有效提高了生产效率，为促进由劳动密集型向人才密集型转变做出积极的贡献，为煤炭产业升级进行了有益探索，取得了良好的社会效应、经济效益。通过固定岗位实现了无人值守，减少了岗位用工。井下少人或无人，降低了井下人员伤亡的可能性，减少了由于矿井灾难所造成的损失，饯行了“无人则安”的理念，促进了安全生产。

(2) 作业人员进一步减少

随着煤炭开采实现自动化、信息化和智能化，固定岗位实现无人值守，重点岗位实现无人值守＋机器人巡视，通过开拓设计、地质保障、精准预警，实现采掘、运输、通风、分选等系统的智能化决策和自动化协同，形成完整配套的智能化生产、管理体系。老石旦煤矿通过智能化系统建设及应用，转变岗位作业模式，以实现固定岗位无人值守、减少一线苦脏累作业人员为目标，已实现减员 100 多人。

7.1.2　庞庞塔煤矿 5G＋工业互联网应用

7.1.2.1　主要建设内容

(1) 5G＋工业互联网

2020 年 4 月，庞庞塔煤矿与联通(山西)产业互联网有限公司合作，建成了高质量的 5G＋工业互联网网络。矿井真正形成了“万兆光纤环网＋5G 无线宽带专网＋窄带物联网”的一体化传输网络，工业互联网带宽整体承载能力达 40 万兆规模。5G＋工业互联网主要包含 4G/5G 无线通信系统(接入层网络)及 IPRAN 环网(主干网络)两大部分。井下布置 8 台 IPRAN 环网交换机、8 台 BBU、24 台 RHUB、138 台 4G/5G 多模基站(基站同步开通 NB-

IoT)，光缆共铺设 100 km，覆盖井下所有进风系统大巷及采掘工作面，实现了井下无线及有线的一体化传输。井下 4G/5G 系统结构如图 7-2 所示。

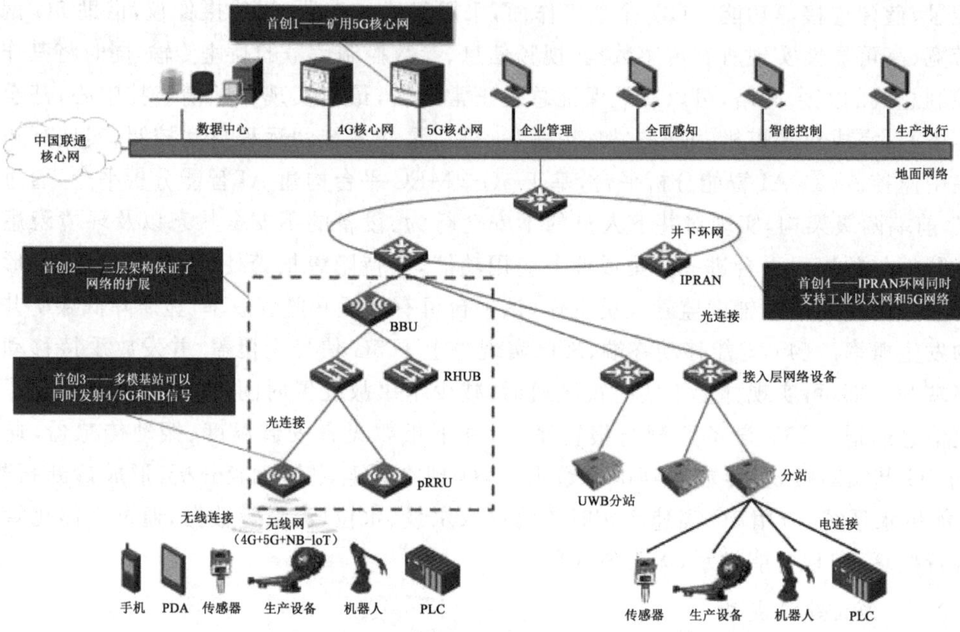

图 7-2　井下 4G/5G 系统结构

地面机房布置 2 台 NE8000 环网核心交换机，井下 8 个节点交换机采用并联组网方式与地面核心设备分别独立组环，最终通过地面的核心环网设备上连到公网的传输设备(地面部署 6 个 5G 公网宏站)，实现与公网的互联互通。井下单个节点交换机带宽能力为 50 G，整体带宽能力为 400 G。

(2) 云计算中心

矿井云计算中心占地 150 m^2，共布置 28 台标准机柜，2 台强电列头柜，2 台弱电列头柜，4 台空调机柜，安全防护等级达三级。模块化机房部署计算区、核心交换区、网络边界区、控制网区、应用服务区等；网络边界采用网络保护等级三级标准进行建设，确保了矿区网络的安全性。在云服务中搭载了华为 ROMA 平台、大数据平台、数据库平台等，为矿井数据采集、处理、分析提供了高效的环境；同时在云服务中建设了矿井的智能综合管控平台，矿井所有监测、监控系统数据全部接入，实现了监测监控系统、应急广播系统、人员定位系统、水文监测系统等多系统与智能化控制系统的联动。同时，结合 GIS 一张图，完成了水害、火灾等灾害仿真系统，能根据异常报警参数智能分析灾害影响范围，自动规划避灾路线，结合矿井应急预案，联动控制应急广播设备与单兵装备，实现灾害事故的快速响应、智能决策，提高了应急处置能力。综合管控平台如图 7-3 所示。

(3) 5G＋智能应用

矿井基于 5G＋工业互联网，开展了一系列智能化应用与实践，主要包括 5G＋全面感知、5G＋高效指挥、5G＋安全管控及 5G＋智能控制等，实现了减人提效，提高了矿井的整体安全生产管理水平。

图 7-3　庞庞塔煤矿智能化综合管控平台

① 在井下主要硐室和设备作业点安装 5G 高清摄像头 200 余个、NB 无线传感器 270 余组，对井下瓦斯、顶板、水文等进行实时数据统一采集、存储、分析、展现及预警报警。

② 投用 500 部 4G/5G 手机，实现无线和有线融合通信，投用 70 套单兵装备(智慧矿灯)，内置 5G 模组，具备瓦斯监测、调度台面对面通信等功能，实现了智能语音调度和视频调度。

③ 建成了全国首个大倾角厚煤层远距离智能化综放工作面，井下 20 个主要硐室、运输系统实现无人值守、远程集控，减员 102 人。

④ 开发了双预控系统 APP，利用 5G 防爆手机，实现了智能安全管控。

7.1.2.2　技术特点及先进性

(1) 矿井建成了安全、高效、快速的高质量工业互联网，具备大带宽(整体承载能力达到 40 万兆)、低时延(小于 1 ms)、广连接(可接入 50 000 多部传感器、1 000 多部视频设备、1 000 多台终端)、高可靠性(99.999%)的优势。

(2) 通过信息化基础设施建设，打破了之前“烟囱式”系统布置的业务壁垒，通过云计算中心统一发放的虚拟机及云存储，实现了数据的统一传输、统一分析、统一呈现；同时，数据保存在本地，为后续智能化管控平台多系统联动、实现数字化矿井提供了坚实的基础。

(3) 建立了井下 5G 网络切片模型，遵从网络切片逻辑完整、相互隔离以及可定制化的原则，设计面向井下视频监控、可视化操控等 eMBB(增强移动带宽)场景和智能化工作面等 URLLC(低延时高可靠通信)场景的网络切片方案。通过为井下视频监控、可视化操控等应用切片分配较多的无线、计算和存储资源满足用户高速率的业务需求，通过将 URLLC 切片核心网用户面部署到 BBU 侧减少了用户端到端传输时延。两种切片通过共享核心网控制面实现核心网切片的集中式管控。

(4) 5G 及云计算中心采用租赁服务的模式建设，分别由联通(山西)产业互联网公司及华为公司进行后台运维，在降低建设成本的同时，又弥补了矿井信息化及智能化人才短缺造成运维困难的不足。

7.1.2.3　智能化建设成效

(1) 5G+全面感知

基于矿井 5G+工业互联网，利用有线、无线、NB 等多种传输方式实现了各种监测监控数据的统一采集、存储、分析、展现及预警报警，解决了传统监测监控系统独立建设、专网专用、信息孤岛、建设成本高、周期长的问题，既提高了各监测系统的可靠性，又降低了建设成本及维护工作量，实现了矿井的全面感知、精准预测预报。全面感知系统架构及信息化系统联合布置如图 7-4 所示。

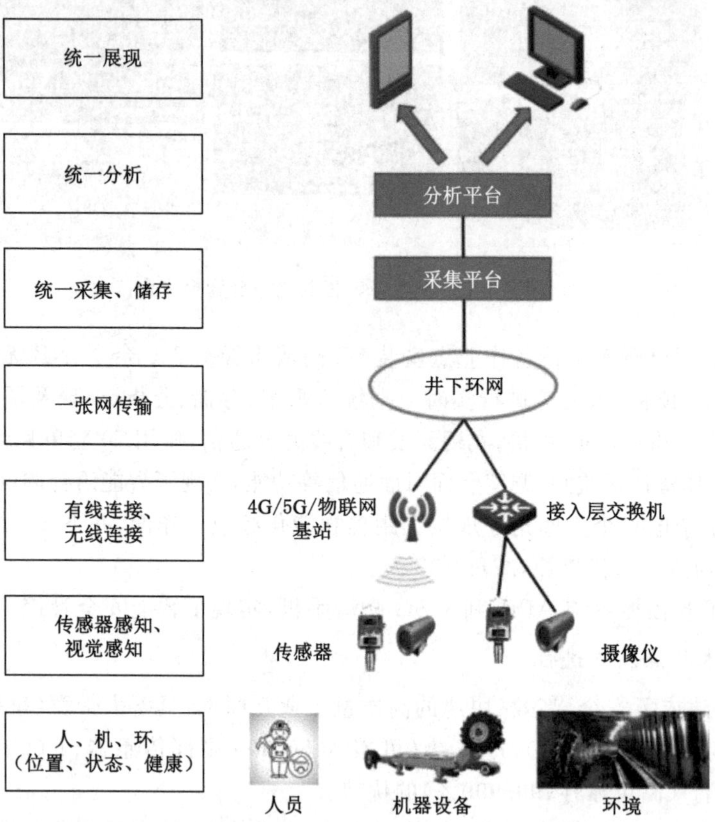

图 7-4　全面感知系统架构及信息化系统联合布置

（2）5G＋高效指挥

无线和有线融合通信，实现了智能语音调度和视频调度，提高了调度指挥的协同性、高效性。

（3）5G＋智能控制

① 井下固定场所及设备作业点利用工业互联网有线传输方式进行远程集中控制。目前，已建成全国首个大倾角厚煤层远距离智能化综放工作面，井下 20 个主要硐室、运输系统实现无人值守、远程集控，减员 102 人。

② 采用 5G 无线网络，实现了井下大巷齿轨卡轨车远程控制和无人驾驶。

（4）5G＋安全管控

利用 5G 防爆智能手机安装新开发的双预控系统 APP，一是实现了井下现场隐患录入、整改拍照、取证上传、视频语音互通互联功能；二是系统具备信息推送功能，通过建立匹配规则，管理人员能够及时收到与本人相关的信息；三是融合人员精确定位系统，对检查人员准确定位，通过手机终端实现风险、隐患、“三违”信息、重点人员预警信息等的精准定位推送。双防系统 APP 如图 7-5 所示。

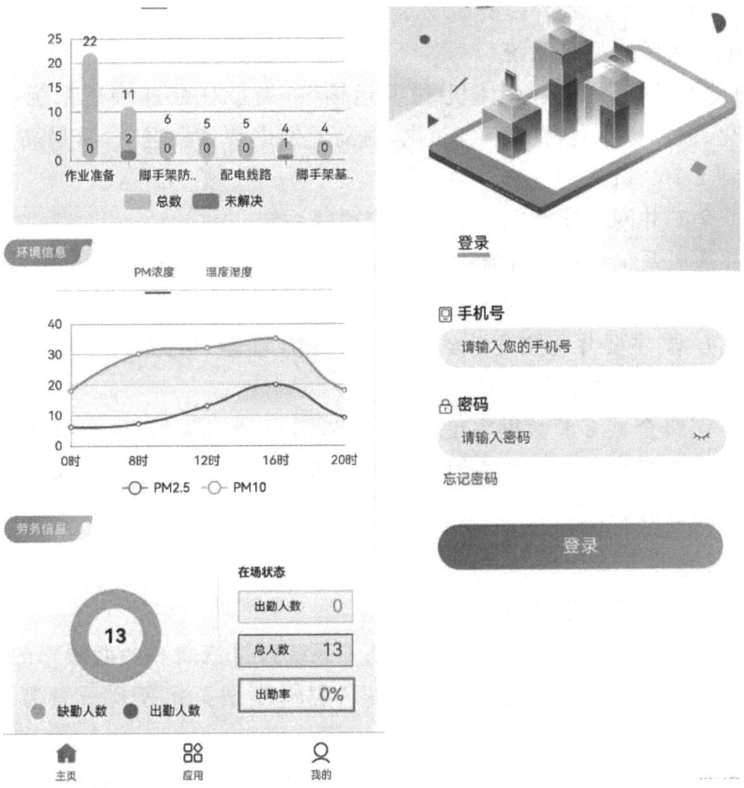

图 7-5　双防系统 APP

7.1.3　张家峁煤矿智能化综合生态巨系统

7.1.3.1　主要建设内容

神木张家峁煤矿作为投产多年、年产千万吨煤矿，急需智能化改造提升企业竞争力，而改造面临子系统众多、架构不一致、协议不统一、数据不集中、生产工艺装备无法满足智能化建设和运营需求等问题。为解决这些问题，他们以“全矿井信息全面感知、数据融合及分析”和“关键装备智能化改造”两类问题为出发点，以智能化煤矿巨系统顶层规划设计方案为核心，以全矿井跨域融合智能综合管控平台为手段，以开采、掘进、安全保障等系统智能化改造为基础，形成以“1＋3＋8”为基本架构，覆盖生产、生活、办公各个环节的智慧便捷高效的全矿井智能化综合生态巨系统。

(1) 智能化煤矿复杂巨系统顶层规划设计

他们首次提出了智能化煤矿复杂巨系统“矿山即平台”顶层规划设计理念，搭建了全矿井跨域融合智能综合管控平台，构建了全矿井地面井下空间信息虚拟化服务体系和采掘全时空孪生再现技术，实现了全矿井 92 个在用系统的数据服务集成和运营决策优化。

(2) 智能化少人生产系统管理

研发出支架压力、位姿及视频等智能监测传感器，提出了工作面“感知-决策-执行”一体化生产系统，实现了综采装备协同控制、故障诊断、智能预警干预，工作面内无人操作，设备开机率提升 20%,整体生产效率提高 30%。

(3) 智能化巷道快速掘进系统

研发了“掘锚一体机-锚破运一体机-过渡运输”的智能化快速掘进系统,实现了掘进工作面装备成套化、监测数字化和控制自动化,提高了掘进装备掘进效率,最高日进尺 120 m,最高月进尺达到 2 702 m。

(4) 开发了全矿井网络化智能防灭火监测预警系统

提出了矿井通风系统装备的智能化策略,搭建了集巡检机器人多点移动式测风、风量远程定量智能化调节、风门联动灾变应急响应等功能的智能通风综合管控系统,实现了 120 s 内智能辅助决策控风方案,主要井巷控风精度>95%;构建了防尘、防瓦斯、防灭火智能化架构。

(5) 创新和规范了智能化煤矿管理体系

首次实现矿区级全域多源数据深度融合,构建需求动态预测、生产精准组织、自适应控制、信息实时反馈、全员核算与智能分析为一体的智能系统,构建了业务横向协同、流程纵向贯通的智能化运行管控模式。

7.1.3.2 技术特点及先进性

(1) 数字煤矿智慧逻辑模型研究

① 分析了煤矿复杂巨系统结构,提出了基于系统数据流向和功能逻辑的系统架构拓扑图,为构建具有多特征、层次化的数字煤矿智慧逻辑模型奠定基础。智慧煤矿各系统如图 7-6 所示。

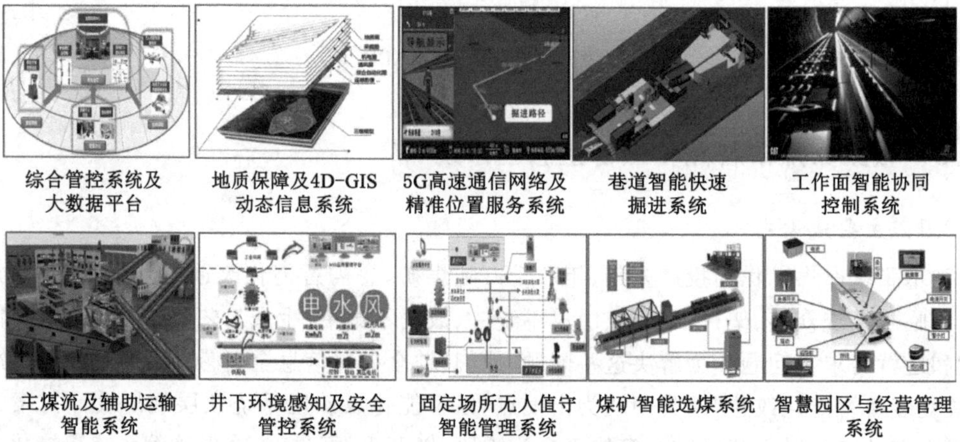

图 7-6 智慧煤矿各系统

② 构建了基于 BIM+GIS 融合的全矿井地面井下空间信息虚拟化服务体系和全时空孪生再现技术。采用二维、三维数据共享技术,实现三维地质模型的动态快速精准更新;采用激光点云全景扫描技术,实现对开采空间的高精度三维建模。

③ 建成全矿井跨域融合智能综合管控平台。综合管控平台由智能化感知控制系统(操作层)、大数据支撑系统(管理层)、智慧矿山应用系统(决策层)构成,彻底打通信息孤岛,实现了全矿井 92 个在用系统的集成和优化,为全矿管理提供数据服务。跨域融合智能综合管控平台总体架构如图 7-7 所示。

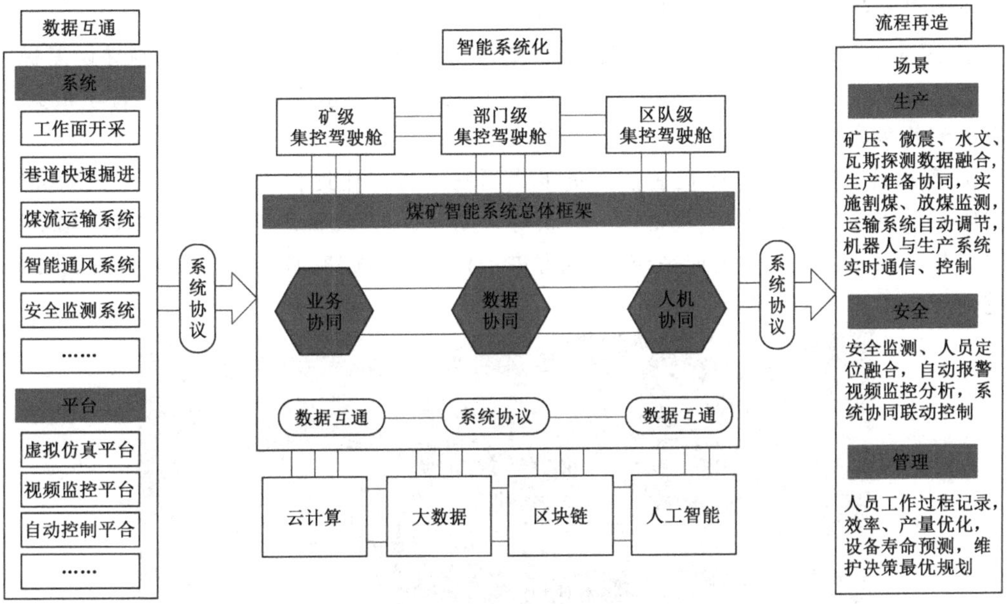

图 7-7　跨域融合智能综合管控平台总体架构

(2) 智能化生产工艺和装备研发

① 研发了液压支架三轴倾角位姿监测传感器、液压支架推移行程高精度监测传感器和 AI 摄像头，构建了综采面压力、位姿、行程及视频等多传感器综合感知体系，实现了对综采设备群空间位姿关系、自身状态的全面感知。综采装备全位姿测量方案如图 7-8 所示。

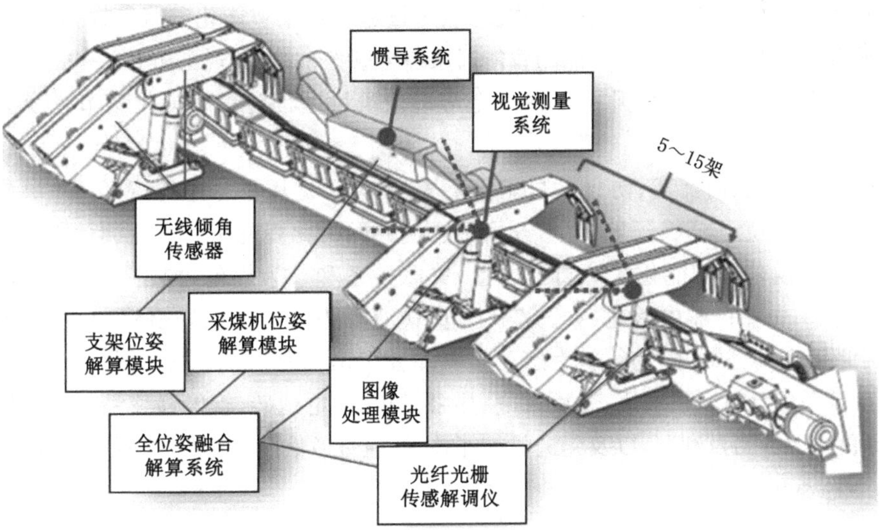

图 7-8　综采装备全位姿测量方案

② 搭建了综采工作面数据采集-监控中心-数据中心的三层平台软件体系，研发了基于区域协同与数据共享的综采智能化控制系统，构建了综采设备群智能化分析决策技术体系，

实现了综采装备协同控制、故障诊断、智能预警干预。

③ 探究了巷道掘进“激光-传感器”融合高精度导航机理，充分发挥激光制导误差稳定、双轴倾角仪实时在线监测的特点，形成一种全新掘进装备导航系统集成体，实现了最大 500 m 以上超长距离导航。

④ 首次开发了基于 GIS 的智能掘进工作面三维数字化远程操控平台。建立多机精准定位体系及协同控制算法，实现掘锚一体机等自动运行；开发掘进作业装备的数字化孪生驱动模型和三维可视化远程集控平台，实现掘进工作面“全息”实时感知与场景再现。智能化掘进系统远程操控平台如图 7-9 所示。

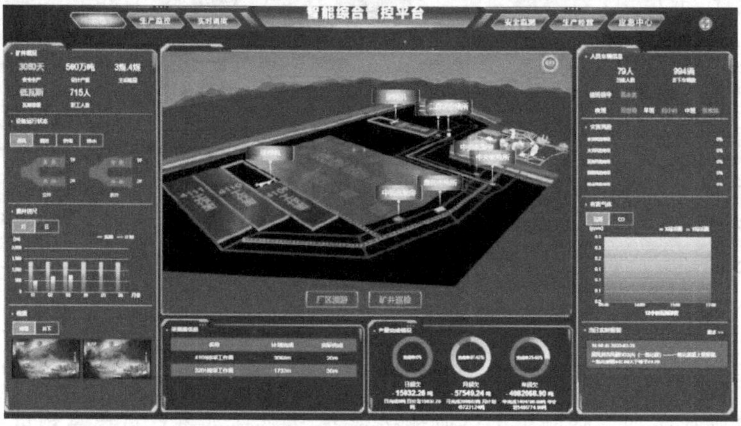

图 7-9　智能化掘进系统远程操控平台

(3) 安全保障和智能化管理系统建设

① 研发了集巡检机器人多点移动式测风、风量远程定量智能化调节、风门联动灾变应急响应、全矿井反风智能化调节等功能的智能通风综合管控系统，实现了矿井“一键测风、一键调风、一键反风”等八大功能，提升了矿井安全等级。风量远程定量智能化调节系统如图 7-10 所示。

② 构建了防尘、防瓦斯、防灭火智能化架构，提出了适用于张家峁煤矿 5^{-2} 煤层煤自燃分级预警体系，建立了分级预警模型，开发了全矿井网络化智能防灭火监测预警系统。

③ 创新和规范了智能化煤矿岗位设置、关联关系和行为规范，构建了安全管理智能双重预防机制，率先在行业内落地 AI+煤矿人员作业行为智能辨识安全管理系统，形成矿区智能化网络管理、高效协同运行新生态。全矿井智能化管理总体架构如图 7-11 所示。

④ 矿区采用乏风余热利用、光伏发电、热泵供热、发电地砖、智能逆变器、智慧灌溉、智慧灯杆等绿色能源供给及利用，以及先进的储能技术，通过通信闭环控制，实现矿区能源的互补。

7.1.3.3　智能化建设成效

建设的智能化综合管控平台具备了信息实时反馈、生产精准组织、装备自适应控制、安全智能分析、趋势动态预测功能。综采生产链系统每班生产人员由 69 人减至 26 人，减员 43 人。首次开发了智能化掘进工作面三维数字化远程操控平台，实现了掘进作业流程自动化、监测数字化和掘进少人化，月进尺最高达到 2 702 m。构建了防尘、防瓦斯、防灭火智能协同安全保障系统，全方位提升了矿井智能化水平。

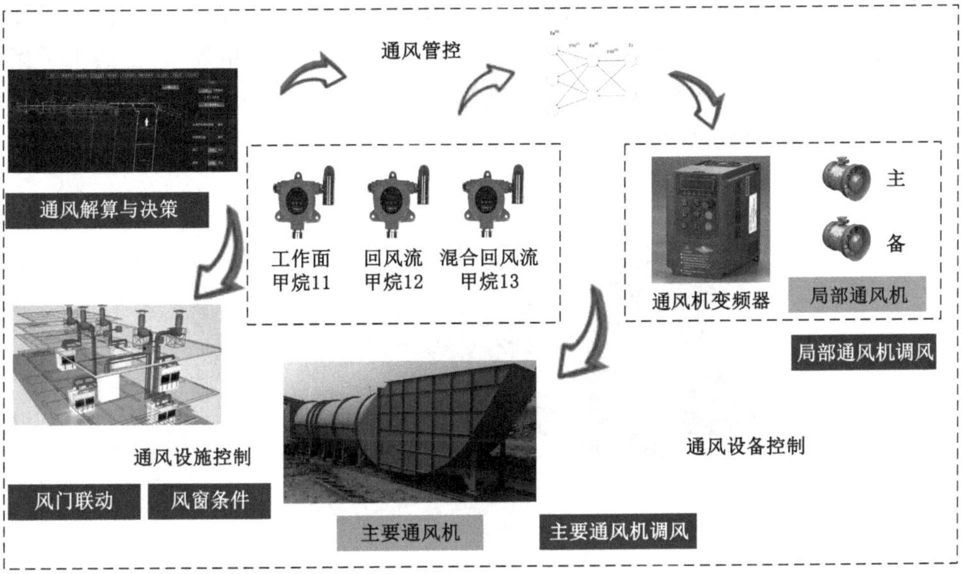

图 7-10　风量远程定量智能化调节系统

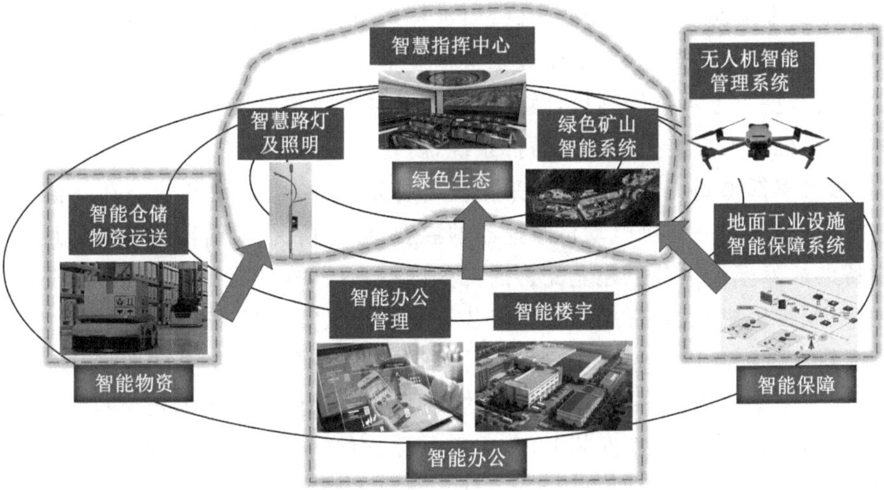

图 7-11　全矿井智能化管理总体架构

7.2　智慧矿山智能掘进案例

7.2.1　布尔台矿一次成巷高机动性快速掘进工作面

7.2.1.1　主要建设内容

由于国能神东煤炭公司布尔台煤矿地质条件复杂，支护量大，支护效率成了制约生产的最大因素，他们探索采用掘锚机＋锚运破一体机＋大跨距桥式装载机＋机器人群的一次成巷高机动性快速掘进新模式。引进锚运破一体机取代履带式转载破碎机，在保留了履带式转载破碎机破碎和运输的基础上增加了锚护功能，支护效率成倍增加，完全实现了掘支平衡。由于支护效率的成倍增加，生产效率得到显著提升。为了解决桥式转载机行程对生产效率的制约，引进大跨距桥式转载机，行程由以前的 30 m 增加到 50 m，实现了生产效率最大化。快掘配套示意图如图 7-12 所示。

图 7-12　快掘配套示意图

由于掘进效率的提升，他们通过在锚运破一体机机尾安装张拉绞车，通过绞车的收缩实现掘进工作面机尾自移。随着掘进效率的提升，掘进工作面配套工程的工作量显著增加，工作人员的劳动强度大幅提升，针对此问题，引进掏槽机器人和管路抓举机器人，机器人群取代人工作业，不仅解放了劳动力，工作效率也得到显著提升。机械化设备的大批量应用，对井下的生产安全提出了不小的挑战，因此引进人员接近防护系统。在锚运破一体机、掏槽机器人、管路抓举机器人安装人员接近防护系统，防止外来人员闯入作业区域，引发安全事故这样，安全和效率都得到提升。为了使采掘设备稳定运行，引进设备状态在线监测系统，通过采集胶带机、锚运破一体机电动机减速器的温度、振动情况，实时监测设备的运行状态，有效减少设备的故障率。在井下建立完善的视频监控系统，在锚运破一体机、掘进工作面、井下配电硐室、胶带机机头、胶带机卸载点安装高清摄像仪实现掘进全方位监控。

建立掘进工作面集中控制系统，通过采集配电点移变馈电保护器的数据，实现配电点的远程控制，同时采集锚运破一体机、胶带机的数据，实现采掘设备的远程控制，从而实现采掘设备的可视化控制。在集控室安装 UPS 后备电源、声光报警装置、语音对讲装置实现集控室的“大脑”作用；建设区队地面集控室，实时监测井下要害节点的视频画面，同时每天进行地面风机远程切换，配电点远程停送电。由于掘进工作面支护过程中，胶带机一直处于空转状态，对能源形成了极大的浪费，改进胶带机控制逻辑，采集履带式转载破碎机的跨装信号，实时掌握工作面的出煤情况，实现胶带机的变频调速；在胶带机机尾安装金属探测仪，监测胶带机运行状态，遇到铁器停机报警，保障运输系统的稳定运行；在掘进工作面进水和出水处安装流量计，通过数据采集，实现每天工作面用水量和工作面涌水量的统计，保障生产的稳定运行。掘进集控室如图 7-13 所示。

7.2.1.2　技术特点及先进性

引进锚运破一体机，实现锚护、破碎、运输一体化，取代履带式转载破碎机，实现支护效率的成倍增加。同时采用全套国产化设备，实现自动一键打钻、支护工况监测、受煤料斗自动收缩等功能，实现掘支的高度平衡。锚运破一体机如图 7-14 所示。

图 7-13　掘进集控室

图 7-14　锚运破一体机

引进掏槽机器人、管路抓举机器人取代人工作业。掘进工作面井底水窝一般都是人工手持风镐作业，不仅效率低，而且劳动强度大，危险系数高，引进掏槽机器人后，完全机械化作业，不仅解放劳动力，而且工作效率成倍增加。掘进工作面的管路安装不仅劳动强度大，而且费时费力，每天耗费了大量的人力物力，现在引进管路抓举机器人，不仅方便快捷，而且彻底解放了劳动力。掏槽机器人如图 7-15 所示，管路抓举机器人如图 7-16 所示。

图 7-15　掏槽机器人

通过以太网采集掘进工作面连运（胶带机连续运行）的跨转信号，精确掌握工作面出煤时间。同时利用霍尔传感器采集胶带机的运行电流，精准判断胶带机带面上的煤量，经过合理的逻辑计算，胶带机变频器通过以太网与胶带机进行联动，实现胶带机的智能调速：当连运启动时，胶带机迅速提升至满速，保障胶带机的运输能力；连运停止后 120 s，胶带机逐渐降速至满速的 75%。通过采集胶带机电动机的负载电流判断胶带机上是否有物料堆积，负载电流达到额定电流的 70%判定为满载，胶带机不再降速；当电动机负载电流降至额定电流的 50%之后，再延时 60 s，胶带机自动降速，进而实现胶带机智能调速。同时，为避免连

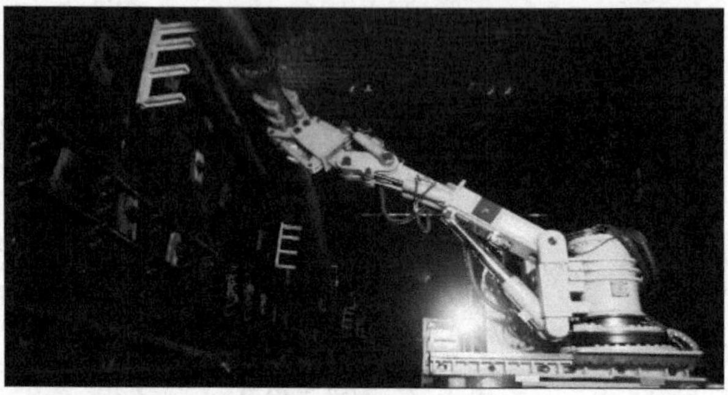

图 7-16　管路抓举机器人

运试机时频繁启停对胶带机电动机的冲击，在胶带机开机后 300 s 内不检测其他触发信号和电流信号。

7.2.1.3　智能化建设成效

通过视频监控系统以及胶带机集中控制的常态化应用，取消了掘进中夜班的胶带机巡检工；引进管路抓举机器人、掏槽机器人、喷浆机器人、钻锚机器人等作业类机器人，不仅解放了劳动力，而且工作效率和工作面的机械化水平显著提升；引进掘进工作面自移机尾，由绞车的伸缩取代了采掘设备的拉拽，省去了退机清煤、栓大链等烦琐工序，省时省力；井下移动设备安装高清摄像仪和人员接近防护系统，实现人员接近自动停机，有效保障了作业人员的生命安全；引进锚运破一体机，增加锚护效率，掘进效率显著提升，人员收入得到大幅提升，矿工的幸福指数显著提升。

7.2.2　可可盖煤矿超长斜井全断面智能掘进系统

7.2.2.1　主要建设内容

可可盖煤矿是陕西延长石油（集团）有限责任公司在“十四五”期间的重点项目，该矿井坐落于陕西省榆林市榆阳区小纪汗镇，井田面积 177 km^2，可采储量 12 亿 t，设计产能 1 000 万 t/a，服务年限 88.5 a，建设有主、副斜井，中央进、回风立井以及北一回风立井，全矿井采用分区式通风。作为新建的大型矿井，可可盖煤矿秉承“智能化建井，建智能矿井”理念，在建井全机械化和远程操控平台的基础上，建立集智能感知、智能决策和智能控制为一体的智能控制平台，探索出切实可行的斜井智能化建井模式。

可可盖煤矿采用主、副斜井开拓方案，主斜井设计全长 5 304.9 m，5.6°缓坡下山；副斜井全长 5 302 m，6 ℃缓坡下山，每隔 1 000 m 设 50 m 的缓冲平段。采用全断面敞开式掘进机施工基岩段，断面形状为圆形，掘进断面面积为 39.9 m^2，采用锚网喷联合支护。可可盖煤矿基于全断面敞开式掘进机，斜井施工采用全机械破岩工艺，实现了斜井“探-掘-支-锚-运”五大工艺的机械化作业，为建井模式智能化奠定了工艺基础。可可盖煤矿进一步借助物联网、智能感知、大数据、5G、仿真、云计算等新兴技术，联合铁建重工集团，结合煤矿敞开式斜井施工工艺，研发了全断面掘进机智能掘进控制系统，将五大工艺中的掘进工艺实现了全流程智能化控制。全断面掘进机主机如图 7-17 所示。

(1) 掘进机智能控制系统

图 7-17　全断面掘进机主机组装完成

根据地质勘查数据与实际掘进参数，建立围岩可掘性动态评估模型，结合物联网与远程高效视频监控技术，研发出全断面掘进机智能监测控制系统。掘进机智能监测控制系统通过围岩特性分析结果和方位感知，实现对推进速度、掘进状态、刀盘转速等多动作多功能区的智能控制。

（2）方位感知

研发了全断面掘进机精准钻进和装备姿态智能调控系统，建立了激光＋传感器组合导航系统，直观实时掌握设备姿态和偏离设计轴线程度，同时以数值的形式准确地描述全断面掘进机设备主机前部与后部相对巷道设计轴线的实际偏移量，通过地层处理和远程操控技术实现装备姿态调整和掘进方向的精准控制。掘进机智能控制系统如图 7-18 所示。

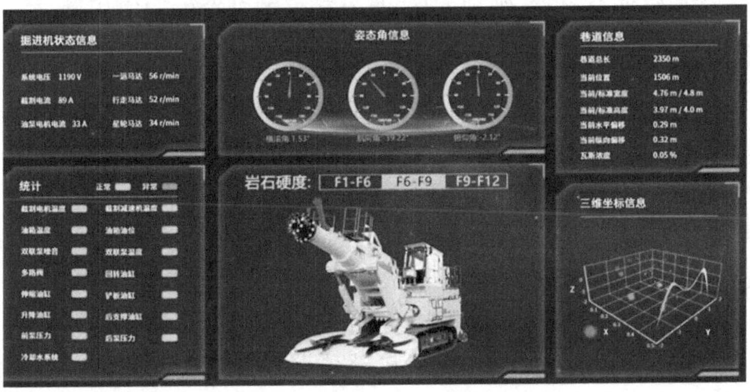

图 7-18　掘进机智能控制系统

（3）截割部工况感知与过载保护

基于截割部温度、压力、转速等感知元件，智能控制系统可自主分析掘进机工作时各系统运行状态，并通过掘进机工况报警子系统，对故障进行预警。根据报警信息，掘进机操作人员可切换至人工控制操控掘进机，智能控制系统会将人工控制动作进行分析并自主学习。此外，针对刀盘温度过高、刀盘压力过载等严重问题，智能控制系统会通过自分析决策，启动刀盘及相关附件自我过载保护。

（4）自动喷混系统

混凝土喷射系统主要由混凝土输送泵、喷射机械手、供电及电气控制装置、液压驱动装置、速凝剂泵送系统和平台附件构成。整套系统安装在喷混桥上实现与全断面掘进机掘进同步进行混凝土喷射支护。全断面掘进机喷混系统预设喷浆泵压力、机械手移动路径，并可远程控制喷混系统启停。

(5) 智能化支护系统

全断面敞开式掘进机的支护环节主要包括锚杆索施工、钢拱架安装、仰拱块铺设和全断面喷浆，协同智能控制上述四个施工环节，是智能支护控制系统的主要功能。通过信息化、全面感知、智能控制等前沿技术融合，研发了基于全断面智能掘进信息互联协同控制的智能支护系统。智能支护系统通过分析人工支护方式作业运动原理，模拟人工施工行为动作，极大提高了支护作业智能化水平。

(6) 推进控制系统

全断面敞开式掘进机调向直接简便，可适应可可盖煤矿地质条件。对于斜井的掘进调向及防“栽头”，具体调向方式为：调节扭矩液压缸伸出和缩回来进行上下调向，调节左右撑靴液压缸行程差来进行左右调向。

(7) 车辆失速智能保护

车辆失速智能化柔性拦截系统采用先进的通信、监测、信息处理、计算机等技术构建。以无线通信技术(无线传感器网络)为技术基础的井下无轨胶轮车运输监控系统，使用工业以太环网和无线传感器网络，实现对煤矿井下无轨胶轮车运输的监测、控制、拦截管理等功能，提升车辆运输系统安全及效率。该系统集监测监控、智能预警、智能联动、融合共享及数据可视化于一体，具有设备自诊断、通信双保障、拦截双触发、车辆准拦截、拦截柔性化、控制智能化等优点。该系统安全可靠、维护方便，具有较好的安全性和实用性。

7.2.2.2 技术特点及先进性

该项目研发了煤矿超长斜井全断面敞开式掘进机掘进成套工艺技术装备体系，突破了“深埋超长、连续下坡、地层富水、地层多变、岩性软弱”复杂地质条件斜井智能化高效建设的技术装备瓶颈，展现出了机械化程度高、不需爆破作业、井下人员少、施工效率高、施工质量好、安全性高等诸多优势。项目创建了“有人安全巡视、无人掘进操作”的安全高效建井新模式，将矿工从危险环境中及高强度劳动中解放出来。具体表现在以下方面。

(1) 创新采用智能化、全机械化破岩技术，相对钻爆法施工减少炸药消耗量约 1 100 t、雷管约 140 万发，减排二氧化碳 220 t；机械破岩对巷道围岩扰动小，减少了超欠挖，减少了支护材料消耗，节约了支护成本；全断面敞开式掘进机智能掘进技术装备大幅度减少了斜井掘进工作面作业人员，掘进效率较传统综掘法、钻爆法分别提高了 3 倍和 5 倍以上；实现了“无人则安，少人则安”智能安全建井模式的成果实践，改善了矿工的作业环境。

(2) 项目研究成果创新了全断面敞开式掘进机智能掘进工艺技术体系，实现了复杂地质条件下全断面敞开式掘进机施工超长(＞5 000 m)斜井施工，是我国煤矿智能化建井技术的重大技术突破，具有安全可靠、绿色低碳、高效智能等多方面优势，在我国矿井安全高效建设方面具有显著的应用潜力和价值。

7.2.2.3 智能化建设成效

项目研究成果将为煤矿智能化建设提供有力技术支撑，为我国西部煤炭资源高效煤矿开发建设提供了可复制、可借鉴、可推广的智能化建井新模式，具有典型的示范引领作用。

7.2.3　寺家庄煤业智能化掘进系统

7.2.3.1　主要建设内容

(1) 矿井概况

寺家庄煤业公司是潞安化工集团下属骨干生产矿井之一，位于晋中市昔阳县乐平镇下秦山村。矿井井田面积 120.225 km^2，可采储量剩余 5.8 亿 t，矿井核定生产能力 450 万 t/a，属于煤与瓦斯突出矿井。开采深度平均为 500 m，主采 15# 煤，平均厚度为 5.67 m，属不易自燃煤层，无煤尘爆炸危险性，水文地质为中等。采用主斜、副立联合开拓方式和一次采全高综采自动化生产工艺。

(2) 建设内容

寺家庄公司以 15111 进风巷为试点，开展智能化掘进系统建设，建设内容主要分为四大部分：掘锚一体机数据采集与传输、中间运输、远程控制、工况环境监测。

① 数据采集与视频传输

在掘锚一体机上增加位移传感器、动态倾角传感器、压力传感器、流量传感器以及基于平行激光指向仪的视觉定位系统，用于实现机身位姿感知、截割头位姿感知、液压系统压力监测、一运与星轮的卡链监测等功能。增加千兆网络交换机，用于掘锚一体机所有监测数据的传输。

在机身上安装有 4 个高清摄像头，用于掘锚一体机左右铲板部、一运部、掘进头的视频监控，实现掘锚机前后部视频监控。所有采集数据均采用光纤传输。

配备数字远程语音通信装置，接入矿井工业网络，实现地面集控平台、井下集控中心与掘进机三地实时语音对讲通话，具备掘进机机身周围音频信号的可靠采集与监听功能。地面远程控制系统如图 7-19 所示。

图 7-19　地面远程控制系统

② 中间运输

掘进工作面煤、矸石经过带式输送机自移机尾运送至顺槽输送机，该装置实现了掘锚一体机二运胶带机与后运带式输送机的快速推移和搭接，同时该装置可有效调节胶带跑偏，实现转载机和机尾的自行前移和校正，提高了劳动生产率，使用安全，性能可靠，便于员工操作。带式输送机自移机尾如图 7-20 所示。

图 7-20　带式输送机自移机尾

③ 远程控制

远程控制系统分为井下集控中心和地面远程控制平台。在 15111 进风巷口安装井下集控中心，内部配套智能控制平台软件 1 套，具备数字孪生功能，可利用三维建模对掘进机的位姿及截割状态进行仿真；显示智能掘进工作面各类运行参数及系统参数设定；具备掘进机远程控制、一键启停、自主导航、自动截割功能；具备掘进机实时设备状态在线监测及故障诊断功能；具备数据存储与查询功能，参数存储不少于 1 a，并有数据分析趋势图及故障列表等功能。地面掘进远程控制系统位于公司总调度指挥中心，安装有 4 块显示屏，显示画面与井下集控中心显示画面一致。安装有 1 套与井下集控中心相同的操作台，对掘进工作面相关设备进行远程集中控制，可实现掘进设备一键启停智能操作。配置 1 套与井下集控中心配套的智能控制软件平台，具备 OPC（工业控制设备和控制软件之间的一种数据存取规范）等通用数据交换接口，可将掘进工作面的数据实时传输至智能综合管控平台。井下集控中心如图 7-21 所示。

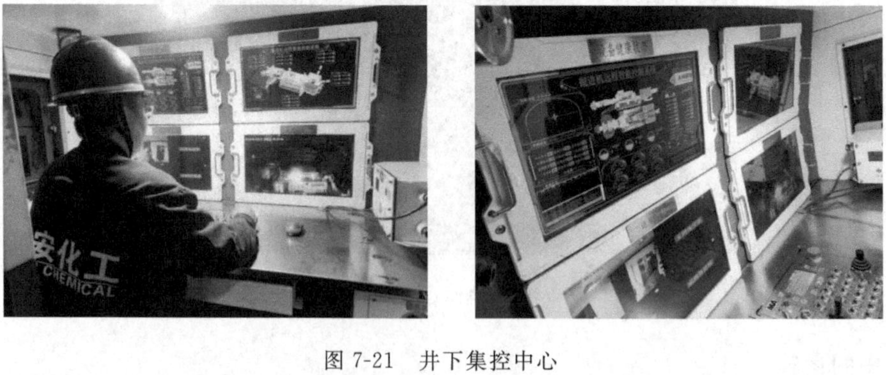

图 7-21　井下集控中心

④ 工况环境监测与故障诊断子系统

掘锚机设备利用多种传感监测技术，在线实时监测掘、支、锚、运等工序运行工况和环境参数，利用数字孪生技术三维直观展现掘锚机运行动画与监测数据，具备异常报警、故障诊断评估等功能。在掘锚一体机上安装有矿用人员报警装置，当监测到设备工作区域有人员活动时，输出闭锁保护信号，闭锁掘进机，停止设备运行。同时，语音报警器发出语音提示语，警告人员撤离至安全位置。

7.2.3.2 技术特点及先进性

(1) 掘进系统总体配套方式

① 掘锚一体机：完成巷道掘进，出料及部分顶、帮锚杆、锚索的支护。

② 液压锚杆钻车：完成滞后剩余锚杆和锚索的支护。

③ 带式输送机：与迈步式自移机尾重合搭接，保障一个圆班连续掘进。

④ 迈步式自移机尾：机尾可自移，自动延伸带式输送机。

⑤ 集控中心：远程控制掘进设备的启停工作。

(2) 主要技术特征

① 掘锚一体机：经过智能化升级改造，可以实现位姿监测、仿形截割、自适应截割等功能。

② 液压锚杆钻车：配合掘进机使用，实现掘进、运输与锚杆锚索支护平行作业。

③ 带式输送机：与机尾部搭接行程长，可减少拉移次数。移动方便，具有调偏功能，机身设计可避免大跨距时机身的下沉。

④ 迈步式自移机尾：移动方便，可以自移，具有调偏、自动张紧功能。

⑤ 集控中心：井下集控中心安装掘进机远程监控系统软件，具备界面控制、远程遥控、系统参数监测、巷道参数信息设置等功能。

7.2.3.3 智能化建设成效

寺家庄公司通过智能化掘进系统的建设，可以提高巷道掘进效率，公司平均每月掘进由200 m提升至280 m，提高了生产效率，改善了作业安全环境，降低了劳动强度，满足煤矿对于安全高效生产的需要，达到减人提效目标。

智能化掘进工作面由原来的单班作业人员13人减少至10人，其中，自移机尾的应用使得带式输送机移动作业由2人减少至1人；掘锚一体机的应用使得掘进支护作业由4人减少至3人；掘进工作面集控系统改造，包括运输集控、局部通风机集控、自动排水控制等，作业人员由原来的5人作业减少至4人巡检。

7.3 智慧矿山智能采煤案例

7.3.1 保德煤矿基于F5G网络的采放协同工作面

7.3.1.1 主要建设内容

结合国能神东煤炭公司保德煤矿81309综放工作面地质条件、装备，以智能煤矿为依托，建设智能控制平台、网络平台(F5G网络、5G网络)，融合采放协同工艺、煤矸识别、智能放煤、自动找直、人员定位、机架安全联动、瓦斯安全联动等技术，最终为81309综放工作面提供一个智能化综放解决方案及应用实现。

首先，在矿井规模部署F5G工业光网络，变革网络架构、将逐级汇聚的传统三级网络简化为“一跳上井”的新型二级网络。井上设备 ORH(optical ring head,光环网头端设备)提供多个万兆接口,井下设备 ORE(optical ring end,光环网末端设备)支持上行万兆、下行千兆,ORH 和 ORE 之间连接采用 ORP(optical ring passive,光环网无源设备),实现井下业务一跳到井上。创新性地与现有井下综合分站相融合,ORE 安装在综合分站,满足综合分站人员定位、语音广播、温度及振动传感、视频监控等业务接入综合承载需求。此外,利用井下光缆资源,同一个光缆不同光纤,实现 1+1 芯(主备)光纤从井上机房直达综采面,通过 F5G 网络实现综采面的万兆视频专线连接。

其次,通过搭载防爆视觉传感器,建设具有视觉巡检扫描与工作面建模功能的巡检机器人,实现回采工作面高精度三维动态地质模型实时调整;提出煤矸图像高效预处理与精准识别算法,开发适用于综放工作面高粉尘环境的长效防尘、主动除尘的智能摄像头;研究煤矿煤矸的视频图像数据特点,通过卷积神经网络对样本图像数据进行半监督学习,提取煤矸目标的视觉特征,建立起煤矸目标对象的检测、识别模型;研究基于煤矿煤矸特点的振动传感频率与时域能量分布特点,通过试验给出合理的煤矸识别频率区间;形成基于振动、视频信号的煤矸识别系统,实现综放开采智能化控制;在带式输送机机尾安设灰分仪,实现放煤效果的实时检验。

在上述智能化项目建设的基础上,建立自动化放煤模式下的多放煤口协同冒放理论,建立采放协调智能放煤算法及工艺模型,开发采放协调综放工作面的智能放煤决策算法,开发透明开采智能综放控制系统软件,形成透明开采智能综放控制系统,最终实现“智能采放、远程干预”。

7.3.1.2 技术特点及先进性

(1) F5G 工业光网络采用两层网络架构,全光工业网终端万兆上连,一跳上井,支持视频传输网、远程控制网、安全监控网、人员定位网等系统业务统一接入的智能化传输高速低时延通道。

(2) 采用先进的 LASC(高精度三维惯导系统)对采煤机进行定位,不受粉尘、光照等因素干扰,能够自主全天候获取采煤机实时姿态,全工作面通过推移控制逻辑阀基于提出的“一刀检测、一刀找直”的方案实现支架自动高精度找直控制。

(3) 应用智能煤矿云网融合技术,建设井下 5G 移动网络、高速固网快速接入云平台,实现策略统一调度、资源高效访问,提升综放系统调度和指挥的效率。

(4) 通过研究磁探伤技术,实时对刮板输送机的断链情况进行监测,同时融合工作面“三机”设备的健康状态监测、采煤机及“三机”的集中定点润滑系统,为工作面设备健康运行保驾护航。

(5) 巡检装置具备搭载高清摄像仪、红外热成像摄像仪、三维激光扫描雷达、位置检测系统、通信系统的能力,结合轨道系统实现跟机同行走、同步高清视频和高清红外视频拍摄、工作面三维激光扫描建模,为构建三维透明工作面提供基础数据。

(6) 开发适用于综放工作面高粉尘环境的采集频率大于 20 帧/s,COMS 传感器靶面尺寸 2/3 in(1 in≈0.025 m)的智能摄像头,开发煤矸图像高效预处理与精准识别算法,同时基于煤矸灰度图像特征实现煤矸识别。

(7) 开发高频采集振动传感器,通过研究煤矸冲击振动信号的预处理与分析方法,获得能够表征放煤过程的特征参量及识别算法。

(8) 解决智能化采放协调控制机理与方法的问题，建立自动化放煤模式下的多放煤口协同冒放理论，建立采放协调智能放煤算法及工艺模型，开发采放协调综放工作面的智能放煤决策算法。创造性地结合多种智能控制算法，实现对采煤机智能放煤控制，实现综放工作面的"智能采放、少人干预"，最终将保德煤矿 81309 工作面建成高级智能化综放工作面。

7.3.1.3 智能化建设成效

通过一年多的系统建设，保德煤矿 F5G 网络优势初步显现，在行业内首次将现有综合分站和 ORE 设备融合集成，实现了矿井现有通信网络的平滑升级，为矿井生产数据上传等提供了高可靠、大链接、低延时的保障。81309 综放工作面已实现采煤机记忆割煤、自主导航、自动喷雾，液压支架自动跟机拉架、自动收打护帮(收回和放出护帮板)、自动推溜(刮板输送机)和与采煤机的协同作业，"三机"已实现远程控制和一键启动，地面和井下监控中心已具备实时监控和远程操作能力，工作面已实现 5G 网络全覆盖；初步实现了自动放煤，已完成按时间放煤和记忆放煤的控制逻辑，并且实现放煤与后部刮板输送机的智能联动；完成了自动找直功能验证、LASC 系统的调试，实现每刀后的数据准确生成；完成工作面三维智能巡检机器人的安装与调试，为透明开采和采煤机远程控制奠定了坚实基础；实现了前、后部运输机机头大块煤的视频识别、采煤机滚筒和护帮板回收状态的视频识别、人员进入危险区域的视频识别和预警；采用 UWB 的定位系统，实现人员接近防护、人员轨迹、采煤机轨迹的数据查询。目前 81309 智能化综放工作面单班作业人数由原来的 13 人减少为单班 7 人常态化作业。

7.3.2 金凤煤矿透明化综采工作面

7.3.2.1 主要建设内容

《煤矿智能化建设指南(2021 年版)》中智能采煤系统架设内容为，根据煤层赋存条件、工作面设计参数、产能指标等要求，建设不同模式的智能化采煤工作面：薄煤层和中厚煤层智能化无人开采模式、大采高工作面人-机-环智能耦合高效综采模式、放顶煤工作面智能化操控割煤＋人工干预辅助放煤模式、复杂条件智能化＋机械化开采模式。其中，条件适宜的薄及中厚煤层实现智能化少人开采，逐步推广应用采煤机自适应截割、液压支架自适应支护、智能放顶煤、刮板输送机智能运输、智能供液、综采设备群智能协同控制等技术。鼓励条件适宜的工作面应用基于地质模型的智能化开采实践。

国家能源集团宁夏煤业有限责任公司金凤煤矿在建设透明开采工作面之前，所有自动化工作面均采用采煤机记忆截割＋液压支架自动跟机移架模式，工作面采用 SAM 综采自动化控制系统，通过融合采煤机智能记忆割煤控制，液压支架跟随采煤机自动移架支护、推移刮板输送机控制，工作面设备可视化视频监控，无线以太网数据传输，基于惯性导航技术的工作面自动找直控制、综采设备集中控制等功能，建立综采成套装备自动化控制系统，实现在工作面监控中心和地面调度中心对工作面设备进行自动化监测控制。

金凤煤矿 011815 工作面位于金凤煤矿一分区，回采煤层为 18 煤，采用综合机械化一次采全高，走向长壁后退式采煤方法，全部垮落法管理煤层顶板。工作面走向长度 838.2 m，倾向长度 288.36 m，煤层厚度 2.8～3.4 m，平均厚度 3.1 m，煤层倾角 2°～16°，平均倾角9°。011815 工作面回风巷、机巷、开切眼掘进期间共计揭露断层 9 条，全部为正断层，可采范围内为 9 条，工作面采高为 3.40 m。

金凤煤矿 011815 透明化综采工作面通过采用钻孔雷达勘探、槽波勘探等技术进行工作面精确建模，结合矿井原有地质、钻孔、三维地震等资料，开展三维地震数据解释。利用地震多属性数据综合解释研究区的断裂系统，精细刻画断层、裂缝及裂隙的形态和展布；利用三维地震高精度反演技术预测煤系地层包括煤岩在内的各岩层厚度及其展布状况。融合断裂系统、煤系地层解释成果数据，构建开采区地质模型，为智能开采的透明工作面构建提供参考和基础数据。011815 工作面建模全局视角如图 7-22 所示。

图 7-22　011815 工作面建模全局视角

金凤煤矿 011815 透明化工作面模型是面向煤矿智能开采构建的综采工作面高精度三维动态地质模型，建立了数字孪生工作面，并实现模型的动态修正。研究面向智能开采的工作面及巷道成套开采装备实时数据驱动的三维模型构建技术，在开采工作面复杂条件下，实现移动设备的空间绝对位置快速测定。研究基于透明工作面地质模型的割煤基线实时生成技术、基于透明工作面地质模型的工作面直线度基线实时生成技术、基于透明工作面地质模型的工作面俯仰采控制基线实时生成技术，给控制系统下一刀截割模板提供数据，指导采煤机、液压支架等设备的自适应开采。最终形成三维可视化智能开采管控平台，实现对综采设备及地质模型的动态可视化管控功能。数字孪生控制界面如图 7-23 所示。

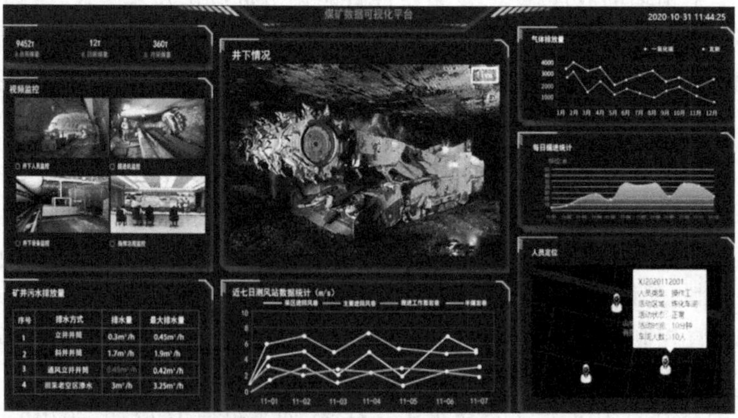

图 7-23　数字孪生控制界面

通过项目的研究，透明化工作面核心技术和主要平台实现国产化，形成了透明化自适应智能开采成套技术，初步实现"基于大地坐标的自适应智能采煤"目标，确保在装备智能化的基础上，实现智能开采的地表或远程"决策在线化，控制协同化"，为煤矿工人变为采矿员，最终实现少人或无人采煤奠定坚实的高科技基础。

7.3.2.2 技术特点及先进性

金凤煤矿 011815 工作面模型构建过程中采用法国斯伦贝谢 Petrel 地震解释与测井软件，开展三维地震数据精细解释工作，包括三维地震数据的叠前偏移处理、三维地震数据的加密解释，同时利用地震波运动学和动力学信息进行三维地震数据的动态解释。该方法的核心是基于贝叶斯判别的马尔可夫链蒙特卡洛地质统计学反演。这种反演方法有别于一般的确定性反演和普通地质统计学反演，充分利用了地质信息、地震信息、岩石物理信息，通过对其进行充分融合，得到高分辨率地质模型。具体工作如下：

（1）开展三维地震数据和钻孔数据的质量控制分析工作，进行该煤层解释的可行性分析，主要包括钻孔数据评价和地震数据频谱分析。

（2）以岩石物理分析为基础，利用钻孔与地震标定建立三维地震数据与钻孔数据的联系，进而开展叠后反演工作。

（3）结合反演成果和地震相干、曲率等属性，开展煤层三维立体精细解释。

（4）结合区域内煤层以及顶底板岩性和厚度特点，开展高分辨的叠后地质统计学反演。该反演可以精细刻画煤层厚度及顶底板厚度与岩性，对煤系地层构造解释成果的分辨率远高于常规地震解释。

（5）分析钻孔、地震、地质资料对地质模型精度的影响，利用断裂系统、煤系地层岩性及厚度等成果数据，对开采区内煤系地层进行精细地质建模，重点解决开采区内各种类型断层和煤层、地层的一体化快速建模问题。

金凤煤矿率先提出基于三维透明化工作面的智能开采控制技术，基于历史和最新的钻探、地震、生产、煤岩层探测等数据，自动构建透明工作面地质模型；综合采用数字化、信息化、网络技术构建工作面的智能开采系统，与透明工作面的三维信息充分融合，实现自适应的割煤和设备的连续推进，保障工作面的连续生产。平台配套复杂煤层条件的智能化开采成套装备，引领该领域研究发展方向，项目整体达到国际领先水平，形成煤矿智能开采的成套技术体系。

7.3.2.3 智能化建设成效

金凤煤矿在建设 011815 透明工作面过程中构建了基于 GIS 的透明化工作面智能开采与安全管控平台，建立了高精度的透明化工作面地质模型，利用 5G 技术集成工作面成套装备和人员的实时数据、惯导系统定位信息，利用人工测量及传感器实时数据动态修正工作面地质体和煤岩层数据模型，为工作面控制系统提供采煤截割线、直线度基线、俯仰采基线，指导工作面装备在复杂地质条件下的少人或无人自适应开采，为工作面实现煤矿智能开采的提供了必要的基础条件。

该工作面最终实现了少人或无人开采，建立了基于网络技术的远程可视化管控系统平台，构建了透明化工作面和数字孪生系统，提供可视化的三维交互式操作平台，实现了对井上下工作环境、机电设备和矿体的实时控制，为操作人员提供了重要的辅助决策依据。

7.3.3 斜沟煤矿千万吨级矿井智能化综采工作面建设

7.3.3.1 主要建设内容

(1) 矿井概况

山西西山晋兴能源有限责任公司斜沟煤矿井田面积 82.64 km^2，可采储量 14.77 亿 t，设计生产能力 1 500 万 t/a，设计服务年限 75.7 a。矿井采用斜井开拓方式，主要开采 8# 煤和 13# 煤，其中 8# 煤采用一次采全高采煤法回采，13# 煤采用放顶煤采煤法回采。8# 煤平均厚度 4.87 m，顶板为砂岩，比较稳定，底板以泥岩为主。13# 煤平均厚度 13.88 m，顶板以砂质泥岩为主，局部砂岩，基本稳定，底板多为泥岩。8# 煤与 13# 煤层间距为 52.42 m。矿井为低瓦斯矿井，各开采煤层自燃等级均为Ⅱ类，煤尘均具有爆炸性。

(2) 建设内容

① 建设情况

斜沟矿 18106 智能化综采工作面走向长度为 3 562 m，开切眼长度为 297 m，工作面煤层平均厚度 6.12 m，煤层倾角 6.9°～10.8°，平均 8.8°，可采储量为 935 万 t。工作面采用久益自动化成套综采装备，于 2010 年 10 月建成了智能化综采工作面，实现了采煤机自动割煤、自动移架、设备集中控制、一键启停和视频监控。

② 主要内容

a. 工作面使用久益公司生产的 7LS7 型智能化采煤机，内置 LASCⅡ惯导装置，实现了自主定位、直线度检测、姿态调整、智能调高、防碰撞、煤流平衡控制功能。采煤机具有全工艺段可编程自动化割煤功能，该功能基于采煤机先进的电控系统，同时配合高精度传感器、比例阀以及可编程的 GOLP 软件来实现。传感器用于检测煤机姿态和位置，比例阀用于实现截割滚筒精确控制，GOLP 编程器可帮助操作人员对现场工况和割煤工艺进行设置，从而确保在不同的工况环境下实现采煤机的自动化生产。工作面实景如图 7-24 所示。

图 7-24 工作面实景图(采煤机)

采煤机所有自动化顺序表参数可自定义名称，可实时进行修改和校准，所有工艺变化点的采煤机参数可通过人工方式设置或设备自行学习。当工作面走向角度发生变化时，采煤机能够自动控制尾滚筒，同时对机身的水平、垂直角度以及端头的卧底量进行控制，割出比人工控制更加平滑的底板，确保了工作面采高的一致性和连续性。

b. 采用郑煤机生产的 ZY10800/28/63D 型液压支架，安装久益 RS20i 型电液控系统。系统具备支架伸缩高度、压力、倾角等支护状态监测功能，能够跟随采煤机在全工作面范围自动完成支架伸收护帮、移架、推溜、喷雾除尘等动作，具备远程控制、姿态感知、自动补压、顶板压力分析与预警、智能防碰撞等功能，依靠 LASC 软件实现了工作面设备的自动调直。工作面两巷的超前支架也采用电液控系统，实现了远程控制。

人员临近识别功能：当安装在支架上的电液控制器检测到人员识别卡后，会在其所在位置周围创建一个安全区域，随着携带识别卡的操作人员在综采工作面支架内移动，安全区域也随之移动，同时安全区域内禁止支架自动移动，从而避免了在自动化生产过程中产生的人员安全隐患。

3D 防碰撞功能：使用行程传感器检测支架伸缩梁和护帮板位置，当护帮板因故障未能及时收回时，煤机将在安全间距处停止，并等待护帮板收回。使用三个分别安装在顶梁、四连杆和底座的倾角传感器检测支架姿态，若支架顶梁过低，煤机和支架将停止自动运行，防止顶梁与采煤机或端头设备发生碰撞。当携带采煤机遥控器的司机发生跌倒时，遥控器内置的加速度传感器会监测到相应动作，立即停止支架和采煤机的自动运行，待人员安全并人工复位后，才重新开始自动化生产。工作面实景如图 7-25 所示。

图 7-25　工作面实景（支架）

c. 采用山西煤矿机械制造股份有限公司生产的 SGZ1250/2400 型大功率刮板输送机，刮板输送机、转载机均采用了组合式高压变频器驱动，实现了远程启停控制和状态监测，提高了“三机”运行可靠性，降低了输送系统的能耗和磨损。转载机处安装有雷达式煤量扫描装置，实现了根据煤量自动调节采煤机速度和刮板输送机速度。顺槽带式输送机具备带速、温度、电流等监测功能和完善的综合保护，采用了变频自动张紧、电液控制的自移机尾技术，全矿带式输送机实现了调度集控一键启停和状态监控。

d. 配备了顺槽集控中心和地面调度远程控制中心，可在顺槽集控中心和地面调度室实现对工作面主要设备的一键启停和远程监控，具备故障预警、故障诊断功能，工作面具有完善的安全和视频监控系统。工作面采用电控液压自移式设备列车，采用远程集中供液系统，地面配液站进行自动配液，井下泵站采用电磁调压阀，可根据设定压力自动加压。顺槽集控中心和地面调度远程控制中心如图 7-26 所示。

图 7-26 顺槽集控中心和地面调度远程控制中心

三维可视化监控:地面调度远程控制中心工作面安装了三维可视化监控系统,利用井下设备的实时数据来显示综采设备的实时运行状况,可在三维图形上实时监控采煤机当前位置、运行方向和速度、左右截割滚筒高度、采煤机倾角、支架倾角、支架护帮板状态、伸缩梁状态、推移液压缸状态、立柱压力等数据。可用于实时监控、操作培训和历史数据回放分析等,大幅度提升了智能化工作面的整体生产能力。地面调度远程控制中心三维可视化监控如图 7-27 所示。

图 7-27 地面调度远程控制中心三维可视化监控

7.3.3.2 技术特点及先进性

(1) 18106 智能化综采工作面使用统一的久益自动化控制系统,久益采煤机内置 LASC Ⅱ惯导装置和 ASA 高级自动化割煤系统,与久益 RS20i 电液控配套使用,液压支架具备精准推溜和自动调直功能,调直精度满足生产需求,刮板输送机采用高压变频器驱动,实现了采-支-运协调智能联动。

(2) 久益公司 7LS7 型智能化采煤机安装有 LASC Ⅱ惯导装置,实现了自主定位、直线度检测、姿态调整、智能调高、防碰撞、煤流平衡控制、故障预警和智能诊断、智能化报表等功能。采煤机具有可编程高级自动化割煤功能,当综采工作面走向角度发生变化时,采煤机能够自动控制尾滚筒,同时对机身的水平、垂直角度以及端头的卧底量进行控制,割出比人工控制更加平滑的底板,确保了工作面采高的一致性和连续性。

(3) 液压支架安装了久益 RS20i 电液控系统，具备支架伸缩高度、压力、姿态监测功能，实现了自动跟机、自动补压、矿压监测分析、远程控制功能。依靠 LASC 调直软件和液压阻尼阀，实现了工作面设备精准的自动调直。工作面两巷的超前支架也采用电液控系统，实现了远程控制。

(4) 电液控系统具备基于精准定位的人员临近识别功能，可确保自动跟机过程中的人员安全。采煤机和液压支架通过内置的行程和姿态传感器，依靠久益自动化控制中心实时监控，实现了高可靠的 3D 防碰撞预警和自动停机功能，提高了自动化作业连续性。依靠完善的姿态传感器数据进行三维建模，实现了综采工作面设备三维可视化监控，实时监视工作面设备运行状态、报警信息，提高了工作面生产能力。

(5) 刮板输送机、转载机均采用组合式高压变频器驱动，转载机处安装了雷达式煤量扫描装置，根据煤量自动调节采煤机速度和刮板输送机速度。

(6) 工作面具备智能化报表功能，服务器每天自动生成生产报表，可帮助综采队分析和掌握综采设备的使用情况、生产循环时间、班组对比、调直情况、故障趋势等。

7.3.3.3　智能化建设成效

(1) 安全效益：智能化工作面显著减少了工作面作业人员，正常开机仅需泵站工 1 人，采煤机司机 2 人，支架工 2 人，“三机”工 2 人，工作面从 12 人减少至 7 人。极大减轻了工人们的劳动强度，采煤机司机只需巡视采煤机的上下滚筒的高度，必要时进行微调即可；支架护帮板自动收打，不需专人操作，减少了跟机拉架人员和推溜人员，做到了“少人则安”。

(2) 经济效益：通过智能化建设，18106 工作面自动化率稳定在 85%以上，实现智能化后每一刀的割煤时间为 1.5 h，比之前缩短了 30 min。圆班刀数由之前的 8 刀增加至 10 刀，圆班产量增加 3 600 t，每年可增加销售额约 9 亿元。工作面自 2021 年 10 月份投产以来，月均推进 150 m，月原煤产量最高可达 40 万 t。智能化改造前后数据对比如表 7-1 所列。

表 7-1　智能化改造前后数据对比

指标	智能化改造前	智能化改造后
综采队总人数	101 人	65 人
单班人数	11 人	7 人
采煤机司机	3 人	2 人
拉架人数	3 人	1 人
原煤生产人员效率	180 t/工	280 t/工
设备故障率	0.80%	0.50%
原煤日产量	10 860 t	14 480 t
原煤月产量	258 468 t	344 624 t
采出率	87%	95%

7.4 智慧矿山智能运输案例

7.4.1 上湾煤矿辅助运输绿电十无人驾驶系统

7.4.1.1 主要建设内容

(1) 作为国能神东煤炭集团新能源电动车试验基地,上湾煤矿积极响应国家创新、绿色发展的要求,力求实现煤炭安全绿色、高效智能生产的目标和“双碳”目标,从 2017 年 12 月开始联合制造企业共同开发矿用电动车。

(2) 根据矿井道路和井下作业条件,要求辅助运输车辆无人驾驶系统实现从井上到井下的自动行驶、错车通行、全局路径规划、动态路径规划、硐室停车、岔路口通行、协同装卸载、站台精准停靠等功能。除车辆自身可实现无人驾驶运行外,在井工矿调度和监控中心建设基于无人驾驶系统的辅助运输车辆智能调度和管理系统(属于无人驾驶系统技术研究的一部分),根据井下辅助运输作业计划,智能调度和管理无人驾驶车辆,确保车辆安全、稳定、合理行驶。

(3) 研发一套高可靠、高带宽和低时延性能的 5G 移动通信系统,基于 5G 网络与 UWB 井下精确定位等技术,实现上湾矿 5G+UWB 信号全覆盖,为井下无人驾驶、井下高清视频传输、综采及掘进数字孪生工作面、井下工业控制、机器人智能巡检、基于 5G 的 AR 增强培训及未来井下基于 5G 的智能应用打下坚实的技术基础。

(4) 对于新能源电动车无源充电系统,利用现有车库顶棚建设光伏发电系统,停车位上增加集装箱储能系统满足充电站全功率运行需求,且平滑整个光储充系统保证系统安全可靠运行,增加微网能量管理系统(EMS)实现对微电网的光伏发电单元、储能系统和负荷之间的管理(包括对光伏单元的功率预测、功率波动平抑;实现储能单元削峰填谷、应急电源控制;进行负荷预测),对微电网中能量按最优的原则进行分配,实现微电网系统的经济优化运行。

7.4.1.2 技术特点及先进性

(1) 新能源电动车整车采用纯电驱动,运行成本低。电动车运行吨公里能耗仅为 80 W·h,运行成本仅为同类防爆柴油车的 13%,满载续航里程小于 80 km。整车根据井下实际工况,采用定向设计的专用底盘,内部空间大;优化设计悬架阻尼参数;乘坐舒适性参照商用车规范开发,人机工程协调,整车驾乘舒适性高。

有效解决井下传统柴油车“高污染、高油耗、高噪声、低寿命”问题,为职工提供良好的作业环境,有效杜绝职业病的发生,对于新、改扩建矿井可减少通风设备的投入。相比柴油车,不需加水加柴油,不需清洗格栅,自动挡操作简单、动力强劲,零部件可靠耐用,维护方便,无须担心尾气达标检测,在局部通风差、氧气浓度低的巷道具有更好的环境适应性。

(2) 辅助运输车辆无人驾驶系统实现辅助运输车辆无人驾驶状态从井上到井下的自动行驶、错车通行、全局路径规划、动态路径规划、硐室停车、岔路口通行、协同装卸载、站台精准停靠。先进技术包括:高精度井工矿无人驾驶车辆控制技术、多源异构感知融合技术、主从无人驾驶控制器冗余设计技术、井工矿多车协同决策规划技术、车路协同感知决策技术、井工矿语义高精地图建图技术。

(3) 用5G无线通信系统，核心网提供5G网络接入统一管理鉴权、移动性管理，满足对井下多系统的网络集中接入，UPF下沉至上湾煤矿，满足矿区5G转发需求。5G传输环网选用IP RAN组网方式建设，采用分层组网(包括核心/汇聚设备间、汇聚/接入设备间混合组网)方式，设备支持网络切片等网络新特性。5G与UWB一体化定位系统融合，以5G通信网络为基础，充分利用5G异构定位架构，融合UWB一体化基站定位技术，为同时解决定位精度和定位覆盖两大核心问题，实现一体化的通信和定位覆盖。

(4) 建设光储充电站，充电桩负荷最大限度使用光伏发电及储能放电，储能系统进行削峰填谷且平滑整个光储充系统。并网型储能变流器的交流侧并联接入380 V的交流母线上，每台变流器直流侧并联接入1簇磷酸铁锂电池，可以实现能量的双向流动，即电池的充放电；光伏逆变器直流侧连接光伏阵列，交流测并联接入380 V交流母线，为整个系统提供能源输入；现有充电桩的交流侧并入交流母线，可由光伏、储能或电网供电；EMS系统根据上级调度指令完成对光储充系统的设备信息监测、电池的充放电控制、SOC(剩余电量)信息监测等功能。

7.4.1.3　智能化建设成效

(1) 上湾煤矿运人车、材料车都已实现电动化改造，下一步将对工程车和特种车辆进行电动化替换，为煤矿井下实现绿色、环保的辅助运输新模式奠定基础。

(2) 辅助运输车辆无人驾驶系统完成井口至12403综采工作面13 km数据采集、去噪、建图、测试运行；完成绿色智能无人运输19人车、5人车从井口到12403综采面长距离、多场景测试，突破了无人驾驶车辆在井下精确导航定位、井下复杂环境感知、井下远程监控和应急接管、井下车路协同等关键技术瓶颈。

(3) 矿用5G无线通信系统已完成上湾煤矿全矿井5G移动通信系统设备部署，包括SA核心网(独立组网)、业务交换机、基站控制器、5G基站，UWB分站正在安装中。

(4) 光储充电站设计功率为400 kW，每天正常可发电近1 700 kW·h，每年发电近56.95万kW·h，每年可节约113.9万元的电费，降低了煤炭的消耗。

7.4.2　塔山煤矿辅助运输安全智能管控系统

7.4.2.1　主要建设内容

塔山辅助运输安全智能综合管控系统遵循高精度定位(静态0.3 m、动态7.3 m)与真实比例三维矿图相结合的原则，结合超速、闯红灯监测等手段，实现了车辆资源及安全行为可视化监控；对于车辆、司机等各类资源分配实施信息化管理，用车申请及审批信息化，能够根据任务自动排班，实现了科学安排、统一调度、智能化候车管理、人性化服务、井口信息综合展示；车辆具备井上调度员和井下司机基于人员定位通过无线WiFi连接呼叫无线语音通话和视频通话的功能。使用手机APP动态申请车辆资源，查阅车辆分派情况，向管理人员及时推送问题；空车司机通过智能终端在井下接受调度任务，行车过程采用视频记录，实现了防碰撞语音提醒功能；能够利用大数据分析功能汇总人员、车辆大数据，掌握人员及车辆运行态势用于矿方优化资源使用效率，实现了辅助运输的智能化管理。辅助运输管理系统如图7-28所示。

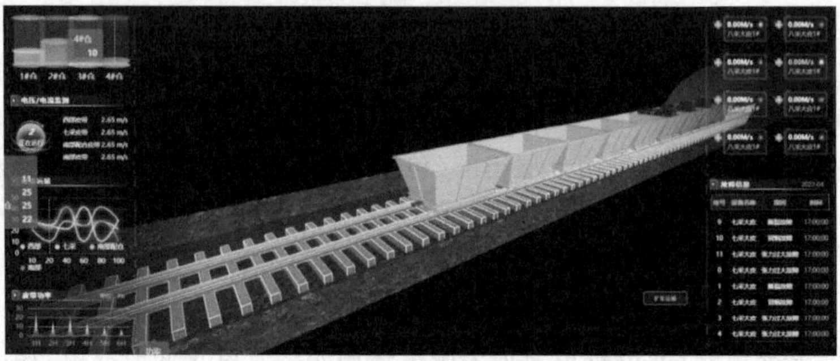

图 7-28　辅助运输管理系统

塔山辅助运输安全智能综合管控系统的音视频通信功能通过车载终端设备连入煤矿环网，基于目前主流的 WebRTC 技术（一种实时通信技术），实现了井上调度和井下司机之间的双向视频语音通话；同时也支持多种视频语音通信方式。该功能有效地解决了调度室、车队和矿井司机之间的实时联络问题，同时提升了沟通效率，能在紧急情况下更快地进行车辆人员组织调度，大大增强了应对急难险要场景的能力。地图车辆查找和视频语音通话入口如图 7-29 所示。

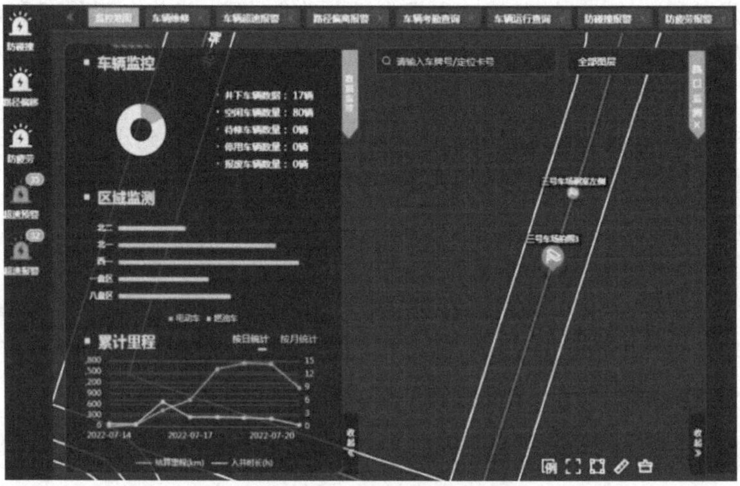

图 7-29　地图车辆查找和视频语音通话入口

同时针对车辆运行中噪声过大，无法听清通话内容的问题，系统进行了优化，通过蓝牙外接话筒扩大音量的方式进行了改进，获得了司机的一致肯定。此外，考虑无轨胶轮车行驶中司机操作设备可能导致的安全隐患，系统配备了装载在车辆底座上的物理按键，可以进行一键操作来实现通信功能，极大地降低了操作难度，提升了安全性。

7.4.2.2　技术特点及先进性

（1）实时高精度地动态展示井下车辆位置

系统使用的新一代读卡器及标识卡实现了井下单点覆盖半径 700 多米，采用 UWB 定位技术，定位精度 30 cm，可精确实现井下人、机、物、料等的物联网管理，同时系统与真实比例的三维地理信息系统配合，可在矿井地图中实时动态的展示井下车辆的位置以及运行轨迹。二维高精度地图如图 7-30 所示。

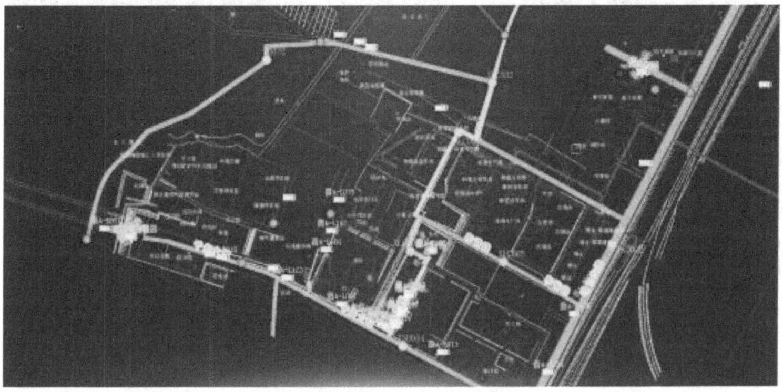

图 7-30　二维高精度地图

(2) 井上调度与井下车辆之间的视频语音通话

塔山辅助运输安全智能综合管控系统使用 WebRTC 技术框架搭建了一套实时通信系统,依托 5G 网络以及车载平板终端等硬件可实现调度端与井下车辆之间的视频语音通话。尤其在各类紧急情况下,系统可实现调度端对井下在线状态的所有车辆进行强制群呼,极大提升了调度效率和信息传递的及时性。

(3) 车辆智能调度

研发了井下用车"网约车"模式,使用手机 APP 提交用车申请,后台无人化智能调度,直接将用车信息推送给司机接单,精减用车审批流程,提高工作效率,提高统一调度信息化水平。手机 APP 操作界面如图 7-31 所示。

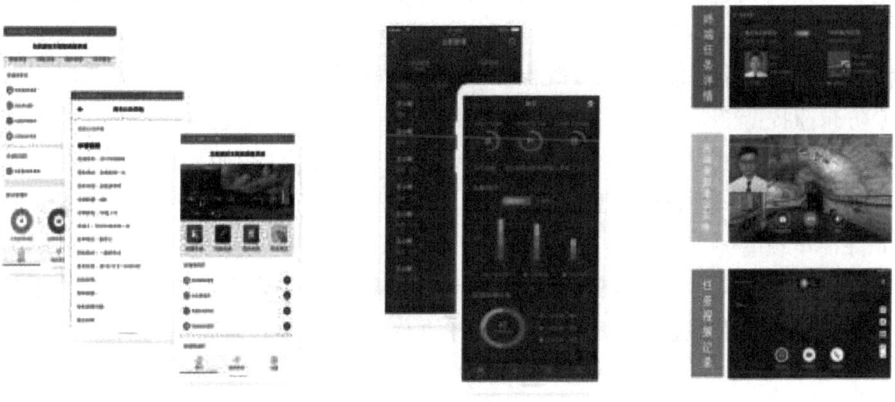

用车申请端APP　　**管理端APP**　　**车载终端APP**

图 7-31　手机 APP 操作界面

(4) 车辆入井唯一性校验

塔山煤矿无轨胶轮车司机出车时进行合法性验证,对司机和车辆进行绑定,当司机未通过人脸识别而启动车辆时系统会发出警报,并提示相关信息,当任务结束或需要更换车辆时,进行收车管理,解除车辆的出车状态,并取消车辆与司机的绑定关系。车辆入井唯一性校验如图 7-32 所示。

图 7-32　车辆入井唯一性校验

(5) 车辆行车记录仪、车载倒车雷达和倒车影像

塔山煤矿无轨胶轮车均安装行车记录仪、车载倒车雷达和倒车影像，在车辆的行驶过程中，行车记录仪会实时保存车辆前方捕获到的影像信息，方便在需要的时候调查取用。

司机在启动倒车之后，车载终端会自动调用倒车影像和倒车雷达功能，平板上会将倒车摄像头捕获的影像和倒车雷达反馈的距离信息实时地显示出来，辅助司机进行倒车，保证倒车的安全。

(6) 井下智能信号灯

车辆下井后，行驶至主要巷道或者交叉路口时，井下智能信号灯会根据不同路口车辆距离远近进行变灯控制，确保最接近信号灯的车辆能够绿灯畅行，其他路口则同步变换为红灯，避免交通拥堵或者事故的发生，既保障路口通行安全又减少了车辆的等待时间。

(7) 防碰撞提醒

车辆在井下行驶过程中，系统根据车辆周围情况进行分析，如果周围有相向来车、固定障碍物及路口，会对车辆进行提醒。

(8) 特种车预警

特种车辆入井后，会对其他普通车辆进行广播播报，提醒其他车辆避让。播报的内容为特种车辆位置、时间等信息。这种方式在拥挤的巷道中极大地提高了特种车辆通行效率和安全性。

7.4.2.3　智能化建设成效

通过就近车辆调度，车辆无须出井。直接就近派车，减少车辆往返的无效运行时间，降低了车辆的无效运行油耗。根据统计数据，在该项技术应用之前车辆日平均总运行里程 11 200 km，日平均油耗 3 560 L；技术应用之后车辆日平均总运行里程 9 180 km，日平均油耗 2 920 L，油耗降低了 18%，整体运行效率提升了约 20%，尾气排放大幅减少，井下空气环境得到较大改善；车辆入井采用智能身份监测模块，减少入井车辆管理员 3 人；通过智能用车审批模块，减少管理人员 3 人，综合运维成本减少了约 30%；车辆在井下行驶过程中，车载终端推送防碰撞信息，提高了司机的行驶安全。

7.4.3　九龙煤矿辅助运输智能调度系统

7.4.3.1　主要建设内容

(1) 系统建设的基本情况

随着科技的发展，建设智能化煤矿已成为不可阻挡的趋势，九龙矿从“装备现代化、生产自动化、管理信息化”入手，采用 4G 无线通信技术搭建了井下运输巷道全覆盖多媒体移动通信网络，形成了矿井运输智能调度指挥系统。该系统可实现各类通信信息发送、视频调度指挥、机车障碍物甄别报警、关键运输卡口监控、车辆智能识别和周期性统计等功能，做到精细化管理，有效提高了煤炭企业的经济效益和社会效益。

① 矿井轨道运输系统简介

九龙矿采用立井单水平开拓，水平标高为 −600 m，轨道运输平巷长度 8 000 m，使用 CTL12/6P 型蓄电池机车牵引进行运输；轨道斜坡采用绞车进行提升运输；主要运输大巷轨距均为 600 mm，枕距长为 700 mm；工作面运料巷采用无极绳车、单轨吊等设备进行运输。

② 运输智能调度指挥系统实施背景

九龙矿原有运输调度系统采用泄漏通信的方式来达到指挥调度的目的，通信信号易受干扰、通话噪声大且不稳定、系统维护困难、无拓展能力。相比之下，4G 无线通信技术具有高带宽、灵活移动性、成熟稳定可靠等优势，非常适于作为智慧矿山的基础无线网络平台，是实现智能化调度指挥解决之道。

(2) 系统建设的主要内容

系统创建分井上、井下两部分。井上部分包含创建 4G 网络系统机柜和建设运输指挥调度台。井下部分包含安装 4G 基站及电源、铺设光缆及电缆、机车部署防爆摄像头及 PAD (平板电脑)屏幕、关键运输线路部署监控系统、投入使用防爆移动手机，从而形成整个运输智能调度指挥系统。构架拓扑图如图 7-33 所示。

① 地面核心系统建设

井上 4G 网络系统机柜安放在九龙矿通信中心机房内，配备一台 4G 核心网 EPC、一台可视化多媒体调度服务器、一台核心交换机、一台 E1 网关和一台 NVR 视频服务器，为实现系统网络传输和数据系统分析奠定了基础。

② 地面运输指挥调度台的建设

地面运输指挥调度台建设在运输区值班室，配备 1 台运输调度 PC(个人计算机)和一台监控大屏。可实时掌握井下本安 4G 智能手机的注册情况及通话状态，有优先呼叫和紧急呼叫权，可组织召开视频会议，可监控车辆实时画面和区域性位置，实现了对矿井无线通信系统用户的统一调度。

③ 井下基础设备的建设

井下共安装 4G 基站及配套电源装置 75 套，铺设光缆线两万余米，4G 基站直线信号传输距离为 300 m，实现了井下运输巷道 4G 无线信号全覆盖。

④ 井下机车智能化改造建设

每台机车驾驶室内各安装一部摄像头、一台本安型 PAD 及一部信号转换器。实现了机车行驶视频采集、存储和上传至地面调度台等功能，并且可通过摄像头 AI 智能系统识别前方误入人员及障碍物，发出声光报警。

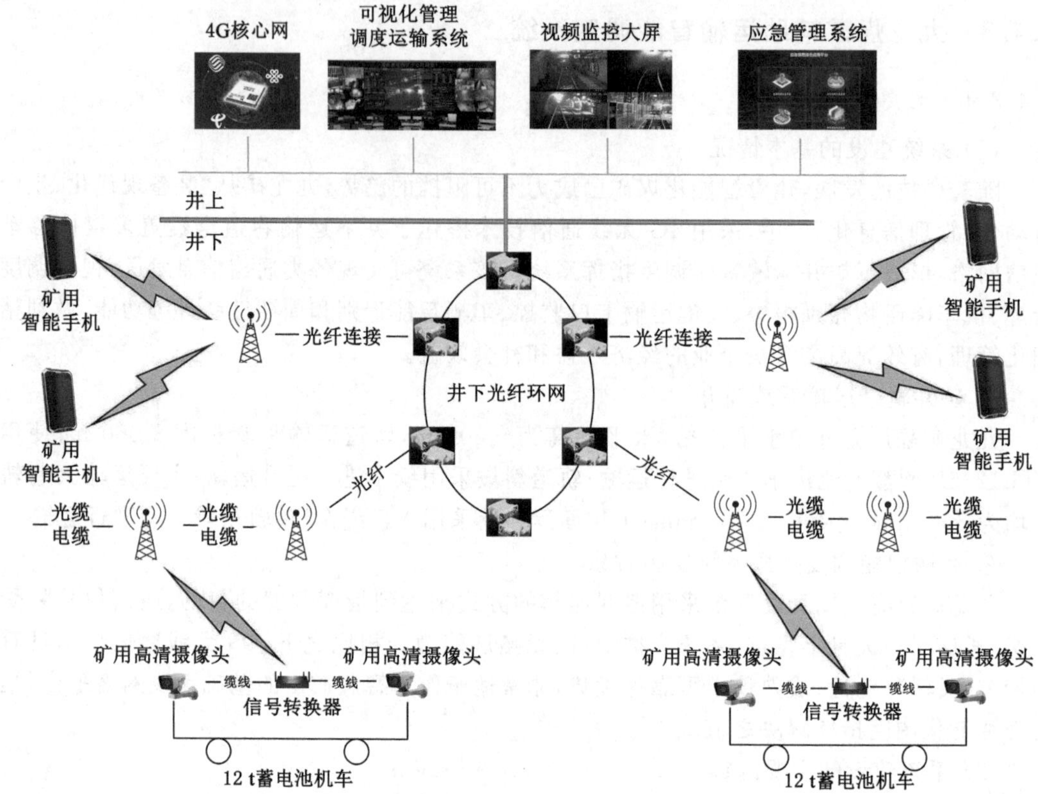

图 7-33　构架拓扑图

⑤ 井下运输关键线路监控系统的建设

运输大巷分南北翼两条线路，进出车辆必然会通过南北翼两个卡口。此处各安装一台视频监控，实时画面可上传至地面运输指挥中心，并且通过地面 NVR 视频服务器自动计算各类型车辆所挂车厢数。

⑥ 井下通信手机的配备

智能运输调度平台的用户最大容量可达到 500 人。目前，根据生产需要共发放 200 部智能手机，实现了地面、井下生产指挥通信全覆盖。

⑦ 拓展功能的建设

4G 网络建成后，通过与安全生产标准化评分系统的互联互通，实现 4G 手机用户可进入评分系统进行标准化检查打分，达到了一机多用的效果。

7.4.3.2　技术特点及先进性

(1) 技术特点

该矿采用 4G 无线信号，在井下建设一张全覆盖的高速多媒体移动通信网络，源源不断地将井下固定或移动设备数据、视频、语音等信息传输至井上生产指挥调度中心，经井上调度人员或云端大数据处理后产生远程指挥调度信息以及井下设备遥控指令。另外，采用基于视频识别的 AI 人工智能技术，辅助机车安全驾驶，大幅度减少了生产运输事故。

(2) 系统的先进性

① 运输调度信息化

4G 通信系统与原有的有线生产调度系统、行政电话、广播系统实现互联互通；地面运输调度人员可根据系统调度 PC 精准找到井下执行运输任务的工作人员，通过 4G 手机进行语音或视频通话，可快速准确下达任务指令，避免了调度指挥井下“一摸黑”现象的发生。

② 运输调度实时化

通过地面值班室监控大屏，值班人员可实时监控机车运行情况，指挥督导工作人员按时完成生产任务，同时系统可调阅视频回放，作为追溯分析事故的管理依据，减少操作人员违章可能性。

③ 运输调度精准化

通过系统软件，地面值班人员可精准了解井下机车分布区域和运行态势，也可对 4G 基站供电电源进行远程集中监控，精准定位故障点，大幅度提高网络运维效率。

④ 机车驾驶智能化

通过人工智能算法对车辆行进过程中前方人员或障碍物进行识别，并通过声光报警方式提醒驾驶员注意规避，有效提高行车安全。驾驶室内的 PAD 实时显示行进画面，便于司机全面掌握前后行车环境。

⑤ 生产运输精细化

通过南北翼卡口监控系统，可自动收集、统计运输车辆数量情况，并按照日期进行统计，节省了人力，提高了统计的准确率。

7.4.3.3　智能化建设成效

(1) 生产效益

该系统使井上、下人员通信不仅听得清而且看得见，既提高了通信质量，又摆脱了传统线缆通信的束缚，丰富了通信手段，全面提高了运输调度效率，降低了劳动强度，提高了职工幸福感。同时，通过工作面 4G 基站的安装，为实现智能化矿井移动物联网打下良好的网络基础。

(2) 安全效益

该系统能有效防止机车在运输线路上发生碰撞事故，降低了事故率，同时，也解决了生产中运输车辆定位不准确、不全面而带来的安全问题，避免车辆设备损坏及人员伤亡事故的发生，为矿井创造了一个安全的生产环境，产生了巨大的安全效益。

(3) 经济效益

井下调度站实现无人值守，由地面值班人员通过智能指挥调度系统完成运输调度任务，做到了减人提效。同时可准确掌握所有机车位置信息，利用智能指挥调度功能，科学合理地调度车辆运行，使车辆就近完成运输任务，有效减少车辆跑空趟和无效运输现象，提高了运输效率 30%，每年创造效益约 5 846 万元。

7.5　智慧矿山智能防灾案例

7.5.1　乌东煤矿冲击地压多元融合智能监测预警系统

7.5.1.1　主要建设内容

(1) 实施背景

我国新疆、甘肃、宁夏等西部煤炭主产区存在大量的急倾斜煤层，该类煤层的地质条件、应力条件和开采条件与缓倾斜/倾斜煤层差异大，冲击地压过程复杂，形势更加严峻。创新发展该类煤层冲击地压智能化治理水平是行业发展的重大科技需求，也是避免灾害发生、维护西部地区社会和谐稳定和经济可持续发展的必然选择。

针对上述问题，国家能源集团新疆能源有限责任公司与北京科技大学、国能网信科技(北京)有限公司联合攻关，研发了新疆第一个冲击地压多元融合智能监测预警系统，建立了冲击地压监测预警中心，并首先在乌东煤矿成功应用，提高了冲击地压监测预警准确度及风险防控智能化水平。

(2) 建设内容

① 提出了冲击地压多元融合与智能互馈监测预警理论方法，实现了对冲击主控因素的智能判识和冲击危险状态的智能预警。

研究揭示了冲击地压孕育过程多元前兆信息响应规律及不同参量对冲击地压主控因素的响应敏感度，构建了包含微震、地音、电磁辐射、应力在线、支架压力等监测系统的20余种时-空-强参量组成的冲击地压多层次预警指标体系。

利用随机策略对时空强前兆预警指标进行随机组合，利用遗传算法进行预警指标组合智能优选，基于R值评分法确定预警指标组合的预警效能，以预警效能最大化为原则，自主判定最优预警指标组合、预警临界值和预警周期。

利用综合异常指数法构建具有长期和短期预测能力的单系统预警模型，利用模糊综合评价法集成各预警子系统构建多系统多参量集成预警模型，模型可与现场条件互馈，进行自我更新和智能升级，实现冲击地压前兆预警指标临界值和权重值的自适应调整，全面反映冲击地压整体动态孕育特征。冲击地压多元融合与智能互馈监测预警模型如图7-34所示。

② 研发了冲击地压多元融合智能监测预警系统平台，实现了冲击地压时空分区分级智能可视化预警和实时在线专业化防控。

研发了面向煤矿的多源异构数据管理软件系统和物联网主机，实现了“震-声-电-力”多源异构数据采集；建立了冲击地压多元信息数据资源池，研发了基于大数据平台的数据治理系统和基于人工智能平台的模型训练开发系统，实现了多元数据的挖掘和融合分析；构建了由感知层、基础设施层、平台层和应用层组成的平台架构体系，搭建了冲击地压多元融合智能监测预警系统平台。

系统平台由冲击地压监测预警一张图、实时监测、综合预警、报表系统和设备管理等5个模块构成，具备冲击危险空间分区、危险分级、实时智能预警、语音报警、一键生成报表与设备状态管理等6大功能，可准确感知与自主判识矿井采掘过程冲击危险，大幅提高灾害预警与防治效率。冲击地压多元融合智能监测预警系统平台如图7-35所示。

冲击地压监测预警一张图可统揽全矿井各个作业面微震定位结果和其他监测参量的实时曲线，以及多参量集成预警结果，并根据预警结果进行相应的语音报警；一键切换至其他各模块，便于技术人员快速查看详细异常信息。实时监测模块能可视化展示各监测系统实时监测数据的时空演化规律并可以通过时间段选择和滑动窗等方式查看历史数据，辅助技术人员进行安全态势分析与决策。综合预警是本系统的核心模块，该模块可实现对各系统时-空-强多维度预警指标、单系统多参量集成预警结果、多系统多参量集成预警结果的实时、可视化展示，内嵌的多系统多参量集成预警模型，综合考虑了各系统优势特点，利用人工

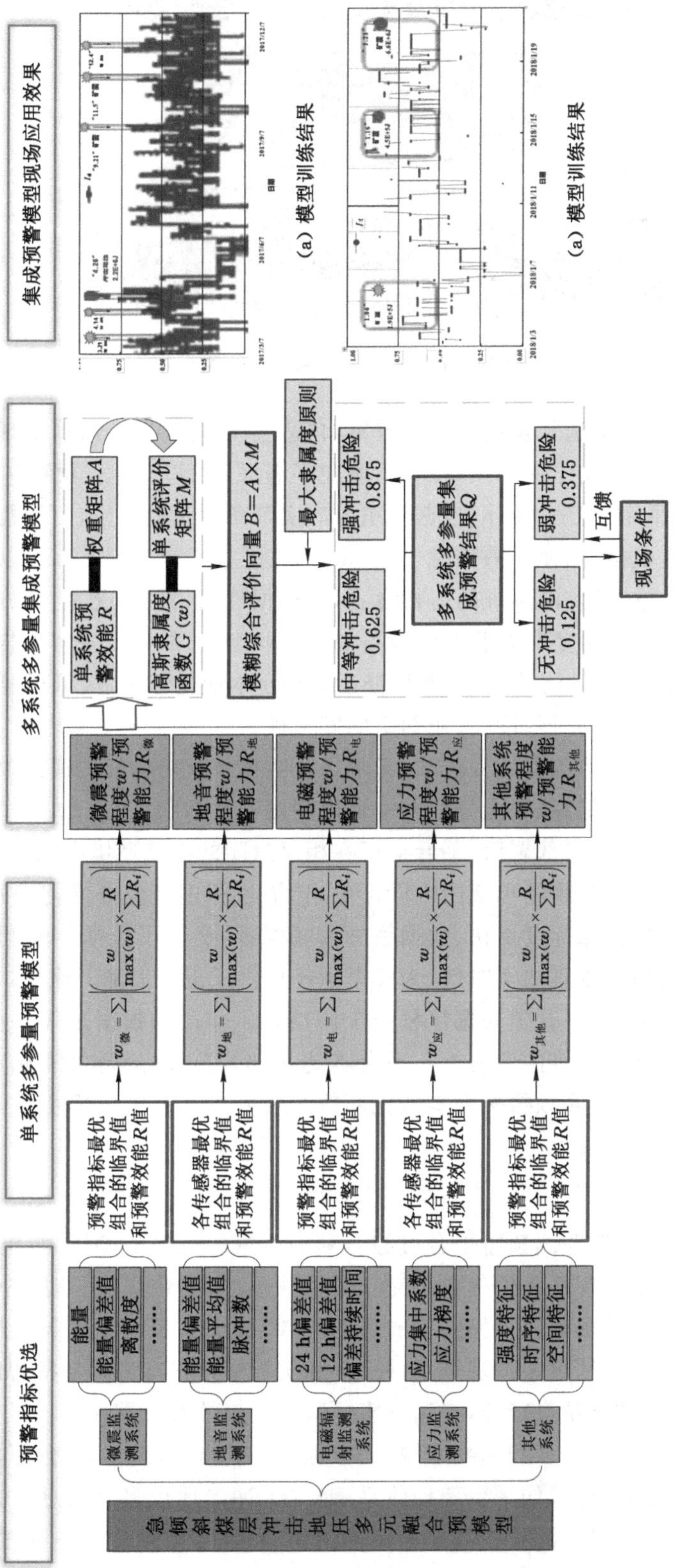

图 7-34　冲击地压多元融合与智能互馈监测预警模型

图 7-35　冲击地压多元融合智能监测预警平台

智能和现场条件互馈智能优选预警指标及其权重，自适应调整预警临界值，实现了预警准则统一和预警临界值统一，并输出一个预警结果，避免了各系统相互独立、预警结果不一致的问题。报表系统模块采用交互式设计，根据乌东煤矿实际条件定制开发，可智能统计分析监测数据、标准化一键生成报表，使原来耗时 100 min 的人工报表减少到 5 min 以内完成。设备管理模块用于管理维护各监测系统的运行设备，可根据现场采掘情况零代码增加、删除监测设备并自动匹配作业面，可实时查看监测设备的运行状态，对故障设备实时告警。

③ 实现了冲击地压多元融合智能监测预警系统平台本地化部署，保障了监测预警平台软硬件的稳定性、预警结果的时效性、工业网络的安全性。

通过部署本地服务器，将数据远程传输、云端平台数据储存与分析的模式改进为数据在本地内网传输、本地服务器储存、智能分析与本地内网发布和访问。

智能监测预警平台本地化部署后，平台运行在相对封闭的网络环境中，企业集团对网络安全进行统一管控，网络仅受现场和集团内网影响，传输过程不流经外网，受外部攻击的隐患显著降低。同时，数据传输速度更快、数据丢失大幅降低，提高了数据传输调用过程的安全性、稳定性和数据分析与处理的实时性，为安全生产提供了重要保障。建立本地化运维模块，可通过零代码操作，满足平台随采掘接替同步调整各工作面的数据采集、分析与智能预警的需求，极大提高了现场运维的便捷性。平台本地化部署至今，运行可靠稳定，运作效率有效提高。冲击地压智能监测预警平台本地化部署网络拓扑图如图 7-36 所示。

7.5.1.2　技术特点及先进性

(1) 技术特点

冲击地压多元融合智能监测预警平台可综合利用微震、地音、支架压力、电磁辐射等各监测系统的优势，并可根据现场条件集成扩充新的监测系统；平台集成了时-空-强多维度预警指标体系，可表征不同冲击地压主控因素的影响规律；集成预警模型可与现场条件互馈，自主判识冲击危险主控因素，可根据现场条件变化和实际危险状态进行自我智能迭代更新，全面反映冲击地压整体动态孕育特征，提高灾害预警的准确性及可靠性。

多元融合智能监测预警平台利用物联网、大数据、人工智能等技术，构建了由感知层、基础设施层、平台层和应用层组成的平台架构体系，建立了冲击地压多元信息数据资源池，实现了微震、支架压力、地音等多源异构数据的标准采集、存储与融合分析。通过本地化部署建设，冲击地压多元融合智能监测预警平台运行环境仅受现场及集团网络影响，受外部网络

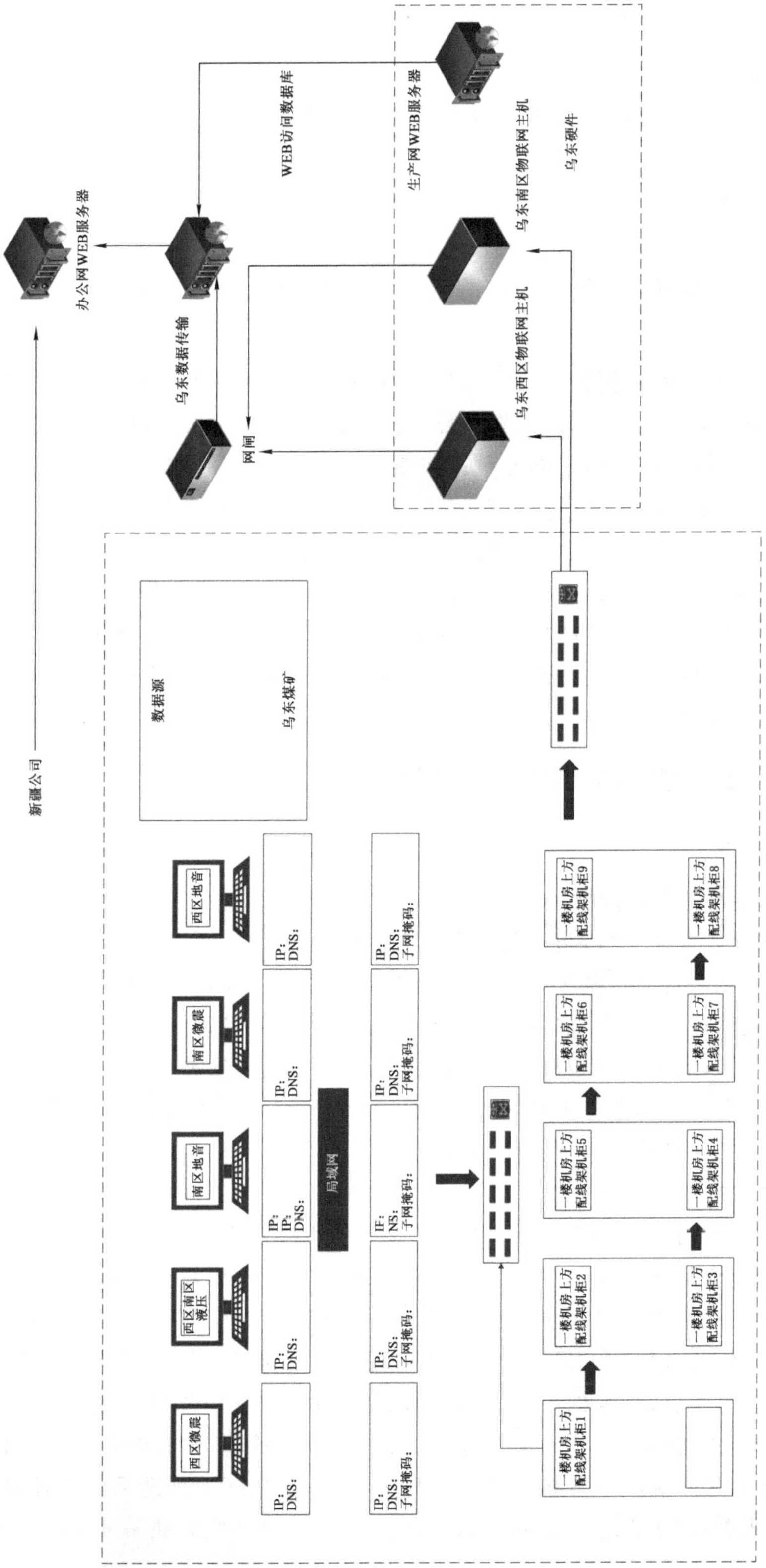

图 7-36　冲击地压智能监测预警平台本地化部署网络拓扑图

攻击的隐患显著减小，数据传输速度和稳定性大幅提升，保障了冲击地压监测预警的稳定性和时效性。

(2) 先进性及成熟度

成果达到国际领先水平，技术成熟，可大范围推广应用。

(3) 适用范围

适用于冲击地压矿井。

(4) 国产化程度

该技术及成套设备全部实现国产化。

7.5.1.3 智能化建设成效

该成果获得国家发明专利授权 8 项、美国专利授权 2 项、软件著作权 1 项，制定行业标准 2 项，发表高水平学术论文 43 篇。成果大幅提升了矿井智能化水平，提高了灾害治理的超前性、靶向性和实效性。冲击地压多元融合智能监测预警系统平台应用以来，平台智能分析监测预警数据、导出矿井冲击地压生产日报表，每日可节约防冲技术人员 1.9 个工时；乌东煤矿冲击危险预警准确率由不足 70%提高到 90%以上，预警无危险准确率达到 100%，分别在 2022-01-18、2022-01-30、2022-02-18、2022-02-26 等时间生产作业期间对动力显现事件进行了成功预警，及时采取了防冲措施消除了冲击危险，避免了冲击地压导致的灾害事故。冲击地压多元融合智能监测预警平台有力保障了矿井安全生产，安全开采了冲击地压威胁区域煤炭资源 519 万 t，创造经济效益 13.6 亿元。

7.5.2 布尔台煤矿灾害综合预警监控系统

7.5.2.1 主要建设内容

(1) 灾害预警监控平台建设概述

布尔台煤矿秉承矿井灾害“可防、可控、可治”的理念，以“灾害监测实时化，预测预报自动化，解危检验标准化”为目标，基于多参量综合预警算法＋实时数据采集＋综合数据分析技术，利用多种软硬件接口，构建全矿井统一、稳定和高效的灾害集控综合平台。该平台以煤矿灾害预测预报和防治为主线，对矿井灾害分类、评价、解危、预警、检验、支护、管理等主要环节，进行多因素全流程的数据采集、智能分析、措施优化，将矿井灾害事故预防向事先预警与预控方向发展，实现矿井灾害智能化决策。

(2) 灾害预警监控平台系统架构

灾害预警监控平台由数据采集助手、主监测分析软件和云传输软件三大部分组成。数据采集助手主要功能为从各子监测系统数据库采集数据至监测预警平台数据库；主监测分析软件主要实现对已采集数据进行多参量预警、数据查询、自动报表等功能；云传输软件将本地数据上传至网络，实现数据的远程传输。综合监测计算机监测软件安装完成后，通过数据获取助手在局域网内完成数据的采集，实时读取和记录基础监测数据至监测预警平台服务器内的数据库内。灾害预警监控平台软件通过实时读取并刷新本机的数据库文件，实现各子系统数据的实时展示和处理分析等功能。与此同时，云数据上传助手将本地数据库同步至云数据库，实现数据的多终端实时共享。灾害预警平台系统数据获取路径如图 7-37 所示。

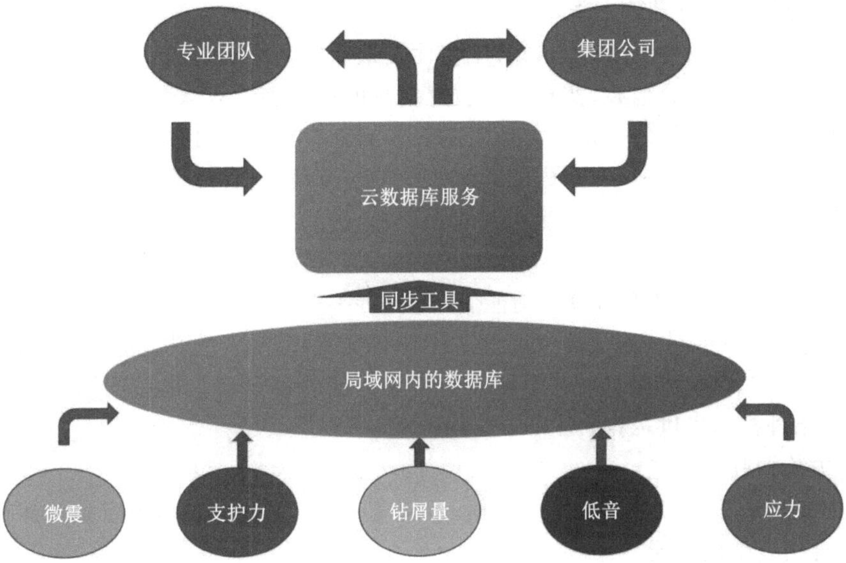

图 7-37　灾害预警平台系统数据获取路径

(3) 灾害预警监控平台相关功能

① 数据的自动采集功能

实现矿井现有的矿压在线监测系统(包括煤层应力、微震、支架阻力等)数据的自动采集,自动采集的数据字段完全按照国家应急管理部的传输协议要求进行采集,满足与上级监管部门的数据传输要求。

② 多系统综合展示功能

实现全矿井各监测设备数据和工作状态的综合展示和实时刷新,实时掌控全矿井范围内危险区分布和危险等级,同时实现多个监测系统的统一管理,监测数据可实现多个维度的展示,三维矿图中能够展示各监测系统测点的详细信息,以及一段时间内测点的变化曲线等统计信息。矿压智能分析如图 7-38 所示。

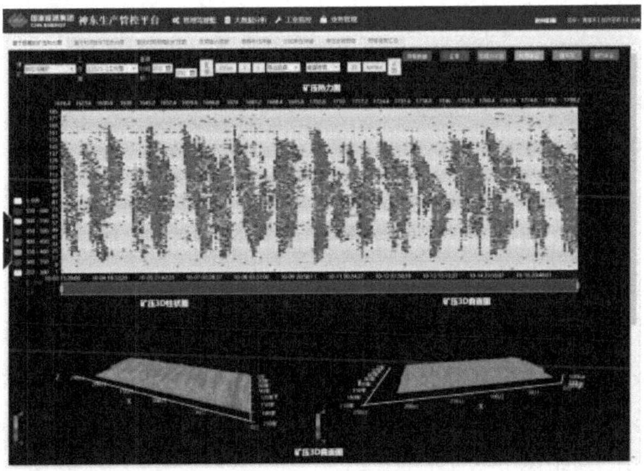

图 7-38　矿压智能分析

③ 数据分析和综合预警功能

在统一时空框架的“一张图”上对各工作面及重点监测区域的开采进度、设备运行状态、数据采集质量等进行综合监控，实现基于位置信息的矿压多参数综合分析，以百分制形式定量确定区域矿压监测指标。采用自主研发的多参量综合预警算法，接入各在线系统，结合静态的评价结果，以及矿井一段时间内的监测系统的统计情况，合理选择预警指标并赋予不同的权重系数，最终得出矿井不同监测区域的预警值，分为综合预警值和局部预警值，更符合矿井实际。

④ 重点监测区多系统联合分析功能

可实现应力预警测点(或微震大能量事件)一定空间范围内的其他应力测点(地音测点、微震事件等)监测数据查询和展示，了解当前预警范围内各设备总体监测结果，为分析危险原因和选择治理措施提供依据。

⑤ 历史数据查询功能

可同时查询和显示多个系统历史数据，了解某一时间段内各监测设备整体运行情况。

⑥ 综合报表生成功能

通过平台软件可实现一键生成日报、周报、月报等监测报表功能。

⑦ 数据远程传输功能

可实现原始数据与综合分析结果的实时远程同步，数据平台接口须开放，能够按照上级要求完成数据上传工作。

⑧ 矿压相关数据融合功能

在统一时空框架下，将监测系统数据(应力、微震、综采支架信息等)、地质构造(断层、褶曲、陷落柱)、生产进尺、钻检、卸压工程等数据在防冲“一张图”进行综合分析展示。

⑨ 监测数据可视化功能

能够将所有在线监测系统测点布置、监测信息全部以三维形态展示在图中，根据选择的数据，以饼状图、折线图和曲线的形式展示出来，便于结合周围设备、地质、采动信息进行判断分析，柱状图显示能够进行自定义设置，且柱形较多时自动分屏轮询展示。

⑩ 警示报警功能

报警信息采用声光的方式。对报警信息首先进行系统的初步排查，对于小故障，解决备案即可；对于较大事故按照各矿防冲要求进行逐级上报。系统中设计有闭环管理的程序，方便对预警信息反馈进行查询，便于管理。

⑪ 重点监测区轮询展示功能

可实现多工作面实时监测数据的自动轮询展示，能够自定义轮询主题界面(设备状态、实时数值、云图、柱状图等)，方便监管人员实时查看动态信息。

⑫ 工作面自动填图功能

输入采掘工作面进尺施工坐标，在三维矿图中自动填图，工作面监控的自动布局帮助用户从时空角度更好掌控各采区实时推进信息，为地质、开采技术条件对矿压危险性影响的实时评估提供可靠的基础数据。

灾害预警平台展示图如图 7-39 所示。

7.5.2.2 技术特点及先进性

布尔台煤矿灾害预警监控平台可对矿压监测设备、监测数据进行三维集中展示，目前已

图 7-39　灾害预警平台展示图

经接入微震监测系统、应力监测系统及工作面液压支架监测系统，该平台可覆盖矿井所有矿压监测数据，实现矿压数据“一张图”综合智能分析管理。平台开发了权重可调整的预警算法，针对不同监测区域矿压影响因素及显现特征的差异，进行针对性论证调参，完善了“以计算机智能预警为主、人工预警为辅”的预警处理机制，实现了同维度多参量数据综合分析及实时预警，全面提升了多参量实时监测预警水平。

目前，布尔台煤矿灾害预警监控平台已实现了集团、鄂尔多斯能源局平台数据同步接收的功能，为数据共享与联动分析奠定了基础，同时也为上级部门实时监督提供了便利。

未来，平台内将继续接入地音监测、PASAT-M 便携式微震探测、水文、地表沉降等系统，可进一步完善矿井多参量监测水平，更好地应用该平台实现强矿压危险性精准预测预报，指导现场提前开展针对性工作，确保矿井的安全生产。

7.5.2.3　智能化建设成效

（1）实现了数据多参量综合分析。该平台克服了以往矿井监测系统多、监测参量单一且独立、各系统监控主机分散、监测结果很难进行有效的联合分析的缺点，实现了同维度多参量数据综合分析及实时预警。

（2）消除了人工处理数据的误差，提高了矿井监测数据的准确性。以往矿井使用的各参量监测数据大多为人工定时分析，人为干预程度较高，且监测数据实时共享性及联合分析的时效性较低。该平台可按照预先设定指标进行智能分析和实时监测，且数据实时上传直接显示在平台上，可随时调取数据。

（3）降低了人工处理数据的劳动强度。平台可自动进行数据处理，不需要专人进行数据处理。

（4）矿压灾害预测预警，保证矿井安全开采。以往煤层应力监测系统采用划定临界预警应力值的简单方法进行实时预警，忽略了其增幅、增速等有效指标；微震系统可以确定发生震动的位置和能量大小，但未和预测预警挂钩。该平台可对矿压灾害进行预测，且超过预警指标后实时预警，矿井可提前采取对应措施，防止灾害发生，确保矿井安全高效生产。

7.5.3 王家岭煤矿全矿井 AI 视频安全管理系统

7.5.3.1 主要建设内容

煤矿安全生产隐患主要分为人的不安全行为、物(设备)的不安全状态及环境的不安全因素三类。为及时发现安全隐患,有效避免事故发生,各大煤矿建设了视频监控系统,矿井重点场所实现全覆盖,安全管理人员实时监控各作业过程及生产环节,但由于矿井监控点多面广,值班人员长时间保持警觉容易产生视觉疲劳,难以"面面俱到"。针对以上问题,中煤华晋集团有限公司联合中国矿业大学、华洋通信科技股份有限公司展开矿井安全生产视频AI智能分析关键技术研究,利用 AI 图像识别技术实现矿井隐患的智能识别、分析、报警和联动,全面提升煤矿企业的安全管理水平。目前,AI 视频识别技术已在王家岭矿安全管理初步应用,成效显著。

(1) 技术突破

发明一种图像超分辨率重建方法,克服了矿井狭长巷道中人造光源照明下目标图像采集成像降质问题;发明一种基于模糊检测加权的模糊图像质量评价解决尘雾干扰的煤矿降质图像评价方法;发明基于多分辨率灰度投影的电子稳像方法,解决了采煤机、胶带机等大型机电装备运行中的机械振动造成图像采集成像模糊问题;研制基于 AI 人工智能技术和边缘计算的 AI 摄像仪,实时对各种安全隐患进行分析和识别;提出煤矿人-机-环全域 AI 视频识别的云-边-端协同分析模型,构建视频识别端节点传感器、边缘计算设备、视频识别场景云服务应用体系;研发泛联兼容的矿山智脑 AI 视觉智能服务平台。

(2) 现场实践

王家岭煤矿实现井上下 AI 摄像仪全覆盖,配合 4G 矿灯装备、精准人员定位系统等,构建了井下安全"天网"。

① 整体布局,因地制宜制定目标

制定了 AI 视频安全管理分步实施方案。第一步依托智能化示范煤矿建设项目对井下采掘工作面、固定场所实现 AI 摄像仪全覆盖,同步开发 AI 智能管理平台,形成"人工筛查为主,AI 视频识别为辅"的安全管理模式。第二步实现井上下重要场所 AI 摄像仪全覆盖,同步开展场景训练,优化 AI 智能管理平台,形成"场景 AI 视频识别,人工甄别数据"的安全管理模式。第三步优化场景算法,形成"示范场景精准推送,AI 视频分析+人工甄别"的安全管理模式。

② "管理""平台"双管齐下,筑牢安全"铁网"

下发相关管理制度,明确各单位职责、筛查计划、摄像仪安装点位和安装标准及考核制度,构建"AI 识别+人工筛查"的隐患排查模式,结合 4G 智能矿灯系统、精确人员定位系统,动静融合,提高隐患识别力度,推动矿井隐患排查模式变革。

③ 场景优化,提升精度,构建示范场景

将场景分为生产过程场景、辅助生产场景、人员行为场景和设备环境场景。目前,已形成胶带跑偏与损伤检测、规范佩戴个人防护用品、车辆超速、钻场作业全过程闭环管理、秩序乘车、规范巡检等 10 余种示范场景,井下隐患大幅下降,给予员工心理震慑,规范了劳动行为。累计识别场景数据数十万条,综合识别率不断上升,井下隐患大幅下降,给与员工心理震慑,规范了劳动行为。AI 智能管理平台如图 7-40 所示。

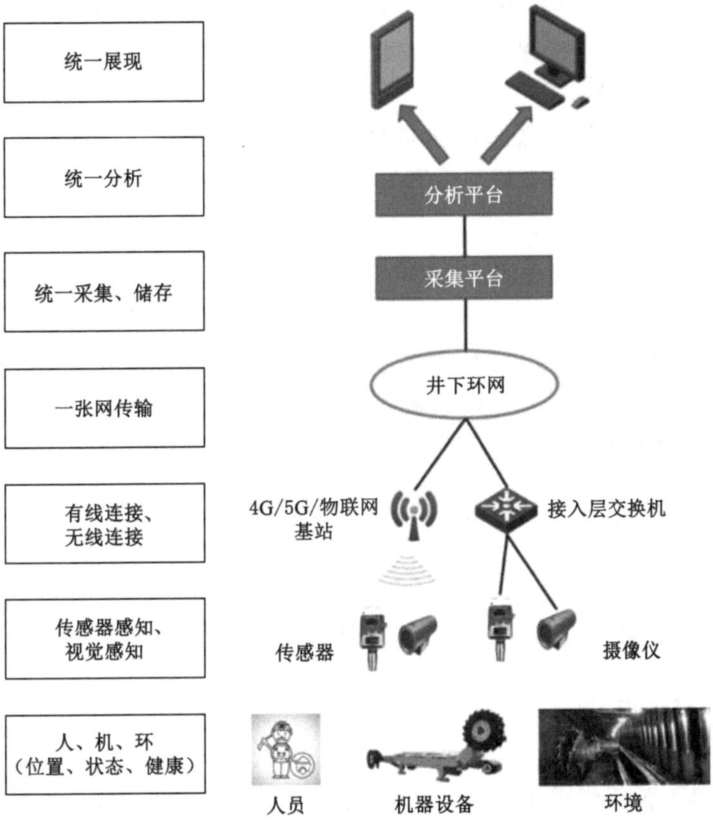

图7-40　AI智能管理平台

(3) 工作经验

① 下发AI视频管理办法，对AI摄像仪安装位置、光照强度等明确规定，通过AI推送结合人工验证方式及时发现人、设备与环境的信息，明确各级管理人员职责，提升矿井安全管理水平。

② 动态优化AI场景，不断提高识别准确性。与高校、厂家建立战略合作关系，依据井下需求不断开发新场景并对现有场景识别率进行优化，不断提高AI的识别准确率，达到AI驱动安全管理的目的。

7.5.3.2　技术特点及先进性

该项目依托AI技术，解决井下复杂环境AI识别问题，开发各类矿井AI场景，适用于煤矿的安全管理。

(1) 提出煤矿安全生产视频AI识别的云-边-端协同分析模型，构建了视频识别端节点传感器、边缘计算设备、视频识别场景云服务应用体系，形成了全域视频感知、实时识别决策、动态协同控制的煤矿安全监管和智能化分析联动新模式。

(2) 利用数据挖掘与分析和基于深度学习的智能信息处理方法，建立人-机-环的空间物理模型，攻克了煤矿人-机-环全域视频特征的信息挖掘与边缘计算难题，实现了胶带运输大块煤、堆煤、异物，采掘工作面，人员违章，无轨胶轮车的隐患快速准确识别。

(3) 研发了互联兼容的矿山智脑 AI 视频识别云服务平台，提出视频场景的云端深度学习自训练模型，实现了视频识别终端在安装位置改变、光照环境不同等复杂工矿环境中识别精度快速提升。

(4) 在王家岭矿应用“云-边-端”协同的煤矿 AI 视频识别关键技术及装备，建立 AI 视频安全管理体系，真正将 AI 在矿井落地并用到实处。

7.5.3.3 智能化建设成效

该项目将人工智能视频分析技术及智能装备与现代煤炭开采技术深度融合，实现安全隐患智能预警，并与自动化系统联动，进一步提升了煤矿智能化生产水平，保障了煤矿生产安全；为井下高危场所的无人（少人）操作、井下固定岗位无人值守与远程监控提供技术保障，减人提效，提高了安全生产水平，保障工人生命安全同时降低了生产和管理成本；建设智能＋绿色煤炭工业新体系，实现煤炭资源的智能化安全高效绿色开发。

7.6 智能露天矿山案例

7.6.1 西湾露天煤矿 5G 多频混合组网与矿卡无人驾驶

7.6.1.1 主要建设内容

(1) 建设背景

神延煤炭西湾露天煤矿年产原煤 1 300 万 t，露天开采境界面积 50.77 km^2，被誉为陕北煤炭市场中的“白菜心”。根据国能发煤炭(2020)63 号文件，西湾露天煤矿被列入国家首批智能化示范建设煤矿，神延煤炭公司抓住机遇，参照《煤矿智能化建设指南(2021 年版)》，围绕露天矿山单斗-卡车间断工艺智能化系统无人化建设，打造露天矿山卡车无人驾驶运输新标杆，引领行业发展。

(2) 建设情况

神延煤炭西湾露天煤矿矿卡无人驾驶运输项目完成了全矿 31 台 220 吨级矿卡无人化改造和 50 台协同车辆改造，并通过 4G＋5G 双专网通信系统和地测采管理系统协助支持，搭建了无人驾驶地面调度指挥中心，确保无人驾驶项目安全运行。

2021 年 11 月至今，矿卡无人驾驶运输系统开始三班常态化作业，经受住了富水露天矿山、坑洼泥泞道路、严寒低温等恶劣矿山环境考验，实现了多铲多平盘多卡车编组的工业化生产，制定了一系列无人驾驶矿山基础建设和作业标准，满足露天矿生产要求，通过无人驾驶安全评审，并获得第五届“绽放杯”5G 应用征集大赛智能采矿专业赛道一等奖。

(3) 主要建设内容

① 4G＋5G 双网冗余通信保障

建设了 7 座 4G 专网基站和 8 座 700M＋2.6G＋4.9G 三频混合组网 5G 专网基站，实现了国内首个采场 4G＋5G 双网冗余通信网络覆盖。5G＋4G 双冗余如图 7-41 所示。

利用 5G 大带宽吞吐、低时延和 4G 广覆盖优势，实现车-路-云-地一体化的多模冗余传输，最大化匹配通信覆盖能力，提高通信链路可用性，降低平盘频繁变化导致通信覆盖不足影响，

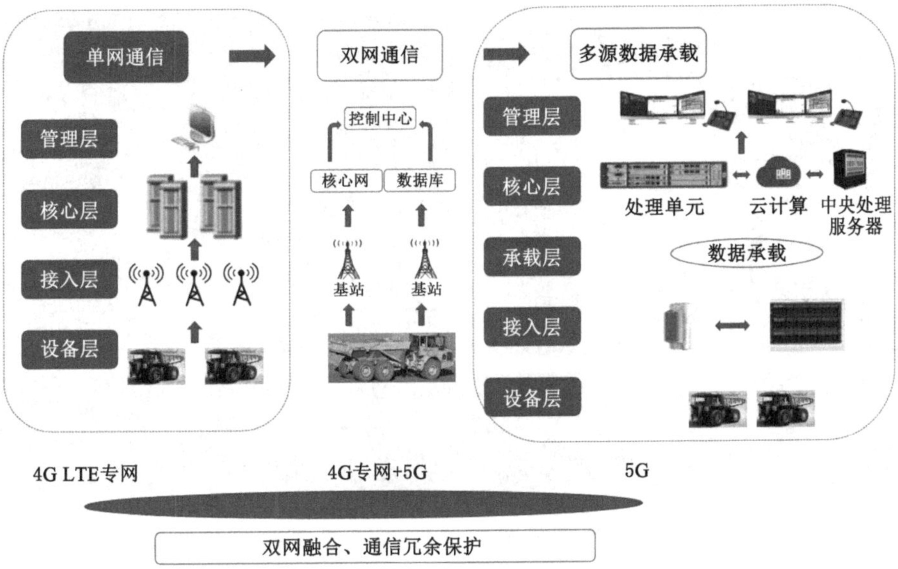

图 7-41　5G+4G 双冗余

保障数据传输的安全稳定性，为无人驾驶提供网络保障。5G 通信传输速率测试如图 7-42 所示。

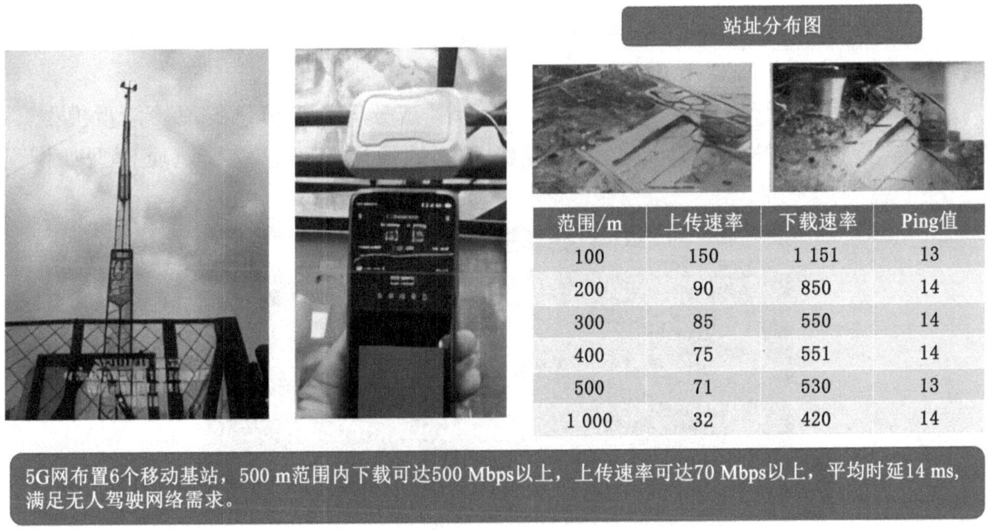

范围/m	上传速率	下载速率	Ping值
100	150	1 151	13
200	90	850	14
300	85	550	14
400	75	551	14
500	71	530	13
1 000	32	420	14

图 7-42　5G 通信传输速率测试

采坑 5G 网络在国内首次采用三频混合 5G SA 组网模式，以 2.6G 作为主力覆盖，同站部署 700M 提升覆盖能力，业务关键区域增加 4.9G 补充上行带宽需求，区域上行均值 50 Mbps，下行均值 1 500 Mbps，时延低于 20 ms。发挥 5G“万物互联”功能，可支撑视频、数据、语音多业务场景的应用，为无人驾驶、无线智能调度、边坡监测等业务提供网络支撑，促进企业数字化转型，最终实现减人、增安、提效。中国移动 700M+2.6G+4.9G 三频混合组网方案如图 7-43 所示。

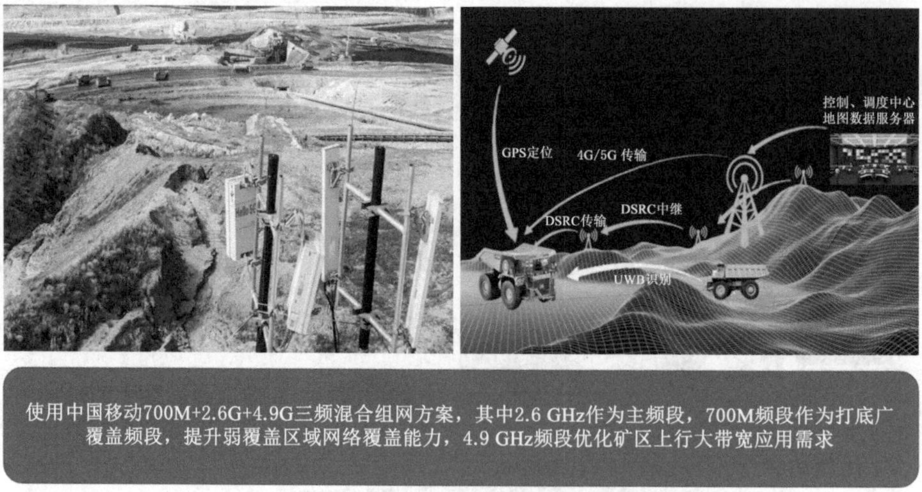

图 7-43　中国移动 700M＋2.6G＋4.9G 三频混合组网方案

② 地测采管理系统支持

根据无人驾驶技术水平，结合煤矿生产实际需求，以管理系统＋工具为建设思路，以 5G 信息化网络为平台，采用多层编程架构设计开发，建立具有三维可视、云端协同、智能决策特点的地测采管理系统，实现无人机扫描数据成图、自动算量、自动布孔、爆破块度预测、爆堆形态模型、采矿设计、境界优化、自动排产、运输路径优化、排土容积计算等功能，为无人驾驶提供技术支持。主要实现以下几点：

a. 通过资源储量管理建立了包含煤质、含矸率、硫分等关键信息的原始储量模型，为无人驾驶、采矿设计、防排水设计等提供了三维翔实的地质模型。三维地质模型如图 7-44 所示。

图 7-44　三维地质模型

b. 采用车载、机载三维激光扫描技术快速获取矿区高清影像数据和高精度激光点云数据生成三维模型，为无人驾驶作业提供地图、地形数据。激光点云扫描如图 7-45 所示。

c. 以地质勘探及测量数据为基础资料，建立西湾露天煤矿三维采矿模型，实现开采境界、开采程序、排土场优化及中长期规划、月度、年度设计，布置无人驾驶生产作业任务，准确规划无人驾驶作业场地、运输路线及排土场。三维展示系统——月度计划如图 7-46 所示。

③ 无人驾驶安全性验证

无人驾驶安全性验证先后进行了空载试验场、土方重载试验场、半封闭重载岩石剥离试

图 7-45　激光点云扫描

图 7-46　三维展示系统——月度计划

验场、全开放重载实际作业场等的验证，各阶段循序渐进、由易到难，验证过程科学合理，历程记录清晰。无人驾驶系统安全解决方案如图 7-47 所示。

图 7-47　无人驾驶系统安全解决方案

a. 空载场地主要完成车辆线控标定检测，车辆牵引制动性能有人/无人模块对比，无人驾驶的功能试验和性能、安全导向试验，模拟实际作业场景进行问题复现分析解决。

b. 土方重载试验场进行重载作业模式下安全性能、车辆协同、动态安全防护、挡墙排弃、入铲装载作业等测试，并发现此过程中出现的问题，在土方现场和空载试验场复测并解决。

c. 半封闭重载岩石剥离试验场为矿山实际生产场地，解决了入铲装载、水坑坑洼路面、排土场卸载等地点易撒落物料及岩石采运过程无人与有人车辆协同作业、协同防护等问题。

④ 无人驾驶技术攻关

聚焦无人驾驶矿卡运输现场场景匹配问题，通过不断的技术提升和运营管理模式的优化，高效解决无人驾驶运输实际生产过程中的各类难题，逐步提升矿卡无人驾驶运输系统安全和效率。无人驾驶系统架构如图 7-48 所示。

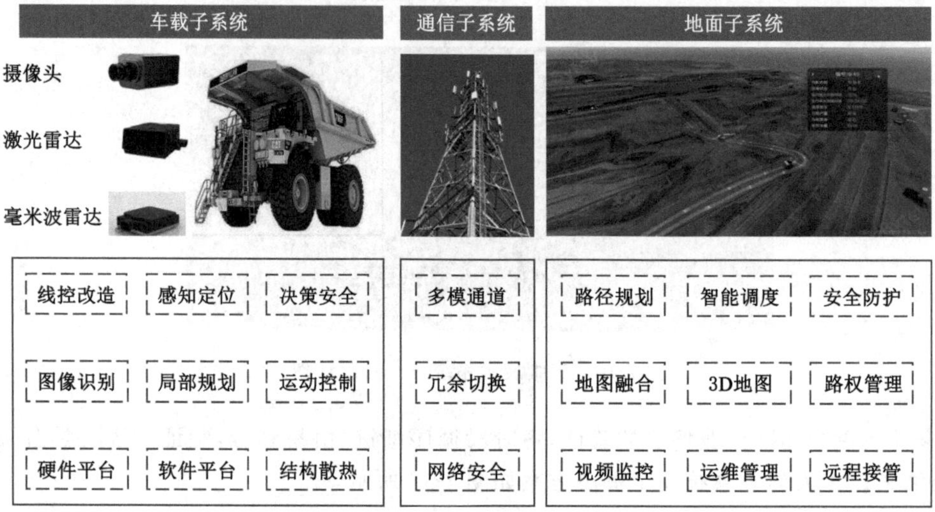

图 7-48　无人驾驶系统架构

a. 地图融合：采用基于激光雷达及组合惯导的精确地图边界采集算法，地图采集更加便捷、精确，基于协同车辆的地图动态融合，装/卸载位动态融合更新周期⩽2 s，常态化动态更新周期⩽2 min，解决矿区作业平盘装/卸载区快速变化导致地图不准的问题，同时用于地测采管理系统地图更新。

b. 路径规划：基于图搜索＋最优控制的全局路径规划算法，解决复杂矿区下全局路径场景的规划效率低、曲率超限等问题。1 km 全局路径生成时间⩽500 ms，解决百种路况场景最优规划路径生成问题。

c. 智能配车与调度：建立卡车智能调度管理系统，实现多方位数据监视、统计、查询及分析等功能，并生成生产报告；作业侦测车执行首趟路况探测，系统基于探测结果完成线路调整，根据运距智能分配编组车辆，实现车-铲-卸智能匹配；地面安全防护模块，根据路权计算和优先级保障卡车在电铲附近正常通行和排土场内多车同时排土作业。无人驾驶多车协同作业如图 7-49 所示。

d. 无人驾驶管理保障：建立决策和故障分析知识库，完成 453 项应用场景安全风险点梳理与生产作业测试，编制涵盖通用要求、协同作业、通信要求、车载/地面系统等 10 项作业标准，设计车载控制、协同车辆、应急接管、地面控制四层防护与 4G＋5G 双层网络通信一层保障，确保系统安全。

图 7-49　无人驾驶多车协同作业示意图

(4) 建设经验

① 科学推进聚焦场景匹配

矿卡无人驾驶从线控改造到实际融入生产作业，历经了空载试验场、土方重载试验场、和半封闭/开放式作业重载试验场的测试，为无人驾驶落地提供场地建设、建设标准、作业规范和管理支持，循序渐进推进每个阶段无人驾驶场景适配技术攻关。

② 运营与技术协同

探索高效安全解决方案，构建常态化多层次沟通交流机制。通过参与班前会，了解作业计划、作业环境，进行常态化的问题沟通交流，生产人员与技术团队深度配合，共同推进管理办法和建设标准制定，强化管理与技术互补，以实际生产为目标牵引，加速项目推进。无人驾驶安全和效率的提升需要长期优化改进的过程，通过技术＋运营管理模式变更，双轮驱动，矿方与卡车无人驾驶系统供应商互相促进，加强运输作业模式变更后的运营管理、技术培训。

7.6.1.2　技术特点及先进性

(1) 技术特点

① 系统多维度安全保障

车辆设备可靠：国内首次出厂即完成智能化改造；不改变原车操作、不影响原车功能及维护、不降低原车安全性能；全面监测车辆状态信息。

动态安全防护：精确计算最小追踪间隔，建立决策和故障分析库，保障系统安全。

② 矿区极限路况自适应

复杂路况感知：多种传感器及学习方法的融合，实现极小障碍物的远距离精准全检测。

自适应规划控制：匹配上百种路况场景生成最优规划路径，预判且自适应调整策略，准确安全控制车辆。

③ 生产全流程集群调度

依托工务车辆的动态建图系统：为适应装卸载区快速推进和地图实时变化需求，通过全矿区的无人驾驶矿卡车载雷达与摄像头，结合协同车辆的位姿信息，精确采集地图边界，动态实时更新作业地图，不需依靠额外地图采集设备，将地图更新融入车辆生产过程，不影响生产效率。多车智能编组调度如图 7-50 所示。

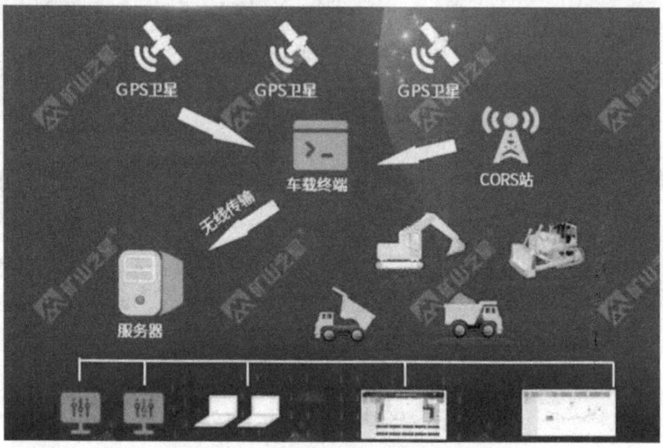

图 7-50　多车智能编组调度

以地面为中心的全局调度系统：以地面为大脑，对全局车辆统一优化调度，提升生产效率。

局部自主智能决策的车载系统：局部场景智能决策，极大减少修路、移动基站的等待时间。

(2) 适用性及推广范围

本项目的实施，可形成一套智能煤矿(露天)标准体系，提升集团内部露天板块的整体竞争力，带动我国露天煤矿的智能化应用，提升管理水平。同时，相关技术可应用于干线物流车、港口运输车等，推进车辆智能化与电动化技术发展，构建生态社会。

(3) 先进性及成熟度

① 这是国内首个一次性通过 33 检测项点的无人驾驶线控改造车辆系统。

② 多编组智能调度技术：实现动态编组下的抗扰动实时调度和效率最优下的编组集群安全防护调度。

③ “四层防护，一层保障”：成功使用卡车、协同车、远程驾驶、地面控制四层的基于“原车＋线控＋软件”的安全导向防护体系、“4G＋5G”双网冗余的保障技术。

④ 挡墙精准识别技术：采用感知 AI 技术，精准识别挡墙高度、形态。

7.6.1.3　智能化建设成效

(1) 该无人驾驶项目满足露天煤矿生产要求，通过无人驾驶安全评审，并获得第五届“绽放杯”一等奖。

(2) 国内首个无人驾驶岩石生产作业量突破 582 万 m^3，累计运行里程超 17 万 km 的无人驾驶作业系统。

(3) 国内首个采用 4G＋5G 双网冗余通信的无人驾驶项目，保障“车-路-云”高安全、高稳定的数据交互。

(4) 建立运输安全数据库。根据 IEC 61508 标准，基于人、机、环全流程作业梳理出 453 项安全风险点；引入轨道交通列车安全防护系统理念，建立决策和故障分析知识库。

(5) 基于专家系统建设完备应急处置机制，建立不同层次的性能评估模型，实现系统整车全方位 110 余项状态在线监测与故障预警，防止系统“带病运行”，保证系统安全。

7.6.2　中煤平朔东露天煤矿基于 5G 网络多车编组常态化运行

7.6.2.1　主要建设内容

(1) 概述

5G 矿用卡车无人技术研究与应用的主要内容是把新一代 5G 通信技术、智能驾驶技术(平行驾驶技术)、车联网技术等充分结合并应用于露天矿山企业的管理和生产活动中，发掘和利用企业信息资源，实现生产安全可控、智能化自动生产、实时监测、定位追溯、报警联动、预案管理、远程控制、安全防范、远程维保、决策支持等功能，实现对露天矿山生产各个环节的“高效、节能、安全、环保”的“管、控、营”一体化平行智慧矿山建设。5G 平行智慧矿山既可以实现生产过程的智能化和无人化，为打造本质安全型矿山提供保障，也可以实现生产管理的精细化，为打造高产高效露天矿山提供决策手段。

(2) 5G 融合应用方案

通过 5G 通信技术和平行驾驶技术将矿山智能网联车(主要为无人矿卡)与路端及云端结合在一起，充分发挥两者优势，建设露天矿山的车-路-云基础环境，打造基于 5G 车联网应用的平行智慧矿山系统。其中车端包括无人矿卡(线控大型矿卡车、线控宽体自卸车)、挖掘机系统，以及辅助车辆系统；路端包括路端感知系统以及路端 5G 通信网络；云端包括机群管理与调度系统以及远程应急接管系统。在矿区车-路-云基础环境下能够实现露天矿山无人化作业以及矿山业务流程应用与管理智能化，具备车路协同应用场景，提供车路、车车协同能力，在必要时可以通过 5G 远程接管矿卡车辆，从而实现整个无人矿山从车辆调度、装载作业、无人运输、作业监控、通信安全防护、紧急报警、应急接管的闭环业务流程。系统技术框架如图 7-51 所示。

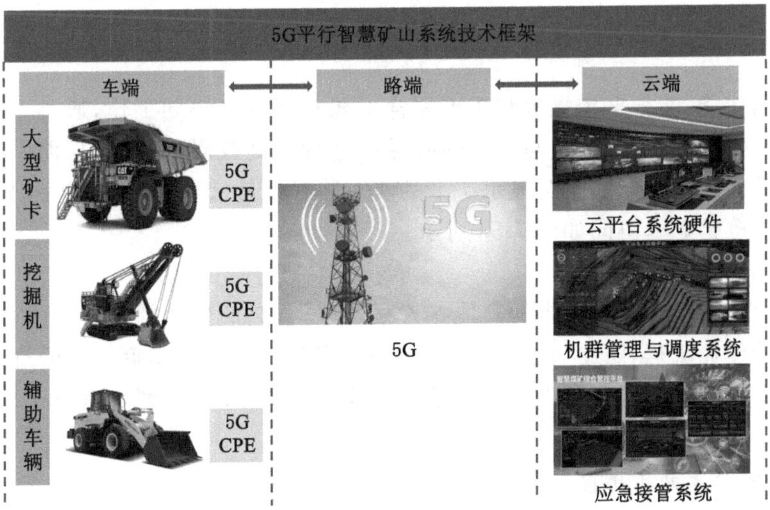

图 7-51　系统技术框架

(3) 系统建设

① 无人矿卡运输系统

以矿用重型卡车为研究载体。通过配备专业传感器和通信定位系统，开发感知、定位、决策、规划、控制算法，使矿卡具备单车智能。无人矿卡接收中心指令，结合自身位置、周围环境等信息，完成装载、运输、卸载的自动驾驶循环作业。为实现无人矿卡系统的自动驾驶与作业、模式切换、状态检测与显示、信息管理与通信等主要功能，需要对定位、感知、决策、规划、车辆控制、状态检测、HMI(人机界面)显示等相关技术进行研究。无人驾驶车载设备平均无故障运行时间＞120 h。

② 采掘设备管理系统

露天矿山开采一般采用大型挖掘机完成地表的剥离和装载工作，传统挖掘机与矿卡通过人工对讲实现有人装载操作。本案例中以矿用挖掘机为研究对象，在其挖机臂上部署关节角度传感器实现挖机臂的监控，通过部署挖掘机装载作业系统，研发符合露天矿山工艺流程，具有 5G 及车联网实时信息通信接口，能根据挖掘机的作业过程需要，引导无人矿卡就位、协同无人矿卡完成装载的挖掘作业的系统，该系统可以与无人矿卡系统进行 V2X 通信，实现协同作业，大大提高作业效率。5G 协同通信如图 7-52 所示。

图 7-52　5G 协同通信示意图

挖卡协同功能，能根据挖掘机和矿卡配合工艺实现挖卡协同工作，通过 V2V 车车通信为无人矿卡制定装载点，并通过与控制中心通信进行最高权限的确认，从而引导矿卡就位；挖机的作业系统界面上能够实时显示矿卡的实时装载重量信息，装载完毕后，能发送信息通知矿卡离开。电铲矿卡协同如图 7-53 所示。

③ 辅助车辆系统

矿上作业场景中会存在很多的其他有人服务车辆，它们作为辅助车辆配合无人作业系统完成矿山的作业流程，因此为了配合作业管理，需要开发服务车辆作业管理系统，它是矿山机械机群管理系统运行在矿山其他服务车辆上的终端系统，主要负责对矿山提供辅助性的服务支撑。

7.6.2.2　技术特点及先进性

(1) 本案例既有矿用卡车无人驾驶系统的研究与实施，又包括协同作业管理系统的研究与实施，还将建成基于 4G/5G 无线网络的数据通信系统、远程应急接管系统，这些系统的建立，以无人矿山生产指挥调度为核心节点，能实现矿用卡车、主采设备、辅助设备的综合调

图 7-53　电铲矿卡协同示意图

度与管理。

（2）本案例实现了无人驾驶卡车与矿山现有的大量有人驾驶车辆的协同作业，建立了采掘设备辅助作业系统、工程设备辅助作业系统和辅助生产设备管理系统，实现了采运排智能化生产。

7.6.2.3　智能化建设成效

（1）经济效益

据初步测算，5 台无人驾驶卡车投入运营后，预计每年累计节省约 591 万元支出，可额外增加 50 万 t 运输能力。人均年工资按照 20 万元计算，对 5 台矿卡进行无人化改造完成后，可替换当前的 16 名矿卡驾驶人员（按四班三倒），每年将节约人工成本 320 万元；由于节省了交接班、休息、就餐等时间，在大雾、大雨等极端天气下可不间断作业，同时受到集中优化调度提效的影响，在设备数量不变的情况下，预计每年可增加 50 万 t 运输能力；无人驾驶矿卡通过对大量熟练司机驾驶技能的学习，结合行车控制深度优化，可大幅降低燃油消耗，预计每年可节省 120 万元；由于无人化作业可以避免野蛮操作，也大幅降低了轮胎等备件的损耗，预计每年可节省 151 万元。

（2）社会效益

本案例的实施是 5G 通信技术商业化落地的示范，通过此案例的示范应用，可以积极推动 5G 技术在智慧矿山的成果转化。对于传统矿山企业来说，5G＋平行驾驶的结合应用也将是其破茧成蝶的过程，用智能化的手段去管理矿山系统的生产，将使企业朝更有利于企业发展的方向前进，解决露天矿山数字鸿沟和信息孤岛的难题，促进转型升级。

（3）行业推广前景

国外知名企业已经研发出矿山无人化相关的系统，但由于矿产分布与开采涉及国家战略安全，若引入国外的无人化系统，存在较大的安全隐患。因此开发国产化的矿山无人化、智能化系统可填补国内这一领域的空白、突破国外技术封锁、解决行业突出问题。

7.6.3　伊敏露天矿 5G＋无人驾驶绿色清洁运输新模式

7.6.3.1　主要建设内容

华能伊敏露天矿自 2016 年起逐步开展了智能化煤矿建设工作的深入探索，始终坚持

"一次规划、分步实施、一张蓝图绘到底"的建设原则,并逐渐摸索出"五个一"结合"七个精准发力"的"5+7"智能化煤矿建设模式。"五个一"建设标准,即"基于一套标准体系、建设一条高速数据通道、构建一张数据采集网络、搭建一座大数据中心、打造一个综合业务管理平台",坚持总体规划、分步实施、前瞻性思考、系统性思维和模块化推进的原则。"七个精准发力"主要体现为七个方面精准建设:时空演化智慧化、生产管控智能化、运维管理智能化、安环监管智能化、经营决策信息化、矿山无人化、设备再电气化。其中,伊敏露天矿在5G+矿用卡车无人驾驶、纯电动宽体卡车应用场景中更是取得了一定成效,形成了基于5G+多网络融合技术深入开展无人驾驶、绿色清洁运输生产新模式,主要建设内容建设如下。

(1) 5G基础网络建设方面

华能伊敏露天矿积极开展5G+多网络融合研究工作,投运14座5G基站、350个桌面ONU(无缘光网络总端设备)、铺设光缆超过78 km,实现了矿山生产区域的5G网络覆盖。现已承载矿山无人驾驶、设备远程遥控、固定设施无人值守、高清视频回传、无人巡检机器人等多个智能化场景。5G赋能大幅加速华能伊敏露天矿智能化煤矿建设进程。伊敏露天矿5G网络建设如图7-54所示。

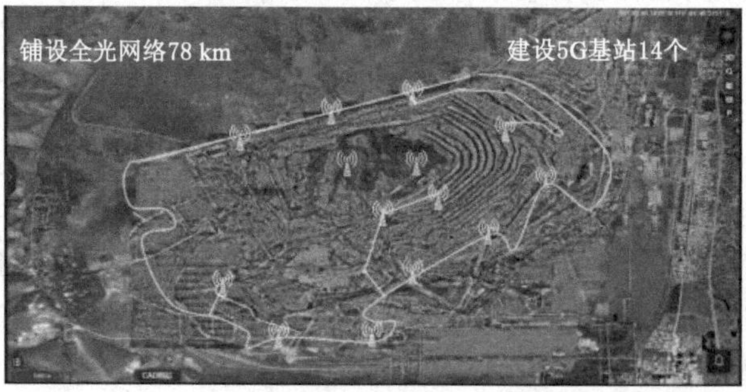

图7-54　伊敏露天矿5G网络建设示意图

(2) 无人驾驶及电动卡车运输方面

华能伊敏露天矿完成了4台172吨级自卸卡车、4台60吨级纯电动宽体卡车的无人化改造工作,通过更换、加装车辆底盘电控阀组,实现了车辆油门、制动、转型、灯光控制等横纵向的线控化控制;通过加装激光、毫米波雷达、惯性导航系统、定位设备及车载计算单元,实现了无人驾驶卡车的自主感知和车身控制,并基于5G网络结合无人驾驶调度平台实现了车辆的智能调度。同时,完成了三班连续作业能力验证,成为国内首家完成矿用自卸卡车无人驾驶连续作业测试的露天矿山,实现了无人驾驶从技术研发向生产力的转化。

伊敏露天矿组织技术力量对无人驾驶感知技术进行进一步开发、优化,截至目前,实现了安全员下车条件下的坑洼路况识别、障碍物连续自动避障等行业内技术难题的突破,为下一步提升无人驾驶矿卡作业能力筑牢基础。

伊敏露天矿在智能充换一体纯电重卡研究方面也做出了积极探索与实践。伊敏露天矿已投运两座换电站及电动卡车40台,其中一期换电站配套25台60吨级纯电动宽体重卡,二期换电站配套15台80吨级纯电动宽体重卡。年完成剥离量约417.5万 m^3,累计换电约0.96万次,年减少二氧化碳排放3 369 t,年节约成本约1 053万元。

7.6.3.2　技术特点及先进性

智能化煤矿建设工作紧密围绕安全生产需求，开展矿用卡车无人化关键技术研究等一批系统建设工作，以此为基础先后主编或参编 4 项国家标准、12 项团体标准、8 项企业标准。

(1) 采用高中低频组网模式实现 5G 网络全覆盖

5G 网络创新性的采用了 4.9 GHz、2.6 GHz、700 MHz 的高中低频组网模式，构建了一张"重点区域高频精准覆盖、其他区域中低频充分保障"的灵活、高效、安全的 5G 专网。同时，搭建融合 5G＋N 种专用网络架构，承载无线网、办公内网、办公外网、因特网、视频监控网、IP 多媒体子系统(IMS)、工业控制网等多种业务，真正意义上实现"一张网"，统一承载多种网络，不同种类业务可以按照实际生产工作需要灵活配置并下发。"5G＋智慧矿山项目"在由第五届"绽放杯"5G 应用征集大赛智能采矿专题赛中荣获一等奖。

(2) 构建完成国内首个露天煤矿无人化工作面

无人驾驶系统通过了国家交通运输部科学研究院信息系统测评中心验收，被评价为整体处于国内先进水平。在技术先进性方面，无人驾驶卡车感知系统能够在软岩、富水、高寒、扬尘、雨雪等恶劣工况条件下通过过滤算法准确识别障碍物，预判障碍物运动趋势并进行自动绕障碍行驶，基于自主研发的底盘控制系统实现车身横、纵向的平稳控制，实现了无人驾驶卡车全工况自动作业，大大提升了该系统在矿区应用的普适性。同时，伊敏露天矿还结合国内首台 20 立远程遥控电铲构建完成国内首个露天煤矿无人化工作面，无人驾驶自卸卡车及电动宽体卡车效率分别达到人工效率的 80%、87%以上，作业成功率达到 98.6%，各项指标处于国内领先水平。无人驾驶技术获得国家实用新型专利授权——"一种矿用自卸卡车的数据采集装置"，并将该专利有偿转让，实现了技术对外转化的零突破。

7.6.3.3　智能化建设成效

在减人提效方面：伊敏露天矿已实现 8 台无人驾驶卡车改造，复杂工况作业效率达到人工效率的 80%以上，已实现从技术研发向生产力的转化。减少驾驶人员 36 名，直接降低人工成本 1 044 万元/a。伊敏露天矿自主完成无人值守加压泵站系统及完整的水资源集中监控中心建设，减少疏干加压泵站值守岗位 7 人。

在安全效益方面：完成了全部自营卡车增设主动式防碰撞系统。实现车体正前方 50 m 范围内其他矿用设备的准确识别及正前方 40 m 范围内的其他矿用卡车、工程机械设备、人员等准确识别。同时实现车辆 360°实时环视影像及司机防疲劳驾驶功能，有效缩小了车辆盲区影响，提高了安全驾驶水平。

在绿色环保方面：伊敏露天矿年减少二氧化碳排放 2 217 t，按电费 0.4 元/(kW·h)，油费 6.7 元/L 计算，纯电动宽体重卡剥离成本较传统燃油宽体卡车剥离能耗成本节约约 462.8 万元。

7.7　本章小结

本章内容主要围绕智慧矿山与智能采矿技术工程的实践，详细介绍了智慧矿山的基本概念、建设路径及在信息基础设施建设上的具体应用。智慧矿山依托现代信息技术，如物联网、大数据、云计算和边缘计算，通过高度的信息化和自动化改造，实现矿山生产的智能化管理和运营优化。这包括5G网络的部署、AI分析平台的应用、云计算中心的建设以及各类智能化应用的实践，旨在提升矿山的安全性、效率和经济效益，同时为矿山行业的未来发展提供技术储备和知识支持。

课后习题

1. 请描述智慧矿山中5G技术的应用，并解释其如何提升矿山安全和效率。
2. 简述工业互联网在智慧矿山建设中的作用。
3. 云计算如何在智慧矿山中处理和分析大规模数据？
4. 解释边缘计算在智慧矿山中的应用场景及其优势。
5. 智慧矿山中，AI技术通常用于解决哪些问题？
6. 智能化采矿技术的实施对矿工的日常工作有哪些具体影响？
7. 一个智慧矿山中的典型数据集成和分析平台应包含哪些核心功能？
8. 在智慧矿山中实施全面监控系统的主要挑战是什么？
9. 讨论智慧矿山在环境监测和灾害预防中的应用。
10. 未来智慧矿山的发展趋势是什么？请基于当前的技术进展给出预测。

参考文献

[1] 鲍捷,欧仁侠,陈洪斌.矿用传感器在矿山安全监测领域的应用研究[J].中国金属通报,2018(7):60.

[2] 曹磊,莫岱青.互联网+:海外案例[M].北京:机械工业出版社,2015.

[3] 陈伟.煤矿井下精确定位系统研究[J].工矿自动化,2019,45(12):86-90.

[4] 陈伟根,张知先,李剑,等.电气设备状态参量智能传感技术[J].中国电机工程学报,2020,40(S1):323-342.

[5] 陈运启.煤矿灾害智能一体化管控平台[J].智能矿山,2023,4(5):57-59.

[6] 邓文革,赵星宇,张仁生.煤矿云计算数据中心建设研究[J].工矿自动化,2023,49(S2):103-106.

[7] 邓志革,黎修良,沈言锦."中国制造 2025"背景下的汽车专业群建设方案研究:以湖南汽车工程职业学校为例[M].长沙:中南大学出版社,2016.

[8] 范中启,戴琳.基于区块链技术的智慧矿山数据信任模型及技术架构研究[J].矿业科学学报,2024,9(2):304-314.

[9] 方新秋,冯豪天,梁敏富,等.煤矿智能化开采光纤传感关键技术体系[J].工矿自动化,2023,49(6):78-87.

[10] 葛世荣.感知矿山理论与应用[M].北京:科学出版社,2017.

[11] 葛世荣,张晞,薛光辉,等.我国煤矿煤机智能技术与装备发展研究[J].中国工程科学,2023,25(5):146-156.

[12] 郭润梅.矿山开采环节电气自动化技术的应用策略:以传感技术为例[J].世界有色金属,2022(22):34-36.

[13] 韩安.基于 Hadoop 的煤矿数据中心架构设计[J].工矿自动化,2019,45(8):60-64.

[14] 韩安,陈晓晶,贺耀宜,等.智能矿山综合管控平台建设构思[J].工矿自动化,2021,47(8):7-14.

[15] 黄静.物联网综述[J].北京财贸职业学院学报,2016,32(6):21-26.

[16] 黄若洪,吴岩,程云涛,等.基于微服务架构的智慧矿山基础平台建设[J].测绘通报,2024(S1):221-225.

[17] 霍丙杰.煤矿智能化开采技术[M].北京:应急管理出版社,2020.

[18] 姜德义,魏立科,王翀,等.智慧矿山边缘云协同计算技术架构与基础保障关键技术探讨[J].煤炭学报,2020,45(1):484-492.

[19] 景娟.数据挖掘算法在矿井灾害预警系统的应用[J].煤矿现代化,2022,31(4):74-76.

[20] 黎冠,李志伟,陈浩,等.边缘计算在智慧矿山建设中的应用分析[J].华北科技学院学报,2024,21(1):1-11.

[21] 李策,陈海霞,汉语,等.深度学习算法中卷积神经网络的概念综述[J].电子测试,2018(23):61-62.
[22] 李贵仁.基于无线传感网络的矿井监测系统关键技术研究[D].兰州:兰州理工大学,2020.
[23] 李腊生,刘磊,刘文文.大数据与数据工程学[J].统计研究,2015,32(9):3-10.
[24] 李泽芳.矿用传感器技术发展现状与展望[J].煤炭与化工,2021,44(8):74-76.
[25] 连志安.物联网:嵌入式开发实战[M].北京:清华大学出版社,2021.
[26] 刘鸿博.基于大数据技术的智慧矿山平台构建与应用研究[J].中国高新科技,2023(15):118-120.
[27] 刘鸿博.基于大数据技术的智慧矿山平台构建与应用研究[J].中国高新科技,2023(15):118-120.
[28] 刘志明,金刚,杜波,等.传感器在煤矿生产中的应用研究及展望[J].煤矿机械,2023,44(5):159-161.
[29] 马小龙.云计算与虚拟化在智能煤矿建设中的应用[J].露天采矿技术,2022,37(3):68-71.
[30] 宁志豪,周璐雨,陈豪文.浅谈机器学习与深度学习的概要及应用[J].科技风,2019(15):19.
[31] 庞义辉,王国法,任怀伟.智慧煤矿主体架构设计与系统平台建设关键技术[J].煤炭科学技术,2019,47(3):35-42.
[32] 齐治平.德国工业4.0:制造业的未来?[J].决策,2013(9):71-72.
[33] 秦凯,李宏杰.煤矿灾害智能预警与综合防治系统[J].智能矿山,2023,4(12):68-70.
[34] 人民教育出版社历史室.世界近代现代史.下册[M].北京:中国盲文出版社,2002.
[35] 人民教育出版社历史室.世界近代现代史-下册[M].2版.北京:人民教育出版社,2006.
[36] 人民教育出版社历史室.世界历史:全一册[M].北京:人民教育出版社,2000.
[37] 宋先明,温良,王红尧,等.煤矿井下应急救援无线生命体征监测系统设计[J].煤炭科学技术,2012,40(6):86-88.
[38] 孙春升,宋晓波,弓海军.煤矿智慧矿山建设策略研究[J].煤炭工程,2021,53(2):191-196.
[39] 陶洪明,魏星,张翼翔,等.矿山智能化监察平台研究和分析[J].采矿技术,2023,23(5):189-193.
[40] 王国法,庞义辉,任怀伟,等.智慧矿山系统工程及关键技术研究与实践[J].煤炭学报,2024,49(1):181-202.
[41] 王国法,王虹,任怀伟,等.智慧煤矿2025情景目标和发展路径[J].煤炭学报,2018,43(2):295-305.
[42] 王海波,赵立厂.矿山物联网的泛在特征分析与泛在能力建设[J].煤炭科学技术,2020,48(7):127-133.
[43] 王将.基于光纤传感技术的煤矿机械设备安全监测系统设计[J].机械管理开发,2022,37(11):226-229.

[44] 王莉.智慧矿山概念及关键技术探讨[J].工矿自动化,2014,40(6):37-41.
[45] 魏钰昊.煤矿安全监测监控系统传感器设置研究[J].矿业装备,2023(11):171-173.
[46] 吴吉义,李文娟,曹健,等.智能物联网 AIoT 研究综述[J].电信科学,2021,37(8):1-17.
[47] 吴劲松.麻地梁煤矿智慧矿山建设系统及其应用实践[J].中国煤炭,2021(S1):57-68.
[48] 吴群英,蒋林,王国法,等.智慧矿山顶层架构设计及其关键技术[J].煤炭科学技术,2020,48(7):80-91.
[49] 吴永祥.射频识别(RFID)技术研究现状及发展展望[J].微计算机信息,2006,22(32):234-236.
[50] 杨磊.面向智慧矿山的工业互联网体系架构研究[J].矿山机械,2022,50(6):69-72.
[51] 杨真,郭昌放,王静宜,等.由数据驱动的智慧矿山建设研究[J].中国煤炭,2019,45(11):41-48.
[52] 尹璐琳.传感技术在安全生产中的应用[J].计算机时代,2016(6):67-68.
[53] 张俊.智慧矿山综采信息化云平台架构设计与应用[J].网络安全和信息化,2024(4):82-84.
[54] 张珂.智能矿山一体化管控平台研究及应用[J].煤矿机电,2023,44(5):68-71.
[55] 张群,尹卓,王为中,等.我国大数据标准化发展历程与展望[J].信息技术与标准化,2023(7):52-60.
[56] 张新.智慧矿山大数据技术分析与平台设计[J].化工矿物与加工,2021,50(2):13-17.
[57] 张勇.矿山安全监控系统的应用发展研究[J].石化技术,2019,26(5):265.
[58] 张兆军.智慧矿山系统工程关键技术分析[J].当代化工研究,2021(2):92-93.
[59] 赵小虎,丁恩杰,张申,等.物联网与智能矿山[M].北京:科学出版社,2016.
[60] 赵奕,何煦春,张维国,等.智能矿山大数据采集与云传输研究与应用[J].中国矿山工程,2022,51(3):11-19.
[61] 志刚.人工智能、机器学习和深度学习[J].大众科学,2019(3):32-35.
[62] 钟书华.物联网演义(二):《ITU 互联网报告 2005:物联网》[J].物联网技术,2012,2(6):87-89.
[63] 周继庆,杨德忠.中国大唐集团龙王沟煤矿智慧矿山建设探索与实践[J].中国煤炭,2021,47(S1):14-23.
[64] 朱光旭,李洋,陈怿,等.6G 关键技术研发竞争格局与应对策略[J].中国工程科学,2023,25(6):9-17.
[65] 朱清波.物联网:从云计算到雾计算[M].北京:科学出版社,2019.
[66] ALI M, KAWAMURA Y, SHARIFZADEH M, et al. An investigation of underground monitoring and communication system based on radio waves attenuation using ZigBee[J]. Tunnelling and underground space technology,2014,43:362-369.
[67] ALIM H, AL-AZZAWI W K, JABER M, et al. Improving coal mine safety with Internet of Things (IoT) based Dynamic Sensor Information Control System[J]. Physics and chemistry earth,Parts A/B/C,2022,128:103225.
[68] AMBROŽIČ T, TURK G. Prediction of subsidence due to underground mining by

artificial neural networks[J]. Computers & geosciences, 2003, 29(5): 627-637.

[69] AZIZA, SCHELÉN O, BODIN U. A study on industrial IoT for the mining industry: synthesized architecture and open research directions[J]. IoT, 2020, 1(2): 529-550.

[70] BAEKJ, CHOI Y. Simulation of truck haulage operations in an underground mine using big data from an ICT-based mine safety management system[J]. Applied sciences, 2019, 9(13): 2639.

[71] LIM, SUN Z M, JIANG Z, et al. A virtual reality platform for safety training in coal mines with AI and cloud computing[J]. Discrete dynamics in nature and society, 2020, 2020(1): 6243085.

[72] MAJSTOROVICV, SIMEUNOVIC V, MISKOVIC Z, et al. Smart manufacturing as a framework for smart mining[J]. Procedia CIRP, 2021, 104: 188-193.

[73] MOLAEIF, RAHIMI E, SIAVOSHI H, et al. A comprehensive review on Internet of Things (IoT) and its implications in the mining industry[J]. American journal of engineering and applied sciences, 2020, 13(3): 499-515.

[74] PU Y Y, APEL D B, LIU V, et al. Machine learning methods for rockburst prediction-state-of-the-art review[J]. International journal of mining science and technology, 2019, 29(4): 565-570.

[75] QI C C. Big data management in the mining industry[J]. International journal of minerals, metallurgy and materials, 2020, 27(2): 131-139.

[76] SEGUEL F, PALACIOS-JÁTIVA P, AZURDIA-MEZA C A, et al. Underground mine positioning: a review[J]. IEEE sensors journal, 2022, 22(6): 4755-4771.

[77] SHIRANI FARADONBEHR, TAHERI A. Long-term prediction of rockburst hazard in deep underground openings using three robust data mining techniques [J]. Engineering with computers, 2019, 35(2): 659-675.

[78] WANG K. Practice of cloud computing in coal mine safety production [J]. IOP conference series: materials science and engineering, 2020, 750(1): 012160.